Schau den Dingen auf den Grund!

Verwunderliches aus der Physik II

P. W. MAKOWEZKI

6. Auflage

Mit 100 Abbildungen

BSB B. G. Teubner Verlagsgesellschaft

Leipzig 1987

Kleine Naturwissenschaftliche Bibliothek · Band 12
ISSN 0232-346X

Autor:
Dr. Pjotr Wassilewitsch Makowezki, Leningrad
Titel der Originalausgabe:
П. В. Маковецкий
Смотри в корень!
Verlag NAUKA, Moskau 1966
Deutsche Übersetzung: Dipl.-Ing. J. Voigt, Leipzig

Makoveckij, Petr Vasil'evič :
Schau den Dingen auf den Grund: Verwunderliches aus der Physik, II / P. W. Makowezki. [Dt. Übers.: J. Voigt]. – 6. Aufl. – Leipzig: BSB Teubner, 1987. – 223 S.: 100 Abb.
(Kleine Naturwissenschaftliche Bibliothek; 12)
EST: Smotri v koren'! ⟨dt.⟩
NE: GT

ISBN 3-322-00389-2

6. Auflage
VLN 294–375/88/87 · LSV 1109
Lektor: Dipl.-Met. Christine Dietrich
Printed in the German Democratic Republic
Gesamtherstellung: INTERDRUCK Graphischer Großbetrieb
Leipzig, Betrieb der ausgezeichneten Qualitätsarbeit, III/18/97
Bestell-Nr. 665 587 0
00850

Vorwort zur russischen Ausgabe

Die meisten Leser besitzen Kenntnisse in der Physik, Mathematik, Geographie, Astronomie und anderen Wissenschaften und wissen, daß alle diese Wissenschaften im Leben gebraucht werden. Manche wollen Kosmonaut, Polarforscher, Geologe und Flieger, Erbauer von Städten und Konstrukteur elektronischer Rechenmaschinen, Seemann oder Astronom werden.
Aber sind diese Kenntnisse genügend fundiert? Sind alle in der Lage, wissenschaftliche Kenntnisse im Leben anzuwenden? In diesem Buch werden einfache (obwohl manchmal knifflige) Fragen und Aufgaben gestellt. Versuchen wir, diese zu lösen. Wenn das gelingt, dann sind unsere Kenntnisse solid, und, was die Hauptsache ist, wir können sie in jeder beliebigen Situation anwenden.
In der Mehrzahl besteht das Wesen der gestellten Aufgaben in der Erklärung einfacher, oft anzutreffender, aber bei genauer Untersuchung merkwürdiger Erscheinungen. Ein großer Teil der Aufgaben zeichnet sich durch eine unvermutete Antwort aus. Der Autor hat oft solche Aufgaben Schülern, Studenten und Ingenieuren gestellt. In der Regel erfolgte die Antwort unmittelbar und bestimmt, aber – falsch. Erst nach Hinweis auf die falsche Antwort begann derjenige die Aufgabenstellung gründlicher zu durchdenken und fand die richtige Lösung.
Es ist nicht ausgeschlossen, daß sich auch dem Leser anfänglich eine falsche Antwort aufdrängt. Der Autor bemüht sich jedoch in seinen Ausführungen darum, daß der Leser selbständig zur richtigen Lösung gelangt. Mit diesem Ziel ist jede Aufgabe in drei Teile A, B, C unterteilt.
Der Teil A beinhaltet die Aufgabenstellung. Den Teil B zu lesen oder nicht bleibt dem Leser überlassen, er gewährt schon eine Hilfestellung. Wenn man sich nach der Aufgabenstellung sofort der Hilfestellung zuwendet, ist verständlicherweise der Zweck dieser Fragen nicht ganz erreicht.
Es ist zu empfehlen, den Teil B nur in dem Fall anzuwenden, wenn die Lösung schon gefunden ist, oder aber, wenn die Aufgabe trotz längeren Nachdenkens nicht gelöst werden kann. An dieser Stelle sei noch erwähnt, daß nicht in jedem Fall im Teil B Hinweise auf den Lösungsweg zu finden sind. Oftmals bewahrt

dieser Teil den Leser nur vor voreiligen Schlüssen. Manchmal sogar folgt der Autor dem falschen Lösungsweg bis zum Trugschluß und erinnert dann den Leser an die Aufgabenstellung. Nachdem wir den Teil B gelesen haben, werden wir feststellen, daß die scheinbar offensichtliche Erklärung nicht der Wahrheit entspricht. Das zwingt uns, die Frage noch einmal aufmerksamer durchzugehen. Natürlich wird auch ohne Hilfestellung ein Teil der Aufgaben zu lösen sein. Dann scheint es uns beim Durchlesen des Teiles B, als ob der Autor schon Bekanntes erklären will. Um so besser! Je öfter der Teil B dem Leser nichts Neues geben kann, um so größer sind unser Wissen und unsere Auffassungsgabe.

Der Teil C dient zum Vergleich der Lösung (oder Erklärung) mit der des Autors. Außerdem finden sich hier in einigen Fällen Hinweise über die praktische Anwendung der in den Aufgaben untersuchten Erscheinungen. Es ist wünschenswert, wenn der Leser alle Experimente, sofern möglich, im Laboratorium aufmerksam verfolgt. Aber noch besser ist es, wenn wir alle unsere Aufmerksamkeit und Beobachtungsgabe auch in der Freizeit nicht vernachlässigen. Die Natur ist das allumfassendste physikalische (und nicht nur physkalische) Laboratorium. Wer immer ein aufmerksamer Beobachter im Wald, an Seen, im Kino, im Stadion, auf der Straße, im Zug, im Flugzeug, bei kosmischen Fernsehübertragungen und wo auch immer ist, wird viel Erstaunliches entdecken.

„Das Erstaunliche neben uns" – so nannte der Volkskünstler Sergei Obraszow einen seiner Amateurdokumentarfilme. Genauso würde der Autor dieses Buch nennen, wenn ihm als erstem dieser Titel eingefallen wäre.

Einige dieser Fragen und Aufgaben des vorliegenden Buches wurden bereits in verschiedenen Zeitschriften veröffentlicht. So z. B. wurden die Aufgaben 1, 15 und 67 in der Zeitschrift „Physik in der Schule" veröffentlicht. Die Mehrzahl der Fragen aber wird dem Leser erstmalig vorgelegt. Der Autor bemühte sich, nicht solche Aufgaben zu wiederholen, die schon aus vielen anderen populärwissenschaftlichen Werken auf den Gebieten der Physik, Mathematik und Astronomie bekannt sind.

Alle Hinweise und Ratschläge der Leser werden vom Autor dankbar entgegengenommen.

Der Autor

Inhalt

Unser Planet, die Erde

Wir begeben uns zum Start

Wir fliegen durch die weite Welt

Briefe und Wellen

Licht und Schatten

Unser Planet, die Erde

Eine Reise nach Nordosten

A. Wenn wir immerzu nach Nordosten laufen, wohin gelangen wir dann?
B. In der Regel wird auf diese Frage voreilig geantwortet: an den Ausgangspunkt zurück. Das ist falsch.
Nehmen wir z. B. an, wir begannen unsere Wanderung in Kiew und sind schon in Moskau angelangt. Da sich Moskau nördlich von Kiew befindet und wir angeblich wieder nach Kiew, das sich südlich von Moskau befindet, zurückkehren wollen, müssen wir unweigerlich irgendwo auf der Wanderung den Kurs ändern und nach Süden, Südwesten oder Südosten laufen. Doch damit ist die Aufgabenstellung verfehlt.
Wohin kommen wir bei Einhaltung der Aufgabenbedingung?
C. Nordost ist der Punkt am Horizont, der sich um 45° östlich von Nord und 45° nördlich von Ost befindet. Eine Nordostrichtung einschlagen bedeutet also, sich ständig unter einem Winkel von 45° zu den Längen- und Breitengraden zu bewegen. Dabei wird mit jedem Schritt die nördliche Breite und östliche Länge vergrößert. Die geographische Länge aber ist unendlich: Ganz gleich, wie weit sich ein Punkt östlich befindet, es existiert immer ein Punkt noch östlicher des ersten. Diese Feststellung ist für die geographische Breite nicht zutreffend: Wenn mit jedem Schritt die nördliche Breite vergrößert wird, so wird sie am Ende erschöpft sein, und wir befinden uns auf dem Nordpol, wo die Breite den maximalen Wert von 90° erreicht. Am Nordpol angekommen, können wir nicht mehr nördlich gehen, alle Wege führen uns wieder südlich.
Um das mit den Worten Pruktows auszudrücken: Ein Mensch, der die Bedingungen genauestens einhält, wird ähnlich einer Magnetnadel unwiderstehlich vom Nordpol angezogen.
Wird eine ständige Südostrichtung (oder Südwestrichtung) eingehalten, gelangt man verständlicherweise immer zum Südpol.
Um zu verallgemeinern, unter welchem Winkel wir auch die Breitenkreise schneiden, immer werden wir entweder zum Südpol oder zum Nordpol gelangen, wenn die Richtung ständig eingehalten wird. Nur bei Einhaltung einer genauen Ost- oder Westrichtung wird man zu keinem Pol kommen, sondern immer wieder zum Ausgangspunkt zurückkehren.

Interessant ist es, den eingeschlagenen Weg zu verfolgen. Auf einer geographischen Karte der Mercatorprojektion (Längen- und Breitengrade bilden zwei Gruppen paralleler Linien, die senkrecht aufeinander stehen) wird dieser Weg durch eine Gerade mit 45° Neigung zu den Breitenkreisen dargestellt. Diese Gerade, die einen konstanten Winkel mit allen kreuzenden Breitenkreisen bildet, wird Loxodrome genannt und aufgrund ihrer einfachen Anwendung oft in der Navigation benutzt.

Besonders interessant ist der letzte Abschnitt unseres Weges nahe dem Nordpol. Auf der Abb. 1 ist das Nordpolargebiet (vom

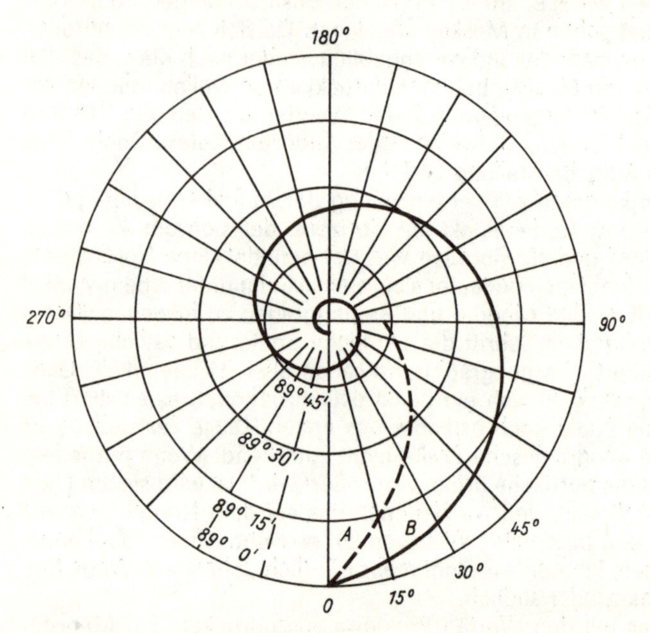

Abb. 1

89. Breitenkreis eingeschlossen) dargestellt. Dieses Gebiet kann als eben bezeichnet werden. In diesem Fall wird unser Weg unter einem konstanten Winkel zu den Längen- und Breitenkreisen das Aussehen einer logarithmischen Spirale haben. Die Windungen dieser Spirale werden mit Annäherung an den Pol immer enger und kleiner (auf der Abbildung nicht dargestellt). Dabei ist die Anzahl der Spiralwindungen unendlich groß, obwohl die Länge der Spirale selbst endlich ist. Je kleiner der Winkel zwischen eingeschlagener Richtung und Breitenkreis ist, um so

dichter sind die Spiralwindungen, die wir beschreiben (vergleiche die Kurve *A* für 45° und die Kurve *B* für 15°).

Die Sonne geht nicht dort unter, wo wir es vermuten

A. Heute ging die Sonne genau im Osten auf. Wo geht sie unter?
B. Gewöhnlich urteilt man folgendermaßen: Wenn die Sonne genau im Osten aufgegangen ist, so ist Tagundnachtgleiche – der Tag ist genauso lang wie die Nacht. Folglich geht die Sonne auch genau im Westen unter. Das ist falsch.
C. Die Tagundnachtgleiche tritt in dem Moment ein, in welchem die sich auf der Ekliptik bewegende Sonne den Himmelsäquator kreuzt. Wenn sie dabei von der südlichen Halbkugel auf die nördliche übergeht, ist Frühlingstagundnachtgleiche, wenn der Wechsel von der nördlichen auf die südliche vollzogen wird, Herbsttagundnachtgleiche.
Osten ist der Schnittpunkt der Horizontlinie mit dem Himmelsäquator. Die Sonne hält ihre Ekliptik immer ein. Wenn nun also die Sonne genau im Osten aufgegangen ist, so befand sie sich in diesem Moment genau auf dem Himmelsäquator. Folglich befand sich die Sonne zu diesem Zeitpunkt im Schnittpunkt der Ekliptik und des Himmelsäquators und somit im Punkt der Tagundnachtgleiche. Mit anderen Worten, der Sonnenaufgang fiel mit der Tagundnachtgleiche zusammen. Nehmen wir an, es war der Punkt der Frühlingstagundnachtgleiche. Dann wird die Sonne sich gegen Abend um eine bestimmte Strecke über den Himmelsäquator erhoben haben (auf der Ekliptik vom Punkt der Tagundnachtgleiche). Demzufolge kann sie schon nicht mehr genau im Westen untergehen, sondern etwas nördlicher. Im Herbst geht die Sonne ebenfalls genau im Osten auf, aber südlicher vom Westen unter. Im ersten Fall ist der Tag länger als 12 Stunden, im zweiten Fall kürzer.
Berechnen wir, um wieviel die Sonne nördlicher oder südlicher vom Westen untergeht.
Die Erdachse ist gegenüber der Erdbahnfläche um 23,5° geneigt. Deshalb steht zur Sommersonnenwende die Sonne um 23,5° höher als der Himmelsäquator, aber am Tag der Wintersonnenwende um den gleichen Winkel niedriger. An den restlichen Tagen ändert sich der Winkelabstand zwischen Sonne und Himmelsäquator ungefähr nach einer Sinuskurve (wenn dabei kleinere Ungenauigkeiten in der sphärischen Trigonometrie und

die ungleichmäßige Bewegung der Erde auf ihrer Bahn nicht berücksichtigt werden):

$$\alpha = 23{,}5° \sin \frac{2\pi t}{T},$$

wobei $T \approx 365$ Tage (1 Jahr) ist.
Bei einer solchen Berechnung muß natürlich der Moment der Frühlingstagundnachtgleiche als Koordinatenpunkt gewählt werden. Dabei ist $\alpha = 0$ bei $t = 0$ und $\alpha > 0$ für $t > 0$.
Zwischen Sonnenaufgang und -untergang vergehen ungefähr 0,5 Tage. In dieser Zeit erhebt sich die Sonne um den Winkel

$$\alpha = 23{,}5° \sin \frac{2\pi \cdot 0{,}5}{365} \approx 0{,}2°$$

über den Himmelsäquator.
Angenommen, wir befinden uns auf dem Erdäquator. Hier verläuft der Himmelsäquator durch die Punkte Osten–Zenit–Westen. In diesem Falle geht die Sonne genau im Osten auf, steigt fast senkrecht zum Zenit empor, überschreitet diesen um 0,1° nördlicher (die Sonne entfernt sich in 6 Stunden um 0,1° vom Äquator nach Norden) und geht fast senkrecht um 0,2° nördlicher vom Westen unter.
Auf der Breite von Leningrad (der Autor wird wiederholt diese Breite als Beispiel nehmen, nicht nur weil er selbst Leningrader ist, sondern hauptsächlich deshalb, weil die Breite 60° beträgt und $\cos 60° = 0{,}5$ ist, was die Berechnungen erleichtert) verläuft der Himmelsäquator unter einem Winkel von 30° zum Horizont. Annähernd unter dem gleichen Winkel wird die Sonne an diesem Tag auf- und untergehen.
Auf Abb. 2 sind der westliche Horizont mit dem Punkt *W*, der Himmelsäquator und der Weg der Sonne *CAB* (fast parallel zum Himmelsäquator) dargestellt. Die Sonne hat sich während eines Tages um 0,2° vom Himmelsäquator erhoben. Der Punkt *B* des Sonnenunterganges kann aus dem Dreieck *WAB* bestimmt werden. Hierbei ist aber zu bedenken, daß dieses Dreieck keine einfache, sondern eine sphärische Fläche ist und durch die Himmelssphäre bestimmt wird. Aber da dieses Dreieck verhältnismäßig klein ist, können wir den bei einfachen Flächenberechnungen auftretenden Fehler vernachlässigen. Der gesuchte Abstand

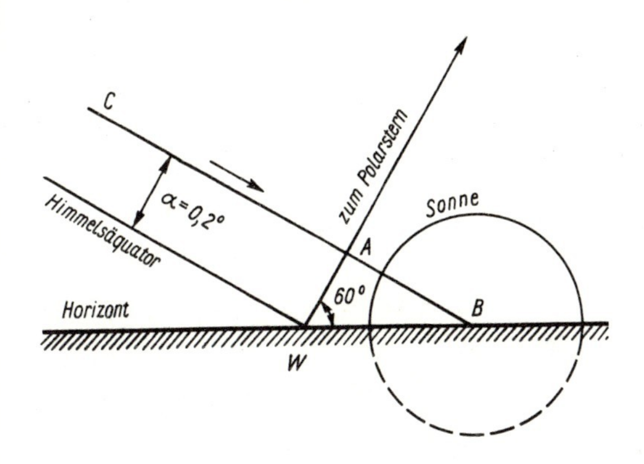

Abb. 2

des Punktes *B* des Sonnenunterganges vom Westpunkt *W* ist gleich

$$WB = \frac{WA}{\cos 60°} = \frac{0{,}2°}{0{,}5} = 0{,}4°.$$

Wenn wir berücksichtigen, daß der Winkeldurchmesser der Sonne etwa 0,5° beträgt, liegt der Punkt des Sonnenunterganges ungefähr um den Sonnendurchmesser vom Westpunkt entfernt.
Wem diese Größe unscheinbar klein vorkommt, der sollte die Berechnung für den 88. Breitenkreis wiederholen. Dort geht die Sonne im Frühling genau im Osten auf und fast 6° nördlicher vom Westen unter.
Der aufmerksame Leser wird aufgrund dieser Aufgabe eine höchst interessante Feststellung machen: Der Moment des Überschreitens des Himmelsäquators durch die Sonne und der Moment des Sonnenaufgangs sind theoretisch außerordentlich kurz. Deshalb ist ein Zusammenfall dieser beiden Momente praktisch nicht möglich. Folglich also kann die Sonne niemals genau im Osten aufgehen: Wenn sie heute nur um einen ganz geringen Teil südlicher vom Osten aufgegangen ist, so wird sie morgen um einen ganz geringen Teil nördlicher vom Osten aufgehen. Tatsächlich ist für jeden gegebenen Punkt auf der Erde ein absoluter Zusammenfall beider Momente fast nicht möglich. Aber auf der Erde existiert in jedem Moment ein solcher Punkt, in dem die Sonne eben in diesem Moment aufgeht. Das heißt also, irgendwo geht die Sonne genau im Moment der Tagundnachtgleiche auf. Alle Punkte dieser Art auf der Erde bilden eine

Linie, gewissermaßen einen Meridian. Wir nehmen an, daß wir uns eben auf diesem Meridian befinden.

Eine Scherzfrage

A. Heute ist der Tag gleich der Nacht. Wie lang ist ihre gemeinsame Dauer?

B. Wer die vorhergehende Frage nicht gelöst hat, wird natürlich antworten, daß ihre gemeinsame Dauer 24 Stunden 00 Minuten 00 Sekunden beträgt, und das nicht nur an Tagen, an denen die Dauer des Tages gleich der der Nacht ist, sondern an allen übrigen Tagen, und daß es unverständlich erscheint, warum man solche seltsame Fragen stellt.

Wer jedoch die vorhergehende Aufgabe gelöst hat, wird sich auch dieser Aufgabe mit gebührender Aufmerksamkeit widmen. Es soll nur gezeigt werden, daß die oben angeführte übereilte Antwort falsch ist. Die Kombination „Tag und Nacht“ ist die Zeit von einem Sonnenaufgang zum anderen. Aber im Frühling z. B. geht die Sonne jeden Tag etwas früher auf als am Tag vorher. Folglich beträgt

$$t_T + t_N < 24\ \text{h}.$$

Andererseits geht im Frühling die Sonne jeden Tag etwas später unter als am Tag vorher. Folglich ist die Summe „Nacht + Tag“ (von Sonnenuntergang zu Sonnenuntergang) nicht gleich der Summe „Tag + Nacht“ (von Sonnenaufgang zu Sonnenaufgang):

$$t_N + t_T > 24\ \text{h}.$$

Durch Umstellen der Summanden verändert sich die Summe! Das ist ein Widerspruch, den wir klären wollen.

C. Wie aus der vorhergehenden Aufgabe hervorgeht, kann nur unter der Bedingung der Tag gleich der Nacht sein, daß der Moment der Tagundnachtgleiche mit den Tag- und Nachtgrenzen zusammenfällt: das heißt im Moment des Sonnenaufgangs, wenn die Gleichheit der vergangenen Nacht und des anbrechenden Tages betrachtet wird, oder im Moment des Sonnenuntergangs, wenn es um den sich neigenden Tag und die darauffolgende Nacht geht.

Betrachten wir die Frühlingstagundnachtgleiche, wenn sie mit dem Sonnenaufgang in Leningrad zusammenfällt. Die Dauer des Tages wird um diese Zeit größer als 12 h sein, die die Sonne für den Durchgang des zusätzlichen Abschnitts $AB°$ (s. Abb. 2) benötigt:

$$AB° = WA° \tan 60° = 0{,}2° \cdot 1{,}73 \approx 0{,}35°.$$

Der volle Tagesweg der Sonne am Himmel beträgt annähernd 360°. (Zur Tagundnachtgleiche beschreibt die Sonne einen fast vollendeten großen Kreis; an Tagen, an denen die Sonne weit vom Äquator entfernt ist, wird sie einen kleineren Kreis beschreiben.) Somit kann die Verlängerung des Tages über 12 h hinaus aus dem Verhältnis

$$\frac{t_{AB}}{24 \cdot 60} = \frac{AB°}{360°}$$

gefunden werden. Hieraus ist

$$t_{AB} = AB° \cdot 4 \approx 1{,}4 \text{ min}.$$

Für weitere Betrachtungen ist es bequemer, die Ortszeit zu benutzen. Genau um 12 Uhr Ortszeit befindet sich die Sonne genau im Süden. (Diese Festlegung kann zur Bestimmung der Ortszeit dienen. Wir unterstreichen das, um Irrtümer zu vermeiden, da manchmal unter der Ortszeit die Zonenzeit verstanden wird.) Am betrachteten Tag ging die Sonne genau um 6 Uhr auf. (Wir berücksichtigen in dieser Aufgabe nicht den durch atmosphärische Refraktion entstandenen Fehler.) Der Sonnenuntergang erfolgt genau um 18 Uhr + 1,4 min. Infolge der Symmetrie bezüglich des Punktes der Tagundnachtgleiche betrug die vergangene Nacht ebenfalls 12 h + 1,4 min. Folglich also ging die Sonne gestern um 1,4 min vor der 18. Stunde unter, aber die Summe der vergangenen Nacht t_{N0} und des heutigen Tages t_{T1} beträgt gleich

$$t_{N0} + t_{T1} = 24 \text{ h } 2{,}8 \text{ min}.$$

Morgen jedoch geht die Sonne um $2 \cdot 1{,}4 = 2{,}8$ min früher als heute auf. Folglich beträgt die Summe des heutigen Tages t_{T1} und der darauffolgenden Nacht gleich

$$t_{T1} + t_{N1} = 23 \text{ h } 57{,}2 \text{ min}.$$

Somit ist also tatsächlich im Frühling die Summe „Nacht + Tag" größer als die Summe „Tag + Nacht". Das ist kein Wunder, sondern jede darauffolgende Nacht ist kürzer als die vergangene:

$t_{N1} < t_{N0}$.

Wenn wir diesen Umstand bei den im Teil B angeführten Ungleichungen durch Indizes berücksichtigt hätten, wären keine Widersprüche entstanden. Im Herbst ist es umgekehrt – jede Nacht ist länger als die vergangene:

$t_{N0} + t_{T1} < 24$ h,
$t_{T1} + t_{N1} > 24$ h.

Nur in zeitlicher Nähe der Winter- und Sommersonnenwende ändern sich Tage und Nächte nicht in ihrer Dauer, und ihre Summe wird 24 h betragen. Hierbei ist es unwichtig, ob die vergangene oder folgende Nacht betrachtet wird.
Die Summe „Tag + Nacht" weicht um so mehr von 24 h ab, je größer die Breite ist. Am Äquator tritt diese Erscheinung nicht auf, die Dauer des Tages ist gleich der der Nacht, und ihre Summe beträgt ständig 24 h.

Ein Morgen am Pol

A. Am Nordpol ging die Sonne auf dem Moskauer Längenkreis auf. Wo geht sie das nächste Mal auf?
B. Das nächste Mal geht sie genau in einem Jahr auf. Wenn dieser Hinweis berücksichtigt wird, läßt sich die Aufgabe leicht lösen.
C. Ein Jahr dauert ungefähr 365 Tage und 6 Stunden. Somit vollführt die Erde von einem Sonnenaufgang am Pol zum anderen 365,25 Umdrehungen um ihre Achse. Wenn sie genau 365 Umdrehungen vollführen würde, wäre der Sonnenaufgang wiederum auf dem Moskauer Längenkreis zu beobachten. In Wirklichkeit aber werden bis zum Sonnenaufgang noch 6 h benötigt, so daß die Sonne um 90° rechts des Moskauer Längenkreises (mit Sicht vom Nordpol) aufgeht – auf dem Längenkreis von Montevideo.
Es ist verständlich, daß in beiden Fällen der Moment des Auftauchens des oberen Randes der Sonnenscheibe am Horizont gemeint ist. Ohne diesen Vorbehalt verfehlt diese Frage über den

Punkt des Sonnenaufganges ihr Ziel. Der Aufgang der Sonne am Pol geht dermaßen langsam vonstatten, daß mehr als ein Tag für den Aufgang der vollen Sonnenscheibe vergeht. Mit anderen Worten: Zur Zeit des Aufganges ist die Sonne an allen Punkten des Horizontes zu sehen. Interessant ist zu vermerken, daß sich dabei die Luft um 6 K pro Stunde erwärmt und man unter Einfluß der damit verbundenen Veränderung der Lichtbrechung in der Luft den Eindruck hat, daß die Sonnenscheibe scheinbar ihren Aufstieg beendet und zu sinken beginnt. Hiermit soll nur darauf hingewiesen werden, daß es äußerst schwierig ist, diese Messungen genau durchzuführen.
Vermerken wir noch, daß die Sonne bezüglich der Erdorientierungspunkte (Moskau, Montevideo) am Pol jedesmal anders aufgeht, bezüglich des Sternenhimmels aber immer gleichmäßig. Sie befindet sich nämlich in diesem Moment im Punkt der Frühlingstagundnachtgleiche (im Sternbild des Fisches), dessen Lage bezüglich der Sterne für die Länge eines menschlichen Lebens als unveränderlich angesehen werden kann. (In 26 000 Jahren vollführt dieser Punkt auf der Ekliptik eine volle Kreisbahn, und in einem Jahr verändert er seine Lage um weniger als eine Bogenminute.)

Mit dem Kalender um den Pol

A. Nahe des 180. Längenkreises verläuft die Datumgrenze. Bei der Überquerung dieser Linie von Ost nach West muß ein Tag im Kalender übersprungen werden, bei der Überquerung von West nach Ost muß ein Tag doppelt gezählt werden.
Wir reisen jetzt genau auf dem Breitengrad 89° 59′ 44″, d. h. in einer Entfernung $r = 500$ m vom Nordpol, von Osten nach Westen. Die Länge dieses Breitenkreises beträgt annähernd $l \approx 2\pi r = 2 \cdot 3{,}14 \cdot 500 = 3\,140$ m. (Die Formel ist nur im Polargebiet anwendbar, in dem die Erdkrümmung noch nicht berücksichtigt zu werden braucht.) In 6 Stunden haben wir die Entfernung von 31,4 km zurückgelegt, d. h., wir haben die Datumgrenze zehnmal überquert. Müssen wir nun auf dem Kalender 10 Tage überspringen?
B. Der gesunde Menschenverstand sagt uns, daß das nicht nötig ist. Aber die Datumgrenze ist doch auch vom gesunden Menschenverstand vorgeschrieben worden!
Um Zweifeln vorzubeugen, nehmen wir die Möglichkeit einer dem Pol sehr nahen Rundreise an und betonen, daß die Datum-

grenze bis unmittelbar an den Pol verläuft. Außerdem können analoge Reisen nicht nur rund um den Pol gemacht werden. Ein Kosmonaut, der die Datumgrenze an einem Tag 16mal in Richtung von Ost nach West überquert, überspringt nach seiner Rückkehr auf die Erde keine 16 Tage in seinem Kalender. Anders wird ein Kosmonaut, der denselben Flug in umgekehrter Richtung absolviert hat, nach seiner Rückkehr auf die Erde seinen Kalender nicht um 16 Tage zurückstellen.
Schließlich und endlich wird auf die Tatsache hingewiesen, daß auf keinem eine Erdrundreise durchführenden Schiff ein Datumwechsel vorgenommen wird. Was aber muß dabei auf dem Schiff beachtet werden?
C. Klären wir zuerst die Notwendigkeit des Datumwechsels. Beginnen wir eine Schiffsreise rund um die Erde (z. B. durch den Panama- oder Suezkanal). Nehmen wir an, daß wir uns dabei jeden Tag um 15° nach Westen bewegen. Folglich also werden wir in 24 Tagen die Erde umrundet haben. Da wir uns jeden Tag um 15° nach Westen vorwärtsbewegen, geht für uns die Sonne jeden Tag um 1 Stunde später als am vorangegangenen Tag auf und unter. Also wird sich auf der Uhr die Nacht täglich um 1 Stunde verspäten, und nach 12 Tagen werden Tag und Nacht vertauscht sein. Eine Uhr, die nicht die richtige Tageszeit anzeigt, ist nutzlos. Um die Uhr mit der Tages- und Nachtzeit in Übereinstimmung zu bringen, muß man sie also täglich um 1 Stunde zurückstellen, d. h. den Tag auf 25 Stunden verlängern. Im gegebenen Fall nun muß man seine Uhr in den 24 Tagen dieser Reise um 24 Stunden – um einen Tag – zurückstellen. Somit ist für die Schiffsreisenden die Sonne einmal weniger als für die Bewohner des Festlandes aufgegangen, weil sie sich auf ihrem Kurs gegen die Drehrichtung der Erde um ihre Achse bewegt haben. Sie haben also eine Umdrehung um die Erdachse mehr vollführt als die Erde selbst. Um mit den anderen Erdbewohnern Schritt zu halten, müssen wir zusätzlich ein Blatt des Kalenders abreißen. Um Irrtümern vorzubeugen, wurde vereinbart, einen Tag im Moment des Überquerens einer genau bestimmten Linie – der Datumgrenze – zu überspringen. Diese Linie verläuft in der Nähe des 180. Längenkreises und umgeht das Festland. (Andernfalls müßten nicht nur Schiffsreisende das Datum ändern, sondern auch Fußgänger, die sich auf dem Weg zum Nachbarn befinden.) Ist die Reiserichtung gleich der Drehrichtung der Erde um ihre Achse und haben wir die Erde umrundet, so würden wir eine Drehung um die Erdachse mehr als die Erde selbst vollführen. Dabei müßten wir unsere Uhren jeden

Tag unter Abstimmung mit der jeweiligen Zeitzone vorstellen. Am Ende unserer Reise ginge die Uhr um 24 Stunden vor. Um Mißverständnisse mit der übrigen Welt zu vermeiden, müssen wir beim Überqueren der Linie des Datumwechsels anstelle des heutigen Kalenderblattes das gestrige wieder anheften. Es ist wohl einleuchtend, daß eine Schiffsbesatzung auf dem Meere die Ablösung von Tag und Nacht gewohnt ist und nicht ständig die Schiffsuhren vor- bzw. nachstellt. Sie richtet sich während der gesamten Reise nach der Zeit des Ausgangshafens. Damit entfällt die Notwendigkeit, bei Überqueren der Datumgrenze das Datum zu ändern. Ein Kalenderblatt muß dann aber genau in dem Moment abgerissen werden, wenn das ebenfalls im Ausgangshafen, nach dessen Zeit sich die Schiffsbesatzung orientiert, geschieht, d. h. genau um 24 Uhr an der Schiffsuhr, unabhängig davon, ob Mitternacht, Mittag oder Sonnenaufgang ist.

Kehren wir zu unserer Aufgabe zurück. Wollten wir auf unserer Reise rund um den Pol ähnlich den Seeleuten unsere Uhren stellen und das Datum ändern, müßten wir aller eineinhalb Minuten die Uhren um eine Stunde zurückstellen. (Wir nehmen an, daß wir uns auf dieser Reise mit konstanter Geschwindigkeit bewegen.) In 36 Stunden würden unsere Uhren um einen ganzen Tag nachgehen, d. h., wir sind in den gestrigen Tag geraten und müßten das Datum ändern. Selbstverständlich würde das sehr unbequem und deshalb unsinnig sein. Viel einfacher ist es, seine Uhr mit der Moskauer (oder jeder beliebigen anderen Zeit) abzustimmen und die Kalenderblätter genau um 24 Uhr abzureißen. Außerdem besteht zwischen Sonnenaufgang und Sonnenuntergang am Pol und der Zahl der Umrundungen des Pols durch uns keine Verbindung.

Analog verfahren auch die Kosmonauten. Hier muß aber die Einschränkung gemacht werden, daß ihnen Sonnenauf- und Sonnenuntergang ganz anders erscheinen als einem um den Pol Reisenden. Der Wechsel zwischen Tag und Nacht geschieht für Kosmonauten dermaßen oft (oder fehlt völlig, z. B. für Kosmonauten, die zum Mars fliegen), daß eine Tageseinteilung nach ihm nicht erfolgen kann. Deshalb orientiert sich ein Kosmonaut immer nach einer einheitlichen Zeit – der Moskauer Zeit – und reißt seine Kalenderblätter zusammen mit den Bewohnern Moskaus ab.

Und sie bewegt sich doch!

A. Vor uns liegt ein Foto (Abb. 3). Wie man leicht erraten kann, handelt es sich um eine Aufnahme des nächtlichen Sternenhimmels. Können wir an Hand dieser Aufnahme bestimmen, wie groß die Belichtungszeit dieser Aufnahme war?

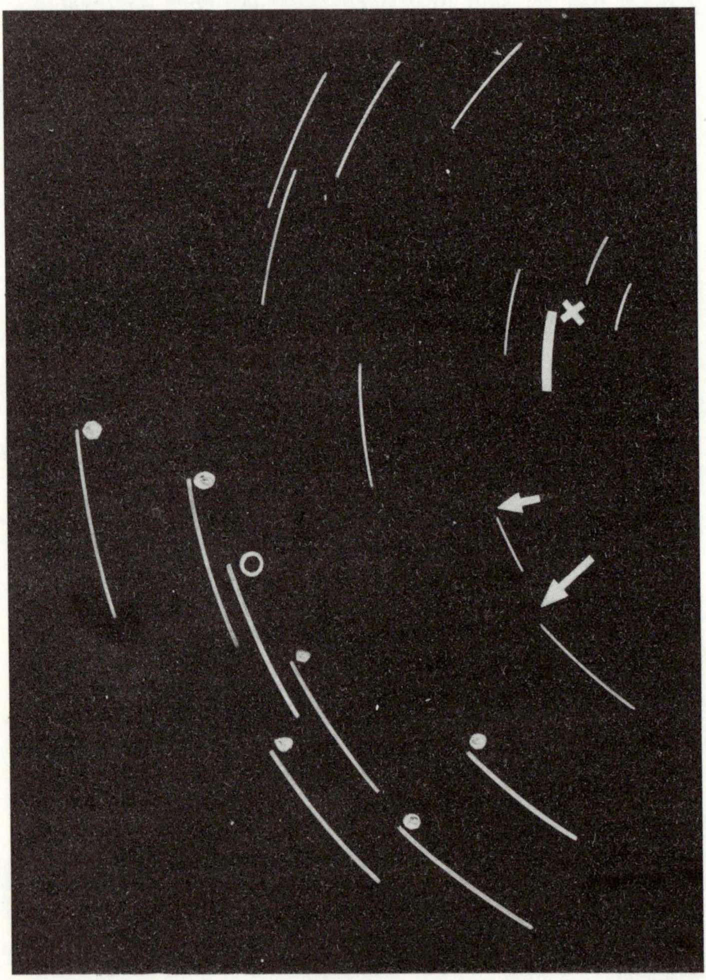

Abb. 3

B. Mit ähnlichen Aufnahmen wird oft die durch die Drehung der Erde um ihre eigene Achse hervorgerufene scheinbare Drehung des Firmaments illustriert. Allen ist selbstverständlich bekannt, daß die Zeit, in der die Erde eine Drehung um ihre eigene Achse vollführt, ein Tag genannt wird. Diese Kenntnis ist für die Lösung dieser Frage vollkommen ausreichend. Alle übrigen Angaben sind aus dem Foto ersichtlich. Wir wollen ebenfalls bestimmen, welche Sternbilder abgebildet sind.

C. Bei einer Momentaufnahme eines Sternes ist dieser auf dem Foto als Punkt abgebildet. Bei längeren Belichtungszeiten ist ein Stern als Bogen abgebildet. Der Bogen ist um so länger, je länger die Belichtungszeit war. Wenn nun die Blende genau einen Tag geöffnet ist (wenn die ganze Zeit über Nacht herrschte und die Sterne sichtbar wären – eine Situation, die im Polargebiet möglich ist), so würde jeder Stern eine volle Umdrehung vollführen und als Kreis abgebildet sein. Das Zentrum aller Kreise wäre der Himmelspol – ein Punkt am Himmelsgewölbe auf der Verlängerung der Erdachse. (In unserem Jahrhundert befindet sich dieser Punkt nahe dem Polarstern, im Sternbild des Kleinen Bären.) Bei einer Blendenöffnung von 12 h würden die Sterne als Kreisbogen mit einer Länge von 180° abgebildet sein. Somit ist die Länge des Kreisbogens α, mit dem ein Stern auf einem Foto abgebildet ist, proportional der Belichtungszeit t:

$$\frac{\alpha}{360^\circ} = \frac{t}{24\,\mathrm{h}},$$

wobei α in Grad und t in Stunden gemessen wird.
Um also t auszurechnen, muß α ausgemessen werden. Das geschieht zweckmäßigerweise mit einem Winkelmesser, dessen Zentrum mit dem Drehzentrum des Fotos in Übereinstimmung gebracht werden muß. Dieses Drehzentrum kann zum Beispiel als Schnittpunkt zweier Geraden, die senkrecht auf den beiden Enden eines gegebenen Kreisbogens stehen, gefunden werden. Um Fehler bei dieser graphischen Methode der Konstruktion des Drehzentrums weitgehend auszuschalten, ist es zweckmäßig, mehrere Senkrechte auf verschiedenen Kreisbögen zu errichten und einen mittleren von allen Schnittpunkten zu wählen.
Die Messung in Abb. 3 ergibt $\alpha \approx 15^\circ$, was einer Zeit $t \approx 1$ h entspricht.
An dieser Stelle muß darauf hingewiesen werden, daß die Erde bezüglich der Sterne (und folglich auch die Sterne bezüglich der

Erde) eine volle Umdrehung nicht in einem Tag, wie wir es in unserem täglichen Leben verstehen, vollführt, sondern in einem *Sternentag*. Letzterer ist um ungefähr 4 Minuten *kürzer* als ein mittlerer Sonnentag. Sternen- und Sonnentag wären nur in dem Fall gleich, wenn die Lage der Sonne bezüglich der Sterne unveränderlich wäre. Da jedoch die Erde die Sonne in einem Jahr einmal umrundet (von der nördlichen Halbkugel aus gesehen gegen den Uhrzeigersinn), erscheint uns auch die Sonne inmitten der Sterne beweglich (ebenfalls gegen den Uhrzeigersinn). In 365 Tagen beschreibt sie einen vollen Kreis, also 360°. Mit anderen Worten, ein Sonnentag (Zeit von einem Mittag bis zum nächsten Mittag – von einer Kreuzung unseres Längenkreises durch die Sonne bis zur nächsten) ist um ein Dreihundertfünfundsechzigstel (4 min) länger als ein Sternentag. Demzufolge zeichnet ein Stern auf einem Foto in 23 h 56 min einen vollen Kreis. Die durch diese Besonderheit entstandene Ungenauigkeit ist geringer als die, die uns bei der graphischen Bestimmung des Drehzentrums unterlief. Aus diesem Grunde kann sie vernachlässigt werden.
Um diese Frage vollständig zu beantworten, vermerken wir noch, daß sich die Erde nicht auf einer Kreisbahn, sondern auf einer elliptischen Bahn um die Sonne bewegt und ihre Bahngeschwindigkeit ungleichmäßig ist (im Perihel ist sie größer, im Aphel kleiner). (Perihel ist der der Sonne *nächste* Punkt der Planetenbahn [griech. helios – Sonne]; nicht zu verwechseln mit dem Perigäum – der der Erde nächste Punkt der Mondbahn [ge – Erde]; der gleichwertige Punkt des Marsmondes wird Periaräum genannt [ares – Mars]. Aphel ist der der Sonne *fernste* Punkt der Planetenbahn; Apogäum ist das gleiche für den Erdmond.) Somit erscheint uns auch die Sonne als Planet mit ungleichmäßiger Bewegung. Daher erklärt sich auch die unterschiedliche Länge der Sonnentage (die Sonnentage des Juli sind um ungefähr 50 s kürzer als die Sonnentage des Januar). Ein anderer Grund der ungleichmäßigen Bewegung der Erde auf ihrer Bahn ist der Mond. Auf der elliptischen Bahn um die Sonne bewegt sich nicht das Zentrum der Erde, sondern das Massezentrum des Systems Erde–Mond. Die Erde selbst dreht sich um das gemeinsame Massezentrum, indem sie die Bewegung des Mondes im Verhältnis 1:81 (Massenverhältnis) nachmacht und somit in die sichtbare Bewegung der Sonne geringe Schwankungen durch die Mondperiode bringt. An den Einfluß anderer Planeten auf die Bewegung der Erde sei an dieser Stelle nur erinnert.
Im Alltag ist nicht einfach der Sonnentag gebräuchlich, der nicht

konstant ist, wie wir gesehen haben, sondern der mittlere Sonnentag.
Zum Erkennen der auf dem Foto festgehaltenen Sternbilder ist es erforderlich, zuerst ihre Konfiguration festzustellen. Dazu kann jeder beliebige Punkt jedes Kreisbogens unter Beachtung der Zeitgleichheit der Punkte benutzt werden, also alle Endpunkte oder Anfangspunkte (in Abb. 3 als Punkte eingezeichnet) der Bögen. Auf dem Foto sind (unvollständig) die Sternbilder des Drachens, des Großen Bären und des Kleinen Bären zu sehen. (Die eingezeichneten Pfeile, Kreuze und Kreise werden für die beiden letzten Aufgaben benötigt.)

Das Haus am Pol

A. Unmittelbar neben dem Nordpol auf dem Eis steht ein quadratisches Haus mit den Abmessungen 5 m × 5 m. Das Zentrum des Hauses ist 10 m vom Nordpol entfernt. In der Mitte der vier Wände sind Fenster eingelassen, von denen das eine genau nach Norden, das gegenüberliegende genau nach Süden weist. Nach welcher Richtung zeigen die beiden übrigen Fenster?
B. Nicht, wie viele denken mögen, nach Westen und Osten.
C. Die Ost- und Westrichtung sind die Richtungen entlang (bzw. parallel) der Breitenkreise, die Nord- und Südrichtung entlang der Längenkreise. Das Haus befindet sich so nah am Pol, daß der durch das Hauszentrum verlaufende Breitenkreis sich zwischen der „östlichen" und „westlichen" Wand sehr stark krümmt (Abb. 4).
Wenn der durch das Hauszentrum A verlaufende Längenkreis NS_0 als Moskauer Länge bezeichnet wird, so unterscheidet sich der durch den Mittelpunkt C der „östlichen" Wand verlaufende Längenkreis um den Winkel $\alpha \approx 14°$, denn es ist

$$\tan \alpha = \frac{AC}{NA} = \frac{2,5}{10} = 0,25.$$

Die genaue Ostrichtung CO für den Punkt C steht senkrecht auf diesem Längenkreis und bildet demzufolge mit der Fensterfläche den Winkel 90° − 14° = 76°. Das „Ostfenster" ist um 14° südwärts von Osten nach SO, genauer nach OSO, gerichtet. Das „Westfenster" hat demzufolge eine um 14° südwärts von Westen zeigende Richtung, also nach WSW. Interessant ist z. B. der Fall, bei dem sich das Hauszentrum auf dem Moskauer Längenkreis

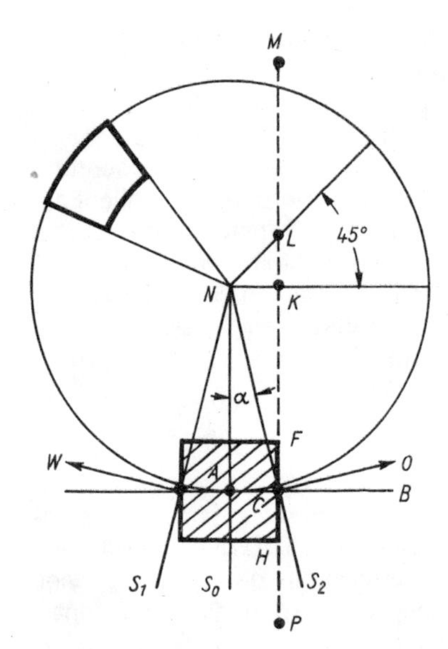

Abb. 4

(NS_0) befindet. Geht man im Haus von der Westwand zur Ostwand, kann man völlig berechtigt behaupten, daß man westlich von Minsk (Längenkreis NS_1) und östlich von Kuibyschew (NS_2) weilt.
Noch interessanter ist folgender Fakt. Obwohl die Ostwand eine gerade Fläche bildet, zeigen doch alle Punkte der gesamten Wandbreite in verschiedene Himmelsrichtungen. Um sich davon zu überzeugen, genügt es, die Längenkreise NF und NH durch die Hausecken F und H verlaufen zu lassen und die Winkel zu bestimmen, unter denen sich die Flächen der Längenkreise mit der Wand in den Punkten F und H schneiden. Wenn nun aber die Wandfläche nach beiden Seiten um ein Vielfaches verlängert wird, so ist der Punkt K der Wand nach Süden, der Punkt L nach Südwesten gerichtet. Die weit vom Haus entfernten Punkte M und P (wenn z. B. $KM = KP = 100$ m) aber weisen genau nach Westen bzw. nach Osten.
Wie muß nun aber das Haus gebaut sein, damit alle Punkte der Nordwand tatsächlich nach Norden, die der Ostwand nach Osten usw. weisen? Zwei Wände eines solchen Hauses müssen genau parallel zum Breitenkreis, zwei parallel zum Längenkreis verlaufen. Der Grundriß eines solchen Hauses ist in Abb. 4 durch starke Umrandung gekennzeichnet. Er ähnelt der Form

eines Trapezes, wobei Ost- und Westwand geradlinig, die Nordwand konkav und die Südwand konvex gestaltete Flächen darstellen.

Der Sonnenschatten

A. Auf einer Wanderung stellten Touristen mit Hilfe eines Kompasses fest, daß um 7^{00} Uhr Moskauer Zeit die Schatten senkrecht stehender Gegenstände genau nach Westen zeigten. Nach wieviel Stunden werden diese Schatten genau nach Osten zeigen?

B. Viele Leser werden wahrscheinlich antworten: nach 12 h! Die Erde dreht sich mit gleichmäßiger Geschwindigkeit um ihre Achse, und demzufolge ist die scheinbare Tagesbewegung der Sonne am Himmel ebenfalls gleichmäßig. In 24 h drehen sich Sonne und Schatten um 360° und dementsprechend um 180° in 12 h. – Aber wie ist es tatsächlich? Probieren wir das in einer Mußestunde aus, und wir werden sehen, daß sich der Schatten in viel weniger als 12 h von Westen nach Osten dreht. Nur müssen wir diesen Versuch im Sommer durchführen, da die Sonne im Winter weder im Westen noch im Osten steht.

C. Die Sonne vollführt tatsächlich eine gleichförmige Tagesbewegung am Firmament (dabei werden zweitrangige, sehr geringe Ungenauigkeiten vernachlässigt). Würde sich die Sonne parallel zum Horizont bewegen, so würde sich auch der Schatten mit gleichmäßiger Geschwindigkeit drehen. Ein solcher Fall ist nur am Pol möglich. Dort drehen sich die Schatten tatsächlich in 12 h um 180°, obwohl natürlich dort die Begriffe Osten und Westen ihren Sinn verloren haben. Auf jeder beliebigen anderen Breite aber ist die Tagesbewegung der Sonne am Himmel dem Horizont nicht parallel. Um die Bedeutung des letzten Satzes für unsere Aufgabe zu unterstreichen, betrachten wir den anderen Extremfall – den Äquator. Zur Tagundnachtgleiche geht dort die Sonne im Osten auf, steigt zum Zenit auf und geht im Westen unter (die Ergebnisse der Aufgabe „Die Sonne geht nicht dort unter, wo wir es vermuten" sind hierbei nicht berücksichtigt worden). In der Zeit bis zum Erreichen des Zenits zeigen die Schatten nach Westen. Aber unmittelbar nach dem Moment des Sonnendurchlaufs durch den Zenit zeigen die Schatten schon nach Osten. Theoretisch wechseln sie augenblicklich von West nach Ost, also durchaus nicht in 12 h.
Betrachten wir aber nun die scheinbare Sonnenbewegung in un-

seren Breiten. In Abb. 5 ist die Sonnenbahn am Firmament im Sommer dargestellt. Hierbei stellt *NOSW* die Fläche des Horizontes mit den vier Himmelsrichtungen dar. *NPZSA* ist die Fläche des Längenkreises, die durch den Beobachtungspunkt *A*, den Himmelspol *P* (in der Nähe des Polarsterns) und den Zenit verläuft. Die Fläche *OZWA*, durch Osten, Westen und den Zenit verlaufend, teilt das Firmament in die südliche und nördliche Hälfte. Die senkrecht zur Himmelsachse AP stehende Fläche *EFLCMD* ist die Fläche der Umlaufbahn der Sonne am gegebenen Tag. Im Sommer schneidet diese Fläche die Himmelsachse zwischen dem Himmelsnordpol *P* und dem Beobachtungspunkt *A* im Punkt *K*.

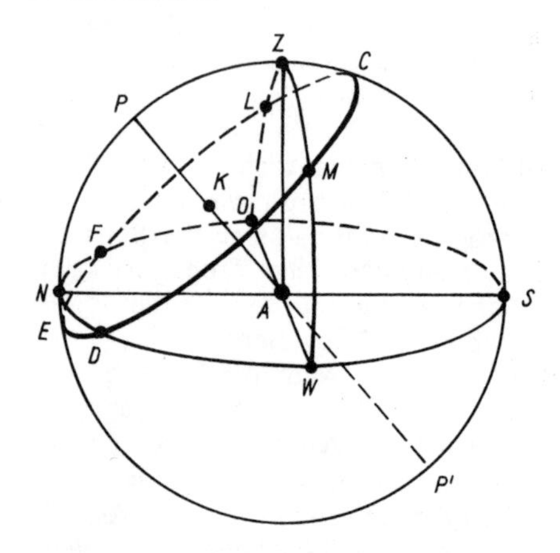

Abb. 5

Deshalb sind die Punkte des Sonnenaufgangs *F* nördlich vom Ostpunkt und des Sonnenuntergangs *D* nördlich vom Westpunkt zu finden. (Im Winter würde diese Fläche die Himmelsachse zwischen dem Himmelssüdpol *P'* und dem Beobachtungspunkt schneiden.) Der Schatten wird in dem Moment nach Westen zeigen, wenn die Sonne aus der nördlichen Himmelshälfte in die südliche übertritt (Punkt *L*), aber nach Osten im Moment des umgekehrten Übergangs (Punkt *M*). Die Zeichnung macht deutlich, daß die Bogenlänge *LCM* bedeutend kleiner als die Bogenlänge *MDEFL* ist. Da sich aber die Sonne auf diesem Kreis mit konstanter Geschwindigkeit bewegt, ist der Sonnenaufenthalt auf der südlichen Himmelshälfte (Bogen *LCM*) bedeutend geringer als die Dauer eines Halbtages. Deshalb dreht sich der Schatten in weniger als 12 h von Westen nach Osten. In Leningrad beträgt im Sommer diese Zeit ungefähr 10 h. In südli-

cheren Gebieten ist der Himmelspol *P* näher am Horizont sichtbar, die Sonnenbahn schneidet den Horizont noch steiler, der obere Kulminationspunkt *C* befindet sich näher am Zenit, und der Sonnenaufenthalt auf der südlichen Himmelshälfte ist noch geringer. Insbesondere auf dem nördlichen Wendekreis (23,5° nördlicher Breite) wechselt die Sonne am Tag der Sommersonnenwende überhaupt nicht auf die südliche Himmelshälfte über – der Punkt *C* fällt mit dem Zenit zusammen.
Wanderer, die keinen Kompaß bei sich haben, sollten die ungleichförmige Winkelgeschwindigkeit des Schattens beachten. Bemerkenswert ist auch folgendes Experiment: Ein Bleistift und ein Buch werden zueinander senkrecht so aufgestellt, daß der Bleistift unter dem der geographischen Breite entsprechenden Winkel zum Horizont nach Norden zeigt (das Buch befindet sich dabei in der Fläche des Himmelsäquators). Der Schatten des Bleistiftes wird sich zu jeder beliebigen Tages- und Jahreszeit mit gleichmäßiger Geschwindigkeit auf dem Buche bewegen. Eine solche ähnliche Einrichtung dient als Sonnenuhr mit gleichmäßigem Tagesgang. Interessant ist dabei, daß die Schattenlänge nicht von der Tageszeit, sondern nur von der Jahreszeit abhängig ist. Dabei muß aber der Bleistift im Sommer über und im Winter unter dem Buch befestigt werden.

Der Mond im Zenit

A. Wann ist der Winkeldurchmesser des Mondes größer: wenn er sich nahe dem Zenit oder nahe dem Horizont befindet?
B. Im allgemeinen sieht der Mond am Horizont größer aus als bei höherem Mondstand. Wir wissen aber, daß das eine optische Täuschung ist; die Mondgröße im Zenit und am Horizont ist konstant. Außerdem wird in dem Moment, in dem wir den Mond am Horizont groß sehen, irgendwo eine andere Person den Mond im Zenit klein sehen. Aber der Mond kann ja nicht gleichzeitig verschiedene Größen haben. So wird die Mehrzahl der Leser antworten. Die Antwort ist logisch. Aber der Autor vertritt die Meinung, daß der Winkeldurchmesser des Mondes am Horizont in Wirklichkeit geringer ist als im Zenit. Schließt sich der Leser dieser Meinung an?
C. Die Winkelabmessungen des Mondes werden durch seine linearen Maße und die Entfernung vom Beobachtungspunkt bestimmt. Nehmen wir an, daß sich die Zentren des Mondes und der Erde im gegebenen Moment in einer Entfernung von

380 000 km voneinander befinden (aufgrund der elliptischen Mondbahn schwankt diese Entfernung zwischen 363 300 und 405 500 km). Dann beträgt die Entfernung zwischen dem Beobachter A (Abb. 6), der den Mond am Horizont sieht, und dem Mond ebenfalls ungefähr 380 000 km ($AO_1 \approx OO_1$).

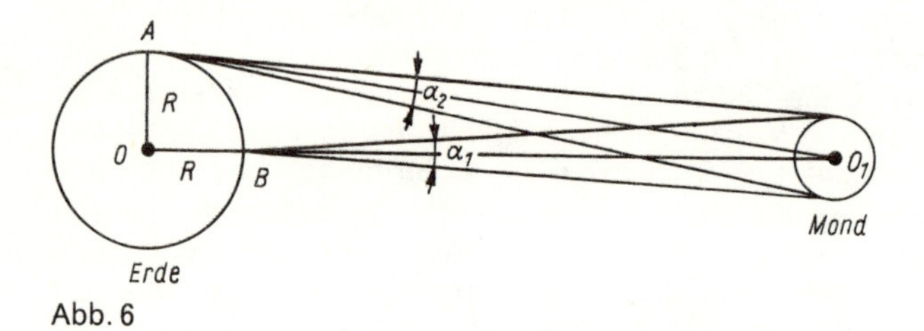

Abb. 6

Der Beobachter B jedoch, der den Mond im Zenit sieht, befindet sich ungefähr um die Größe des Erdradius $R \approx 6\,380$ km näher am Mond:

$$BO_1 = OO_1 - OB = 380\,000 - 6\,380 = 373\,620 \text{ km}.$$

Folglich ist das Winkelmaß des Mondes für den Beobachter B größer als für den Beobachter A ($\alpha_1 > \alpha_2$), und zwar um soviel größer, wieviel BO_1 kleiner AO_1 ist, d. h. um 1,7 %.
Es ist einleuchtend, daß diese Berechnungen nur für einen Tag Gültigkeit besitzen. Die elliptische Umlaufbahn des Mondes läßt ein und denselben Beobachter den Mond heute im Zenit kleiner erscheinen als vor zwei Wochen am Horizont. Die Entfernung Erde–Mond jedoch ändert sich auf dem Abschnitt der Mondumlaufbahn vom Horizont zum Zenit (ungefähr ein viertel Tag) um weniger als den Erdradius.
Es wäre noch zu bemerken, daß in unseren Breiten der Mond nicht im Zenit sichtbar ist. Die Sonne ist im Zenit für Beobachter auf den Breiten ±23,5° sichtbar (dem Neigungswinkel der Ekliptikfläche zur Äquatorfläche). Da die Fläche der Mondumlaufbahn zur Ekliptikfläche ungefähr um 5° geneigt ist, ist der Mond auf den Breiten ±28,5° im Zenit sichtbar. Auf der Breite Leningrads erhebt sich der Mond manchmal um 58,5° über den Horizont. Dieser Wert ist vollkommen ausreichend zur Beobachtung sowohl des subjektiven Effekts der Monddurchmesserverringerung beim Mondabstieg als auch des objektiven umgekehrten Effekts. Die in Horizontnähe auftretende Refraktion führt zu

einer merklichen Schrumpfung des vertikalen Monddurchmessers und verstärkt somit den in der Aufgabe untersuchten Effekt.

Mit dem Hundeschlitten zum Aldebaran

A. Auf dem Franz-Joseph-Land wird die Post von Insel zu Insel mit Propellerschlitten befördert. Eines Tages kurz vor der Abfahrt ist ein Defekt am Motor festgestellt worden, der Schlitten kann nicht benutzt werden.

– Nun, dann muß mit dem Hundeschlitten gefahren werden. Hallo, Hundeführer! –
– Gut, ich fahre, aber ich kenne den Weg nicht. Wie werde ich den Bestimmungsort finden? –
– Das ist ganz einfach. Nimm Kurs auf den Stern dort – den Aldebaran – und fahr immer darauf zu. In einer halben Stunde bist du am Ziel. –
– Dieser Orientierungspunkt gefällt mir nicht. Dein Propellerschlitten hat Pferdestärken, aber vor meinen Schlitten sind nur Hunde gespannt. –
– Na und? Was ist das für ein Unterschied? –
– Ein sehr großer: Ich gelange nämlich nicht ans Ziel. –

Worin besteht nun dieser Unterschied?

B. Selbstverständlich besteht der Unterschied darin, daß eine Hundekraft kleiner als eine Pferdekraft und die Geschwindigkeit des Hundegespanns geringer (sagen wir genau 10mal geringer) als die des Propellerschlittens ist. Weitere Hinweise jedoch würden dem Leser schon die Lösung der Aufgabe verraten.

C. Die Drehung der Erde um ihre Achse führt zu einer scheinbaren Drehung des Firmaments, so daß wir den Eindruck haben, daß sich die Sterne ebenfalls am Firmament bewegen. Der Führer des Propellerschlittens konnte diese Ortsveränderung der Sterne vernachlässigen, da seine Fahrt im ganzen nur eine halbe Stunde dauert und die Sterne sich in dieser kurzen Zeit nur wenig von ihrem anfänglichen Standort entfernen. Die Fahrt des Hundeschlittens hingegen dauert 5 h. Gegen Fahrtende wird das sich nach den Sternen orientierende Hundegespann eine gänzlich andere Richtung als die bei Fahrtbeginn eingeschlagen haben.

Das Firmament vollführt in 24 h (genauer in 23 h 56 min; s. Aufgabe „Und sie bewegt sich doch") eine scheinbare Drehung um einen Punkt nahe des Polarsterns. Da auf dem Franz-Joseph-

Land der Polarstern in der Nachbarschaft des Zenits (um 9° entfernt) zu sehen ist, so kann der Einfachheit halber angenommen werden, daß sich alle Sterne parallel zum Horizont bewegen. In 24 h drehen sich die Sterne ungefähr um 360°, in einer Stunde also um 15°. Der Propellerschlitten würde also gegen Fahrtende um 7,5° und das Hundegespann um 75° vom Ausgangskurs abgekommen sein. Bei einer Fahrtdauer von 24 h würde das Hundegespann nach einer Kreisfahrt wieder am Ausgangspunkt anlangen (unter der Bedingung, daß sich das Hundegespann mit gleichförmiger Geschwindigkeit ohne Haltepausen bewegt; Haltepausen würden auf der Kreisbahn als Knicke zu sehen sein, die um so stärker sind, je länger die Haltepausen dauern). Dem Propellerschlitten würde es genauso ergehen, nur der Radius des von ihm beschriebenen Kreises würde zehnmal größer sein. Auf der Abb. 7a sind die Fahrtrouten des Propellerschlittens (*OA*) und des Hundegespanns (*OB*) dargestellt. Die Linie *OE* gibt die Route jedes beliebigen Fahrzeuges für den Fall an, daß die Sterne ihre Lage nicht verändern.

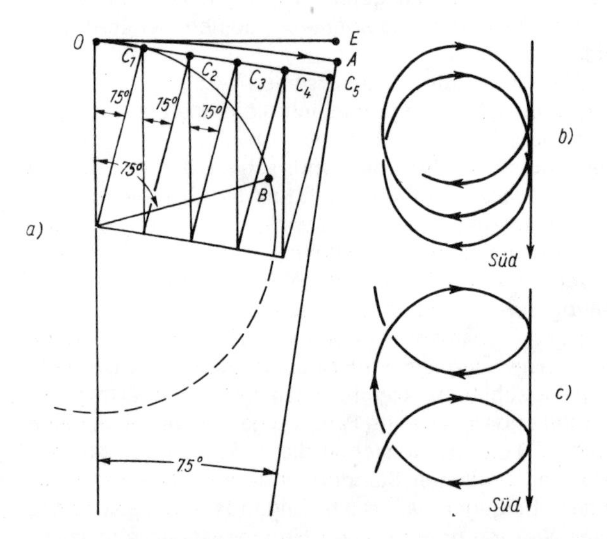

Abb. 7

Man darf nun aber nicht schlußfolgern, daß sich ein Hundeschlitten nicht nach den Sternen richten dürfte. Man kann z. B. periodisch den Kurs ändern, indem der Kurs nach bestimmten Zeitabständen immer mehr nach links vom Orientierungsstern verlegt wird. Auf der gleichen Abbildung ist so die aus fünf Bö-

gen bestehende Route des Hundegespanns dargestellt. Das Gespann nimmt zu Beginn Kurs auf den Stern und gelangt nach 1 h zu dem Punkt C_1. Hier nimmt es einen Kurs von 15° links vom Stern und gelangt nach einer Stunde zum Punkt C_2. Hier nimmt es einen Kurs von 30° links vom Stern und gelangt nach 1 h zum Punkt C_3 usw. Noch genauer könnte die Richtung bestimmt werden, wenn man den Kurs alle 4 min um 1° nach links vom alten Kurs verlegt.
Es muß noch darauf hingewiesen werden, daß man sich nur unter der Bedingung Tag für Tag nach dem gleichen Stern richten kann, wenn man jeden Tag um 4 min früher abfährt als am vorhergehenden, da das Firmament nicht in 24 h, sondern in 23 h 56 min eine volle Umdrehung beendet. Der Führer des Propellerschlittens kann den Stern also nur wenige Tage als Orientierungspunkt benutzen.
Weiterhin ist noch interessant zu wissen, daß die Orientierung nach den Sternen in niedrigen Breiten schwierig ist. Dort ist der Polarstern weit vom Zenit entfernt und der Tageslauf der Sterne am Firmament geneigter. Deshalb wird sich der nach den Sternen eingeschlagene Kurs in der horizontalen Fläche im Laufe eines Tages ungleichmäßig ändern (ähnlich wie die Richtung der Schatten in der Aufgabe „Der Sonnenschatten"): schneller, wenn sich der Stern in der südlichen Himmelshälfte befindet, langsamer in der nördlichen. Eine 24stündige Fahrt würde deshalb dort sehr stark von einer Kreisbahn abweichen: Die Krümmung der Fahrtroute wäre am stärksten, wenn sich der Stern im Süden befände, und am geringsten im Norden. Die Fahrzeuge würden sich auf einer Schraubenlinie (Abb. 7b in hohen Breiten, Abb. 7c in niedrigen Breiten) bewegen, dabei aller 24 h eine Windung zurücklegen und sich mit jeder Windung nördlicher befinden. Bei unbegrenzter Fahrtdauer würde das Fahrzeug den Nordpol erreichen und ihn in regelmäßigen Kreisen umfahren.
Diese Aufgabe in Verbindung mit der ersten läßt uns zu der endgültigen Schlußfolgerung kommen, daß der Pol ein sehr seltsamer Ort unseres Planeten ist.

Wo befindet sich der Jupiter?

A. Heute um Mitternacht kann man den Jupiter genau im Süden sehen. Aber wo befindet er sich tatsächlich?
Die Entfernung bis zum Jupiter beträgt ungefähr 600 000 000 km und die Lichtgeschwindigkeit annähernd 300 000 km/s.
B. Wie unbegreiflich es auch scheinen mag, der größte Teil der Antworten lautet so: Der Jupiter befindet sich selbstverständlich nicht dort, wo wir ihn erblicken, genau wie wir ein Flugzeug nicht in Schallrichtung finden werden. Die Entfernung von 600 000 000 km wird das Licht in 2 000 s ≈ 33 min durcheilen. Das heißt also, daß wir den Jupiter an der Stelle sehen, wo er sich vor 33 min befand! Wenn er jetzt genau im Süden sichtbar ist, so befindet er sich schon um 33 min westlicher. Gerade in diesem Augenblick sehen wir ihn dort über der Fernsehantenne. Wenn wir noch 33 min warten, sehen wir ihn dort, wo er sich in Wirklichkeit um Mitternacht befand. Außerdem ist es nicht erforderlich zu warten. Es ist ja bekannt, daß der Jupiter sich innerhalb von 24 h am Himmel um 360° dreht. Somit würde er sich in 33 min um ungefähr 8° gedreht haben. Damit wäre er im gegebenen Moment um 8° rechts von dieser Antenne sichtbar.

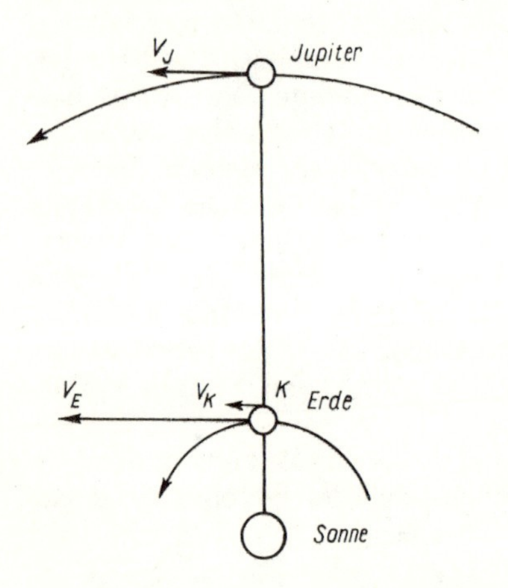

Abb. 8

Diese Überlegungen sind nur bis zum Ausrufezeichen richtig. Um mit der Lösung der Aufgabe voranzukommen, wollen wir uns vorstellen, wo sich der Saturn (die Entfernung bis zu ihm ist ungefähr doppelt so groß) befindet, den wir jetzt in unmittelbarer Nähe des Jupiters erblicken. Wirklich um 16° westlicher von

Süden? Aber in diesem Fall befinden sie sich ja nicht auf einer gemeinsamen Geraden mit dem Beobachter – die Richtung zum Saturn und Jupiter unterscheidet sich um 8°. Und der Stern, den wir neben beiden Planeten erblicken und dessen Licht 100 Jahre benötigt, um zu uns zu gelangen? Befindet er sich wirklich um $100 \times 365 \times 360° \approx 12\,800\,000°$ westlicher von Süden? Dieses Ergebnis ist widersinnig. Aber wenn das Licht eines Sterns nicht 100 Jahre, sondern 100 Jahre und 12 h bis zu uns benötigt (diese Möglichkeit ist real, da der Fehler der Entfernungsbestimmung ungefähr 12 h beträgt)? Dann würde sich der Stern um weitere 180° westlicher von Süden befinden? Wie ist es den Kosmonauten möglich, den Weg zu einem bestimmten Stern zu finden, wenn wir uns in der Richtungsbestimmung um 180° irren können?

C. Selbstverständlich steht die Drehung des Jupiters in 24 h um 360° in keiner Beziehung zu unserer Aufgabe. Um den Ort der Lichtquelle zu bestimmen, müssen wir die lineare Geschwindigkeit des Beobachters zum Jupiter bestimmen. Der Fakt, daß der Jupiter um Mitternacht im Süden zu sehen ist, bedeutet, daß die Richtungen zum Jupiter und zur Sonne einander entgegengesetzt sind (die Sonne befindet sich um Mitternacht im Norden). Dieser gegenseitige Stand der Sonne, der Erde und des Jupiters wird Opposition genannt. Wie aus Abb. 8 ersichtlich ist, sind die Richtungen der Bahnbewegungen des Jupiters und der Erde im Moment der Opposition parallel (die Ellipsenform der Bahn wird vernachlässigt). Die Bahngeschwindigkeit der Erde beträgt $v_E \approx 30$ km/s, die des Jupiters $v_J \approx 13$ km/s. Da $v_E > v_J$, bewegt sich der Jupiter für den Beobachter zum Zeitpunkt der Oppositionsstellung mit einer Geschwindigkeit $v_E - v_J \approx 17$ km/s nach rechts, in die der Bahnbewegung entgegengesetzte Richtung (Rücklauf). Auf Abb. 9 ist der Jupiter mit den Sternen *A, B, C,* ...

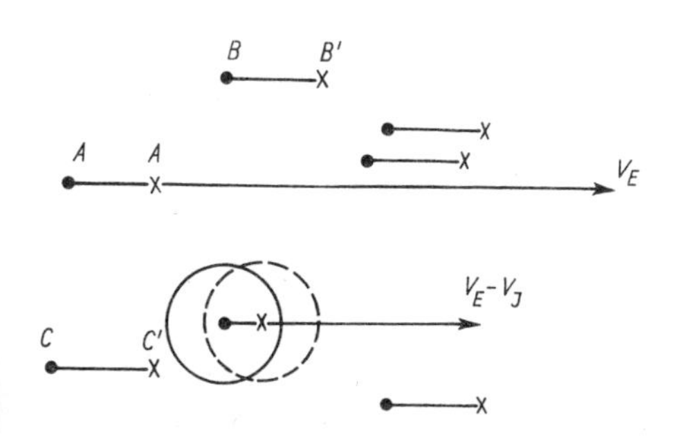

Abb. 9

und seine rückläufige Bewegung mit der Geschwindigkeit von 17 km/s dargestellt.
Wir sehen ihn dort, wo er sich vor 2000 s befand. Folglich befindet er sich jetzt tatsächlich um $2000\,\text{s} \cdot 17\,\text{km/s} = 34\,000\,\text{km}$ rechts davon. Der Durchmesser des Jupiters beträgt ungefähr 140000 km, und somit befindet er sich faktisch ungefähr um ein Viertel seines Durchmessers rechts des Punktes, wo wir ihn sehen. Auf der Abbildung stellt der Vollkreis die sichtbare und der gestrichelte Kreis die tatsächliche Lage des Jupiters dar.
Der Verschiebungswinkel des Jupiters beträgt

$$\frac{34\,000}{600\,000\,000}\,\text{rad} = 0{,}000\,057\,\text{rad oder } 0{,}003\,2^\circ \approx 0{,}2' = 12''.$$

Diese durch die relative Bewegung des Beobachters hervorgerufene Verschiebung des Himmelskörpers wird Aberration (oder Abweichung) genannt. Sie kann auch mit Hilfe eines Geschwindigkeitsparallelogramms bestimmt werden. Die eine Seite stellt die Lichtgeschwindigkeit, die andere die Geschwindigkeit des Beobachters bezüglich der Lichtquelle dar, beide Geschwindigkeiten in gleichem Maßstab. Wir sehen den Jupiter in der Richtung *AD* (Abb. 10). Aber in Wirklichkeit befindet er sich in der Richtung *AE*. Der unter dem Winkel in das Objekt O_1 des Teleskops einfallende Lichtstrahl *EA* würde nicht auf das Okular O_2

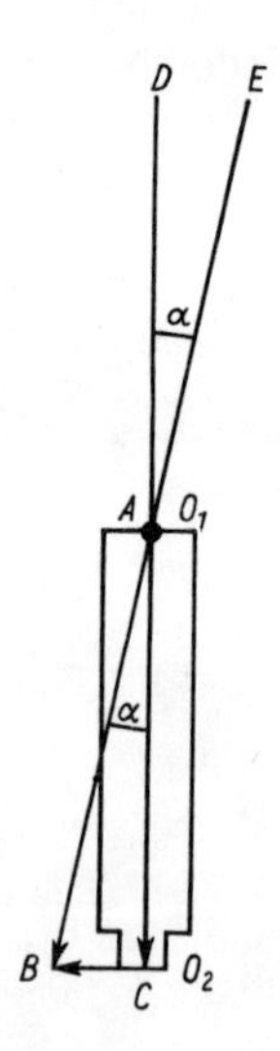

Abb. 10

fallen, wenn die Erde sich bezüglich des Jupiters nicht bewegen würde. Da sie sich aber mit einer Geschwindigkeit bezüglich des Jupiters von 17 km/s bewegt (Vektor *CB*), gelangt das Okular O_2 in dem Moment in den Punkt *B*, wenn der sich mit der Geschwindigkeit von 300 000 km/s auf der Linie *AB* bewegende Lichtstrahl ebenfalls in diesen Punkt fällt. Damit wird für uns der Planet sichtbar. Wir sehen also den Jupiter, obwohl unser Fernrohr nicht in die Richtung *BAE*, sondern in die Richtung *CAD* eingestellt ist. Das heißt, die Richtung *AD*, in der der Jupiter für uns sichtbar ist, verläuft um den Winkel α links von seiner wirklichen Lage. Der Winkel α, in Radiant ausgedrückt, ist gleich dem Verhältnis

$$\frac{BC}{AC} = \frac{17}{300\,000},$$

das mit dem oben ausgerechneten Resultat übereinstimmt. Wie man sieht, ist bei diesem Lösungsweg die Entfernung bis zum Jupiter nicht erforderlich.

Aber wie ist es mit der täglichen Drehung der Erde? Hat sie keinen Einfluß auf die sichtbare Lage des Jupiters? Selbstverständlich hat sie Einfluß, aber nur einen äußerst geringen. Nehmen wir an, der Beobachter auf der Erde befände sich im Punkt *K* (s. Abb. 8). Dort fällt die lineare Geschwindigkeit v_K der Tagesdrehung dieses Punktes mit der Bahngeschwindigkeit der Erde zusammen und vergrößert somit die Aberration des Jupiters. Die größte Geschwindigkeit, 465 m/s, besitzen alle Punkte des Äquators. Im Verhältnis zur Geschwindigkeit von 17 km/s kann diese geringe Größe vernachlässigt werden.

Auch bei der Beobachtung anderer Sterne am Firmament (*A, B, C*, ..., Abb. 9) muß man die Aberration berücksichtigen. Das Gegenteil wäre dann der Fall, wenn alle Sterne unbeweglich bezüglich der Erde wären. Wenn sie jedoch unbeweglich bezüglich der Sonne sind, so bewegen sie sich nach rechts mit einer Geschwindigkeit $v_E = 30$ km/s relativ zur Erde. Deshalb befinden sie sich alle rechts (Kreuze *A', B', C'*, ...) der uns sichtbaren Punkte (*A, B, C*, ...). Infolge der Aberration haben sich die Sterne mehr nach rechts verschoben als der Jupiter, so daß sich dieser im Vergleich zu den Sternen als nach links verschoben erweist. Da die Sterne noch eine eigene Bewegung bezüglich der Sonne vollführen, wobei jeder Stern eine bestimmte Größe und Richtung der Geschwindigkeit aufweist, ist der auf Abb. 9 gezeigten systematischen Verschiebung der Sterne nach rechts noch die in Größe und Richtung zufällige Verschiebung der Sterne aufgrund ihrer Eigenbewegung hinzuzufügen.

Unstimmigkeiten am Längenkreis

A. Witebsk und Leningrad befinden sich auf ein und demselben Längenkreis – dem Längenkreis von Pulkowsk. Deshalb tritt der Zeitpunkt der tiefsten Dunkelheit in der Nacht für beide Städte gleichzeitig ein. Der Einfachheit halber nehmen wir an, daß das genau um 1 Uhr nachts Moskauer Zeit geschieht. Wann tritt der Zeitpunkt der tiefsten Dunkelheit für einen Reisenden aus Witebsk nach Leningrad in einer Juninacht ein? Wann tritt dieser Zeitpunkt ein, wenn eine umgekehrte Reiseroute vorliegt?
Wir nehmen dabei an, daß die Reiseroute parallel zum Längenkreis von Pulkowsk verläuft.
B. Was für eine Frage! Selbstverständlich in der gleichen Nachtstunde, denn alle vom Zug passierten Bahnhöfe befinden sich auf dem gleichen Längenkreis von Pulkowsk! Das heißt, daß auf allen diesen Bahnhöfen der Zeitpunkt der tiefsten Dunkelheit im gleichen Moment wie in Witebsk und Leningrad eintritt. Ist es nicht völlig bedeutungslos, ob der Reisende über Newel oder Loknju fährt oder ob er sich die ganze Nacht hindurch auf dem Bahnhof Dno aufhält?
In dieser auf den ersten Blick durchaus überzeugend erscheinenden Überlegung ist nur richtig, daß ein Reisender, der die ganze Nacht auf dem Bahnhof Dno verbringt, den Zeitpunkt der tiefsten Dunkelheit tatsächlich gleichzeitig mit den Einwohnern von Witebsk und Leningrad erlebt. Mit anderen Worten – die tiefste Dunkelheit tritt für alle auf den Bahnhöfen der Strecke befindlichen Reisenden gleichzeitig ein, aber für die fahrenden Reisenden zu einer anderen Zeit. Um das Lösen der Aufgabe zu erleichtern, sei der Hinweis gegeben, daß es zum Zeitpunkt der tiefsten Dunkelheit während einer Juninacht in Leningrad heller als in Witebsk ist.
C. Um einfacher zur Lösung zu gelangen, stellen wir uns vor, daß die Erde genau in dem Moment ihren Umlauf um die Sonne unterbricht, wenn auf dem Längenkreis von Pulkowsk Mitternacht eintritt. In Witebsk setzen wir uns in den Zug nach Leningrad und werden bei jedem Aufenthalt die auf dem Bahnhof befindlichen Reisenden befragen. Sie werden uns alle ohne Ausnahme mitteilen, daß gegenwärtig die dunkelste Nachtzeit sei. Unterdessen ergeben unsere eigenen Beobachtungen, daß

es während des gesamten Reiseverlaufes tagt: Fahren wir ja nach Leningrad, der Stadt der weißen Nächte.
Die sich auf den Bahnhöfen aufhaltenden Reisenden erleben den Zeitpunkt der tiefsten Finsternis in diesem Moment, für die im Zug fahrenden Reisenden ist dieser Zeitpunkt schon vergangen. Nehmen wir nun an, die Erde dreht sich wieder. Offensichtlich werden nun zwei Umstände gleichzeitig den Zeitpunkt der tiefsten Dunkelheit bestimmen: die Drehung der Erde und die Bewegung des Zuges. Die Finsternis (oder besser Helligkeit) wird am gegebenen Punkt der Erdoberfläche und im gegebenen Moment dadurch bestimmt, wie tief sich die Sonne unter dem Horizont befindet. Auf der Abb. 11 stellt die Kurve *AFBC* den nächtlichen Sonnenlauf unter dem Horizont *AC* für Witebsk dar. Die Sonne geht zum Zeitpunkt t_1 im Punkt *A* unter. Der tiefsten Nachtfinsternis t_2 entspricht die tiefste Sonnenstellung *B* unter dem Horizont. Der Sonnenaufgang zum Zeitpunkt t_3 erfolgt im Punkt *C*. Die Kurve *A'B'C'* stellt den Sonnenlauf für Leningrad dar. Dort geht die Sonne später unter ($t_1' > t_1$) und früher auf ($t_3' < t_3$). Aber der Zeitpunkt der tiefsten Nachtfinsternis t_2 ist der gleiche wie in Witebsk. Da Leningrad um 5° nördlicher als Witebsk liegt, beträgt die maximale Absenkung der Sonne unter den Horizont in Leningrad 5° (Abschnitt *BB'*) weniger. Hierbei ist nicht berücksichtigt, daß die atmosphärische Refraktion sogar in dem Falle die „sichtbare" Stellung der Sonne beeinflußt, wenn

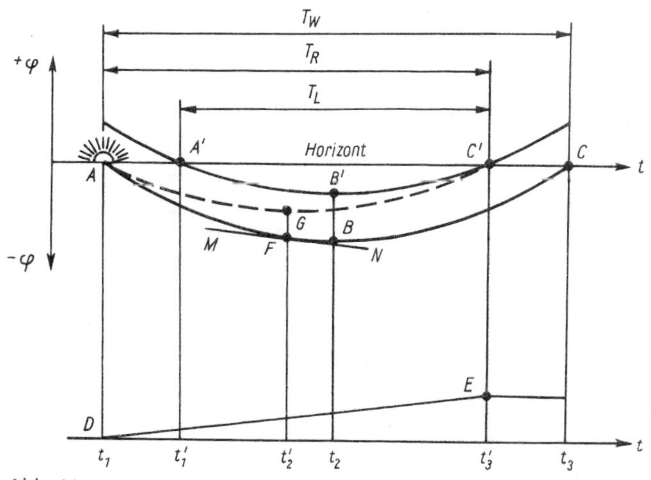

Abb. 11

sie sich unter dem Horizont befindet. Es ist nicht möglich, das direkt einzuschätzen, weil die Sonne nicht sichtbar ist. Es existiert eine indirekte Methode – man benutzt die Helligkeit des Abendrotes, berechnet bei Fehlen von Refraktion und gemessen bei Vorhandensein letzterer.
Die Bewegung des Zuges nach Norden führt zu einer ständigen Verringerung der Absenktiefe der Sonne unter den Horizont. Wenn wir unsere Reise im Moment des Sonnenuntergangs t_1 in Witebsk antreten und ohne jegliche Unterbrechung im Moment des Sonnenaufgangs t_3' in Leningrad eintreffen, so stellt die Kurve (fast eine Gerade) *DE* die durch unsere Bewegung hervorgerufene Korrektur des Sonnenlaufes dar. Indem wir die Ordinaten der Kurven *ABC* und *DE* addieren, erhalten wir die Kurve *AGC'*, die den Sonnenlauf für den sich bewegenden Beobachter darstellt. Jetzt ist der Zeitpunkt t_2 nicht mehr der Moment der tiefsten Finsternis, obwohl die Kurve *ABC* im Punkt *B* ein Minimum besitzt und horizontal verläuft. Die anwachsende Korrektur *DE* zum horizontalen Abschnitt der Kurve *ABC* führt zum Anwachsen der Resultierenden *AGC'* in der Nähe des Zeitmomentes t_2. Das bedeutet, daß für den sich bewegenden Beobachter im Moment t_2 die Nacht hell wird. Der Zeitpunkt der tiefsten Nachtfinsternis war für ihn früher, im Moment t_2', das dem Minimum der Kurve *AGC'* entspricht. Im Minimum verläuft die Kurve *AGC'* horizontal. Das bedeutet, daß sich hier der durch die Erddrehung hervorgerufene Abstieg der Sonne und der durch die Bewegung nach Norden hervorgerufene Aufstieg der Sonne aufheben. Somit kann das Minimum t_2' in dem Punkt gefunden werden, in dem die Neigung der Kurve *ABC* gleich der Neigung der Kurve *DE* in umgekehrter Richtung entspricht. Die Tangente *MN* zur Kurve *AFBC* im Punkt *F* (Zeitpunkt t_2') besitzt diese Neigung.
Je größer die Geschwindigkeit des Zuges ist, um so steiler verläuft die Korrekturkurve *DE* und um so weiter nach links auf der Kurve *ABC* verschoben befindet sich der Punkt, in dem die Steilheit der Kurve gleich der Steilheit der Korrekturkurve, aber entgegengesetzter Richtung ist, um so früher tritt der Zeitpunkt der tiefsten Nachtfinsternis ein. Berechnen wir, wann dieser Zeitpunkt ungefähr eintritt, wenn folgende Werte gegeben sind:

für Leningrad $t_1' = 22$ Uhr 00 min; $t_2 = 1$ Uhr 00 min; $t_3' = 4$ Uhr 00 min;
für Witebsk $t_1 = 21$ Uhr 30 min; $t_2 = 1$ Uhr 00 min; $t_3 = 4$ Uhr 30 min.

Nach Abb. 11 dauert in Leningrad die Nacht $T_L = t'_3 - t'_1 = 6$ h 00 min, in Witebsk $T_W = t_3 - t_1 = 7$ h 00 min. Für die zum Zeitpunkt des Sonnenuntergangs t_1 aus Witebsk abfahrenden und zum Zeitpunkt des Sonnenaufgangs t'_3 in Leningrad ankommenden Reisenden beginnt die Nacht mit der Witebsker Nacht und endet mit der Leningrader Nacht. Sie erscheint auf der Graphik nach links verschoben und hat eine Dauer von $T_R = t'_3 - t_1 = 6$ h 30 min. Die Mitte dieser „Reisenacht" ist im positiven Sinn um 15 min, bezogen auf die „Bahnhofsnächte", vorverlegt. Für von Leningrad nach Witebsk Reisende hat die Korrekturkurve eine umgekehrte Neigung. Deshalb ist diese „Reisenacht" im negativen Sinn zurückgeblieben.
Wir wollen aber hoffen, daß kein Leser auf die Idee kommt, daß ein Reisender im Zug Witebsk–Leningrad seine Uhr verstellen muß.

Im Stadion ist es dunkel geworden

A. Die Moskauer sehen die Fernsehübertragung eines Fußballspiels aus Bukarest. In Moskau scheint noch die Sonne, und deshalb wundern sich die Moskauer, als der Reporter sich über die hereinbrechende Dämmerung beklagt. Aber Bukarest liegt um ein Vielfaches westlicher als Moskau, und die Sonne müßte doch deshalb dort später untergehen! Wir wollen die Lösung dieser Frage suchen.
B. Wenn Bukarest nur westlicher als Moskau läge, wäre die Erscheinung wirklich seltsam. Aber Bukarest liegt außerdem auch südlicher als Moskau. Deshalb ist der Bukarester Sommertag bedeutend kürzer und der Bukarester Wintertag länger als der Moskauer. Es ist also klar, daß im Winter sowohl die westlichere Lage als auch der längere Tag zu einer Verzögerung des Sonnenuntergangs führen. Das bedeutet also, daß das erwähnte Fußballspiel nicht im Winter stattfindet.
Im Sommer aber, wenn der Bukarester Tag kürzer als der Moskauer ist, werden die zwei Faktoren umgekehrt den Zeitpunkt des Sonnenuntergangs in Bukarest beeinflussen. Welcher dieser beiden überwiegt, können wir aus der nachstehenden Tabelle entnehmen.

Stadt	Breite	Länge	Dauer des längsten Tages
Moskau	37°	56°	17 h 30 min
Bukarest	26°	44°	15 h 25 min

Die in der Tabelle angeführten Tageslängen entsprechen der Sommersonnenwende (21. Juni), auch die atmosphärische Refraktion wird berücksichtigt.
C. Wenn Bukarest nicht südlicher, sondern nur westlicher als Moskau läge (in diesem Fall wäre es die Stadt Daugavpils), so würde die Sonne an jedem beliebigen Tag des Jahres um denselben Wert später als in Moskau untergehen. Diesen Wert kann man leicht rechnerisch ermitteln. Während eines Tages dreht sich die Erde um 360° und demzufolge in 4 min um 1°. Daugavpils (und Bukarest) liegen $37° - 26° = 11°$ westlicher als Moskau, was einer Verzögerung des Sonnenuntergangs um 44 min entspricht.
Bukarest befindet sich mit Daugavpils auf der gleichen geographischen Länge. Der Mittag tritt in beiden Städten zu gleicher Zeit ein. Am 21. Juni sind Sonnenauf- und Sonnenuntergang in bezug auf den Halbtag symmetrisch. Da in Bukarest am 21. Juni der Tag um 2 h 5 min kürzer als in Moskau (und Daugavpils) ist, geht die Sonne um 1 h 2,5 min später als in Daugavpils auf und um 1 h 2,5 min früher unter. Somit geht also die Sonne in Bukarest um 62,5 min und in Moskau um 44 min früher unter als in Daugavpils. Folglich geht die Sonne in Bukarest um $62{,}5 - 44 = 18{,}5$ min früher als in Moskau unter. Wenn man berücksichtigt, daß die Sonne in südlichen Breiten auf einer steileren Bahn unter den Horizont sinkt, so tritt 18,5 min nach Sonnenuntergang tatsächlich eine spürbare Dämmerung im Stadion ein.
Wenn also dieses übertragene Fußballspiel um den 21. Juni herum stattfindet, müssen sich die Moskauer Fußballanhänger nicht über die Klage des Reporters wundern.
Führen wir eine ähnliche Berechnung durch und setzen wir an Stelle Daugavpils' Noworossisk ein. Noworossisk liegt mit Moskau auf demselben Längenkreis und mit Bukarest auf demselben Breitenkreis.
Auf Abb. 12 ist der Anschaulichkeit wegen die Erdkugel in zwei Ansichten dargestellt. Außerdem ist der Verlauf der Tagundnachtgrenze am 21. Juni für den Moment eingezeichnet, in dem die Sonne in Bukarest schon untergegangen, aber in Moskau noch am Himmel zu sehen ist.
Auf der nördlichen Halbkugel erreicht die Nacht nur den nördlichen Polarkreis *NPK*, oberhalb dieser Linie ist im gegebenen Zeitabschnitt Polartag. Die Punkte *M, D, B* und *N* bedeuten Moskau, Daugavpils, Bukarest und Noworossisk. Der Längenkreis *ODBO'* ist der Längenkreis von Daugavpils und Bukarest,

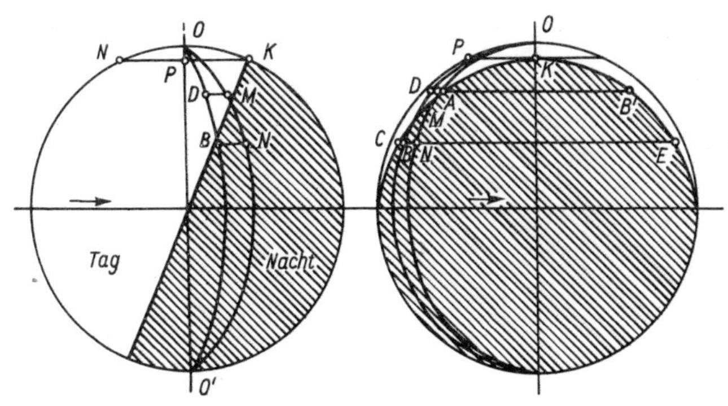

Abb. 12

OMNO' der Längenkreis von Moskau und Noworossisk. Auf der zweiten Ansicht ist mit dem Abschnitt *AB'* des Moskauer Breitenkreises die Dauer einer Moskauer Nacht und mit dem Abschnitt *CE* die Dauer einer Bukarester Nacht bezeichnet.

Unter einer Wasserkuppel

A. Das Wasser eines spiegelglatten Sees erscheint uns als gerade Fläche. Aber wir wissen alle, daß jede Wasseroberfläche eine gewölbte Fläche ist. Wenn nämlich der See die gesamte Erdoberfläche bedecken würde, wäre der Wasserspiegel eine Kugelfläche.
Stellen wir uns zwei Seen vor: der eine mit einem Durchmesser von 1 km, der andere von 10 km. Um wievielmal höher ist die Kuppel des zweiten Sees im Vergleich zur Kuppelhöhe des ersten?
B. Gewöhnlich wird sofort geantwortet: Ungefähr 10mal größer. Wenn wir genaue Berechnungen durchführen, werden wir feststellen müssen, daß die Kuppel des zweiten Sees nicht 10mal, sondern 100mal höher als die des ersten Sees ist.
C. Nach Abb. 13 beträgt die Kuppelhöhe

$$h = CD = OC - OD = r - r\cos\frac{\alpha}{2} = r\left(1 - \cos\frac{\alpha}{2}\right),$$

wobei r der Erdradius (6 380 km) ist und α der Winkel, unter dem der See vom Erdmittelpunkt aus gesehen würde.

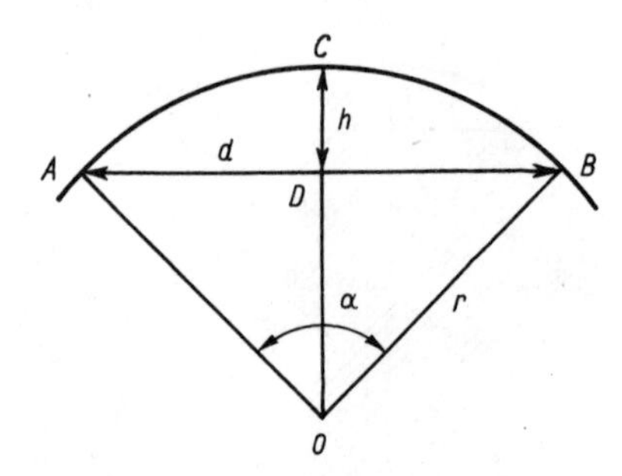

Abb. 13

Diese Formel ist allerdings nicht für diese Berechnung geeignet, da der Winkel α sehr klein ist und somit der Kosinus dieses Winkels sich sehr wenig von 1 unterscheidet. Um nun die Kuppelhöhe h mit einer Genauigkeit von $\frac{1}{100}$ m zu erhalten, müßte der Kosinus bis auf die zehnte Stelle nach dem Komma bestimmt werden. Es ist deshalb besser, die Formel umzubilden.
Indem wir die neue Größe

$$x = \frac{\alpha}{4}$$

einführen und die bekannte Formel

$$\sin^2 x = \frac{1}{2}(1 - \cos 2x)$$

benutzen, erhalten wir

$$h = r\left(1 - \cos\frac{\alpha}{2}\right) = r(1 - \cos 2x) = 2r\sin^2 x = 2r\sin^2\frac{\alpha}{4}.$$

Der Gebrauch dieser Formel ist bedeutend einfacher. Für die Bestimmung der Kuppelhöhe h mit obengenannter Genauigkeit muß der Sinus des Winkels nur bis zur zweiten Stelle nach dem Komma berechnet werden.
Da der Äquatorlänge ($\approx 40\,000$ km) der Winkel $\alpha = 360°$ entspricht, entspricht der Durchmesser des Sees $d = 1$ km dem Winkel $\alpha_1 = 0{,}009°$ und des Sees mit dem Durchmesser $d = 10$ km dem Winkel $\alpha_{10} = 0{,}09°$. Für solch kleine Winkel entspricht mit großer Genauigkeit der Sinus des Winkels dem Winkel selbst, der in Radiant ausgedrückt wird:

$$\sin\frac{\alpha}{4} \approx \frac{\alpha}{4}.$$

Somit kann die Formel für die Berechnung von h zu

$$h \approx 2r\left(\frac{\alpha}{4}\right)^2 = \frac{r\alpha^2}{8}$$

vereinfacht werden. Für die beiden Seen lauten die Formeln

$$h_1 = \frac{r\alpha_1^2}{8} \quad \text{bzw.} \quad h_{10} = \frac{r\alpha_{10}^2}{8}.$$

Indem die beiden Gleichungen miteinander dividiert werden, erhalten wir das Verhältnis

$$\frac{h_1}{h_{10}} = \frac{\alpha_1^2}{\alpha_{10}^2}.$$

Hieraus folgt, daß die Kuppelhöhe des zweiten Sees nicht 10mal, sondern 100mal größer als die des ersten Sees ist, da $\alpha_{10} = 10\alpha_1$, d. h. $h_{10} = 100h_1$ ist. Interessant ist der tatsächliche Unterschied der Kuppelhöhen. Für den ersten See beträgt

$$\alpha_1\,(\text{rad}) = \frac{0{,}009}{360}\,2\pi = 0{,}000\,157.$$

Die Kuppelhöhe dieses Sees ergibt

$$h_1 = \frac{r\alpha_1^2}{8} = \frac{6\,380\,000 \cdot 0{,}000\,157^2}{8} \approx 0{,}02\text{ m} = 2\text{ cm}.$$

Die Kuppelhöhe des zweiten Sees beträgt

$$h_{10} \approx 2\text{ m}.$$

Unter dieser Kuppel kann ein jeder von uns spazierengehen. Infolge der Abflachung der Erdkugel an den Polen ist auch dort die Wasseroberfläche abgeflacht. Von zwei gleich großen Seen würde der eine größere Wölbung haben, der näher zum Äquator liegt. Allerdings ist dieser Unterschied sehr klein.
Wir wollen aber vorsichtig sein bei der Beantwortung der Frage, wie groß die Wölbung eines auf dem Mond ($r = 1\,740$ km) befindlichen Sees von 10 km Durchmesser ist. Ziehen wir keine voreiligen Schlußfolgerungen aus der Formel $h = \frac{r\alpha^2}{8}$, daß dort

die Kuppelhöhe h um $\frac{6\,380}{1740} = 3{,}7$mal kleiner als auf der Erde sein müßte. Der Radius ist allerdings um 3,7mal kleiner, aber dagegen ist der Winkel α um ebensoviel angewachsen. Weil der Winkel α als Quadrat in die Formel eingeht, ist die Kuppelhöhe h auf dem Mond nicht kleiner, sondern um 3,7mal größer. Das wird auch ohne Formel einleuchtend sein, da ja die Krümmung einer kleinen Kugel stärker als die einer großen sein muß. Es sei noch erwähnt, daß die stärkere Krümmung der Mondoberfläche auch seine Erforschung erschwert. Für einen auf dem Mond stehenden Kosmonauten beträgt die Entfernung bis zum Horizont nur 2,3 km. In einer Entfernung von 4,6 km würden sich zwei Kosmonauten aus dem Blickfeld verlieren. Sogar die Radioverbindung auf Ultrakurzwellen würde zwischen ihnen abreißen (Ultrakurzwellen breiten sich nur in den Grenzen gerader Sichtweite aus). Auf der Erde jedoch breiten sich Ultrakurzwellen infolge mehrfacher Reflexion an der Erde und der Ionosphäre (obere geladene Atmosphärenschicht) über den Horizont hinaus aus. Da auf dem Mond keine Ionosphäre existiert, kann keine Nachrichtenübermittlung auf Kurzwellenbasis hergestellt werden. Jegliche Verbindung auf dem Mond muß also entweder über die Erde oder über einen anderen Zwischensender erfolgen.

Der Polarmond

A. Am Pol befindet sich die Sonne ein halbes Jahr unter dem Horizont und ein halbes Jahr über dem Horizont. Und der Mond?
B. Um auf diese Frage zu antworten, muß vorher geklärt werden, warum die Sonne am Pol im Laufe eines Halbjahres ständig sichtbar ist und wie sie sich bewegt.
C. Die Bahnen der Erde und des Mondes liegen annähernd auf einer Ebene, die als Ekliptik bezeichnet wird. Diese Ebene ist unter einem bestimmten Winkel zur Ebene des Himmelsäquators geneigt, so daß sich die eine Hälfte der Ekliptik über dem Äquator (d. h. auf der nördlichen Himmelshalbkugel) und die andere unter dem Äquator befindet. Am Pol fallen die Ebenen des Himmelsäquators und des Horizontes zusammen. Da die sich fast gleichmäßig auf der Ekliptik bewegende Sonne scheinbar die volle Drehung um die Erde in einem Jahr vollführt, steht sie entsprechend ein Halbjahr über und ein Halbjahr unter dem Horizont.

Der Mond beschreibt in ungefähr einem Monat eine volle Umdrehung um die Erde in der gleichen Ebene. Der Mond scheint demzufolge am Polarhimmel einen halben Monat, um dann für einen halben Monat unter dem Horizont zu versinken. Die Sonne ist am Pol zur Frühlingstagundnachtgleiche (infolge der atmosphärischen Refraktion genau um drei Tage früher) erstmalig sichtbar. Infolge der Tagesdrehung der Erde beschreibt die Sonne Kreise über dem Horizont. Wegen der Sonnenbewegung auf der Ekliptik steigt sie bis zur Sommersonnenwende immer höher empor. Infolgedessen beschreibt sie im Verlaufe von drei Monaten am Himmel eine aufwärts gerichtete Spirale mit ungefähr 90 Windungen. Danach steigt sie auf gleicher Spirale wieder ab und versinkt zur Herbsttagundnachtgleiche (genau um drei Tage später) unter dem Horizont.
Der Mond beschreibt eine ähnliche, nur steilere Spirale, da er ungefähr eine Woche (das sind ungefähr sieben Windungen) steigt und in gleicher Zeit wieder sinkt.

Wir begeben uns zum Start

Start oder Landung

A. Startet oder landet das auf Abb. 14 gezeigte Raumschiff?
B. Der größere Teil der Leser wird diese Frage als Scherz betrachten. – Da der Rückstrahl nach unten gerichtet ist, bewegt sich das Raumschiff nach oben und startet somit. – Aber uns ist doch auch bekannt, daß bei der Landung eines Raumschiffes der Rückstrahl ebenfalls nach unten gerichtet ist, der infolge seiner

Abb. 14

Reaktion (Gegenwirkung) die Annäherungsgeschwindigkeit zur Erde bremst. In einigen Fällen erleichtern auch Fallschirme das Landemanöver. Es gäbe keinen Zweifel über eine Landung, wenn auf der Zeichnung ein Fallschirm sichtbar wäre. Aber die Abbildung gibt keine Antwort auf die gestellte Frage.
Selbstverständlich hat der Autor nicht die Absicht, eine falsche Antwort der Leser herauszufordern. Die Richtung des Triebwerkes zur Erde und die durch den Rückstrahl aufgewirbelten Staubwolken sind wirklich gleichermaßen für das Anfangsstadium des Starts als auch für das Endstadium der Landung charakteristisch. Und doch wird unterstrichen, daß in der Abbildung genügend Anhaltspunkte für eine richtige Antwort gegeben sind.
C. Um einen Sputnik mit einer Masse von einer Tonne auf eine Umlaufbahn zu bringen, sind gegenwärtig ...zig Tonnen Treibstoff notwendig. Für ein Raumschiff, das, im Unterschied zum Sputnik, außer dem Einbringen auf eine Umlaufbahn noch eine selbständige Bewegung ausführen und wohlbehalten landen muß, ist das Verhältnis zwischen erforderlicher Treibstoffmasse und Eigenmasse noch um ein Vielfaches größer. Folglich macht bei einem startenden Raumschiff die Höhe der Nutzsektionen (Kosmonautenkabine, Laboratorium) einen sehr geringen Teil der Gesamthöhe aus.
Werfen wir nun einen Blick auf die Abbildung. Anhand der Bordfensterabmessungen kann gesagt werden, daß mindestens die Hälfte des Raumschiffes von den Nutzsektionen eingenommen wird. Demzufolge sind die Treibstoffstufen der Rakete schon abgeworfen. Das Raumschiff wird nur durch eine Stufe – die letzte – angetrieben. Die hier abgebildete Situation kann also nicht der Start, sondern nur das mit Hilfe der letzten Stufe durchgeführte Landemanöver eines Raumschiffes sein.

Hochspringer auf dem Mond

A. Die besten Hochspringer der Welt überspringen eine Höhe von über 2 m. Wie hoch würden sie auf dem Mond springen, wo die Schwerkraft 6mal geringer ist?
B. 12 Meter – sollte das die richtige Antwort sein? Wenn man berücksichtigt, daß sogar in einigen Büchern solche Angaben gemacht werden, so ist eine falsche Antwort zu verzeihen. Um ein vielfaches weniger! Und das wird nicht durch die Masse des Raumanzuges erklärt. Ein Sportler kann ja auch eine große Höhe nicht dank seiner Sprungkraft, sondern auch dank einer voll-

kommen neuen Sprungtechnik bewältigen – er kann nach einem vertikalen Absprung die Latte in horizontaler Lage überqueren.

C. Der Schwerpunkt eines Hochspringers vor dem Sprung befindet sich ungefähr in einer Höhe von 1,2 m und im Moment des Überquerens einer 2 m hoch liegenden Latte in einer Höhe von ungefähr 2,1 m; d. h., der Schwerpunkt des Sportlers verlagert sich nur um 0,9 m nach oben. Die gleiche Energie auf dem Mond aufwendend, würde ein Hochspringer den Schwerpunkt seines Körpers um eine Höhe von 0,9 m × 6 = 5,4 m anheben und somit eine Höhe von 1,2 m + 5,4 m = 6,6 m bewältigt haben. Das ist fast nur die Hälfte, als es auf den ersten Blick erscheint. Dabei ist nicht berücksichtigt, daß ein Hochspringer unmittelbar vor dem Absprung etwas in die Knie geht und somit während des Sprungs der Schwerpunkt um etwas mehr als das Ausgerechnete angehoben werden muß.

Eine Heuschrecke z. B. springt auf der Erde 1,5 m hoch und damit nicht so hoch wie ein Mensch. Auf dem Mond jedoch würde sie 9 m hoch springen und damit den Menschen eindeutig schlagen (hierbei ist der Schwerpunkt der Heuschrecke vor dem Sprung vernachlässigt worden). Ich glaube, daß jetzt jeder selbst bestimmen kann, wie hoch ein Stabhochspringer auf dem Mond springt.

Steuerlos im All

A. Wir befinden uns auf einer Umlaufbahn um die Erde und wollen landen. Dazu muß das Raumschiff so gedreht werden, daß die Bremstriebwerke gegen die Flugrichtung arbeiten. Plötzlich wird festgestellt, daß die Orientierungsdüsen nicht arbeiten. Was tun? Kann das Raumschiff auch ohne Orientierungsdüsen gedreht werden?

B. Man könnte ein Schwungrad um eine Achse rotieren lassen und somit das Raumschiff um die gleiche Achse in entgegengesetzter Richtung kreisen lassen. Selbstverständlich werden Masse und Abmessung des Schwungrades im Verhältnis zu Masse und Abmessung des Raumschiffes sehr klein sein, so daß für die notwendige Richtungsänderung des Raumschiffes viele Umdrehungen des Schwungrades benötigt werden. Aber woher in einem Raumschiff ein Schwungrad nehmen?

C. Als Schwungrad kann sich der Kosmonaut selbst benutzen. Indem er sich auf der Stelle dreht oder in der Kabine Rundgänge unternimmt (sich dabei natürlich an den Wänden festhält), wird sich das Raumschiff im Laufe der Zeit drehen. Wenn das wegen der Schwerelosigkeit schwierig durchzuführen ist, können andere Manöver ausgeführt werden. So ist es z. B. vollkommen ausreichend, mit dem Arm kreisförmige Bewegungen auszuführen. Im Prinzip kann eine Drehung des Raumschiffes sogar durch das einfache Drehen eines Bleistiftes zwischen den Fingern erzielt werden. In diesem Falle sind natürlich sehr viele Umdrehungen erforderlich.

Die Erfindung des Perpetuum mobile

A. Die Zeiten dieses technischen Traums liegen längst hinter uns. Ungeachtet dessen wagen wir es, auf noch eine mögliche Variante zu seiner Verwirklichung aufmerksam zu machen. Wie es sich für ein richtiges Perpetuum mobile gehört, wird dieses ohne jegliche Energiequelle arbeiten. Außerdem wird dieser „ewige Motor" mit Zunahme der Zeit immer mehr Arbeit verrichten können (in diesem Punkt übertreffen wir sogar alle bisher dagewesenen Erfindungen). Heutzutage wird der Erfinder eines Perpetuum mobile als Ignorant aller physikalischen Gesetzmäßigkeiten betrachtet. Aber hier ist die Beschreibung des Perpetuum mobile, möge uns Newton verurteilen.
Am Äquator (Abb. 15) ist ein Turm mit einer Höhe von 40 000 km

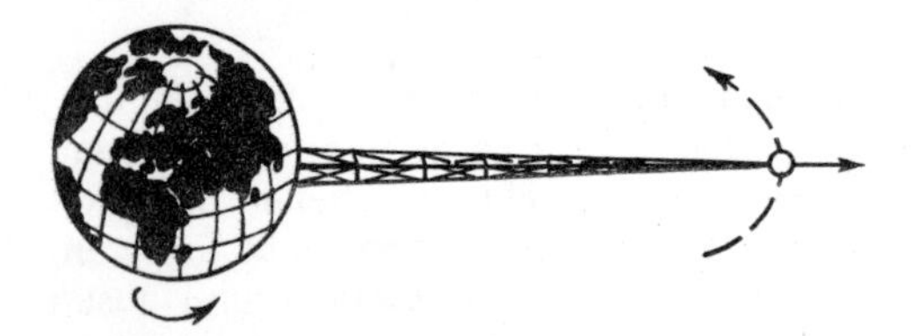

Abb. 15

errichtet worden (im kosmischen Zeitalter werden Perpetuum mobile mit ungeheuren Ausmaßen gebaut!). Der Turmspitze ist eine massige Kugel aufgesetzt, die mit einer innerhalb des Turms bis zur Erdoberfläche reichenden Stange verbunden ist. Infolge der Erddrehung wirkt auf die Stange die Zentrifugalkraft der Kugel, die größer als die Anziehungskraft der Erde ist. (Mit Höhenzunahme nimmt die Erdanziehungskraft ab, die Trägheitskraft aber mit Zunahme des Drehradius zu.) Somit wird die Kugel immer höher streben. Aber dort ist die Erdanziehungskraft noch geringer und die Trägheitskraft noch größer. Würde die Befesti-

gung der Kugel gelöst werden, so würde sie wegfliegen. Ähnlich wird es uns ergehen, wenn wir auf einer der auf dem Rummelplatz befindlichen Drehscheiben stehen und uns zu weit vom Mittelpunkt der Scheibe – dem Drehzentrum – entfernt haben. Wer sich nicht festhalten kann, wird mit Schwung nach außen geschleudert.
Unsere Kugel soll sich immer weiter von der Erde entfernen und hinter sich das Gestänge herziehen. Nehmen wir an, daß wir in dem Maße unten immer wieder neue Stangen anschrauben, wie die Kugel sich mit dem Gestänge nach oben bewegt. Die Kugel wird also endlos ständig neue Lasten heben, d. h., sie wird Arbeit verrichten.
Demjenigen Leser, dem das unaufhörliche Heben immer neuer Kilometer Gestänge in den Kosmos nutzlos erscheint, schlagen wir vor, das Gestänge als lange Zahnstange zu gestalten, die dann ein Zahnrad antreiben kann. Die Welle des Zahnrades wird mit einem Generator verbunden, dessen erzeugte elektrische Energie genutzt werden kann.
Nun, wie ist dieser Vorschlag?
B. Der einzige Hinweis, der hier an dieser Stelle gegeben werden kann, ist der, daß die Schaffung eines Perpetuum mobile wirklich unmöglich ist. Das ist bekannt. Aber es können auch andere Erwägungen auftauchen, die die Einschätzung dieser verblüffenden Idee hindern können. Man könnte z. B. sagen, daß ein Turm von 40 000 km Höhe und ein ebenso langes Gestänge einfach utopisch sind, da sowohl der Turm als auch das Gestänge unter dem Eigengewicht zusammenbrechen bzw. auseinanderreißen würden. Diese Überlegungen sind richtig, aber hier vollkommen bedeutungslos. Sie würden nur bedeuten, daß ein solches Projekt erst dann verwirklicht werden kann, wenn genügend feste Materialien erfunden worden sind. Denn, wie wir sehen, steht die „Verordnung über Erfindungen" (Punkt 35) ganz auf unserer Seite:
„... die Nutzbarkeit einer Erfindung wird nicht nur vom Standpunkt der Zweckmäßigkeit einer sofortigen Nutzung bestimmt ..., sondern auch vom Standpunkt der Möglichkeit der Nutzung dieser Erfindung in der Zukunft, nach Schaffung aller notwendigen Voraussetzungen für ihre Nutzung."
Wir sind auch mit denen einverstanden, die einwenden, daß ein 40 000 km langes Gestänge die nach oben strebende Kugel nach unten ziehen wird. Aber wer hindert uns daran, einen Turm nicht von 40 000 km, sondern von 200 000 km Höhe zu errichten? Und schließlich, wer hindert uns daran, diese Idee nicht auf der

Erde, sondern auf einem anderen Planeten zu verwirklichen? So würde z. B. auf den Asteroiden die erforderliche Höhe nur wenige Kilometer betragen, was beim heutigen Stand der Bautechnik durchaus zu bewältigen wäre, wenn berücksichtigt wird, daß auf den Asteroiden die Schwerkraft um ein Vielfaches geringer als auf der Erde ist.

C. Dieser „ewige Motor" wird arbeiten! Nur nicht ewig. Die Zentrifugalkraft leistet beim Heben des Gestänges infolge der kinetischen Energie der Drehung der Kugel mitsamt dem Turm eine Arbeit. Aber diese Energie erhält die Kugel aus dem Energievorrat der Drehung der Erde. Diese Vorräte sind unermeßlich groß, werden jedoch irgendwann einmal erschöpft sein. Wenn die Errichtung eines solchen „ewigen Motors" irgendwann einmal gelänge, so würde seine Nutzung zu einer allmählichen Abnahme der Rotationsgeschwindigkeit der Erde um ihre Achse führen. Vergleichen wir doch einmal die Erdrotation mit einem sich schnell um seine Körperachse drehenden Eiskunstläufer. Wenn dieser die Arme ausbreitet, verringert sich sofort seine Winkelgeschwindigkeit. Sein Drehimpuls verändert sich dabei nicht (wenn der Reibungsverlust der Schlittschuhe auf dem Eis und der Luftwiderstand vernachlässigt werden), nur ein großer Teil des Drehimpulses konzentriert sich in den am weitesten von der Drehachse entfernten Punkten der Arme. Der Drehimpuls eines Materiepunktes ist das Produkt seiner Masse, Winkelgeschwindigkeit und Quadrat des Drehradius ($L = m\omega r^2$); der Drehimpuls eines Körpers ist gleich der Summe der Drehimpulse aller seiner Punkte: $L = \omega\,(m_1 r_1^2 + m_2 r_2^2 + m_3 r_3^2 + \ldots)$. Für den sich drehenden Eiskunstläufer ist $L = \text{const}$; bei der Zunahme eines der Glieder (der Impuls der Hände infolge der Vergrößerung des Drehradius) verringert sich das andere (der Impuls des Körpers infolge der Verringerung der Winkelgeschwindigkeit). Eine Vergrößerung des Drehimpulses der Arme führt zu einer Verringerung des Drehimpulses des Körpers, wodurch sich die Umdrehungszahl pro Sekunde des Eiskunstläufers verringert. Es bedarf aber nur eines Anlegens der Arme an den Körper, daß seine Winkelgeschwindigkeit wieder zunimmt. Wenn wir also nach einer gewissen Nutzungsdauer des „ewigen Motors" Gestänge und Kugel zur Erde zurückziehen, wird die Rotationsgeschwindigkeit der Erde wieder zunehmen. Aber was geschieht dabei mit der durch „Motor" und Generator erzeugten Energie? Wir müssen sie der Erde zurückgeben; sie wird für die Arbeit benötigt, die erforderlich ist, um die Zentrifugalkraft beim Einholen der Kugel aus dem Kosmos zu überwinden.

Ein grandioses Vorhaben

A. Unsere Nachkommen halten es für zweckmäßig, die Umlaufbahn der Erde zu verändern. Sind die heutigen Raketen dazu in der Lage?

B. Die Veränderung der Umlaufbahn der Erde ist ein grandioses Projekt. Dabei sollte man sich aber nicht von den Schwierigkeiten seiner Verwirklichung – Anzahl und Schubkraft der Raketen, Befestigung der „Nutzlast" (Erde) an den Raketen usw. – beeindrucken lassen. Es soll nur gezeigt werden, ob dieses Projekt im Prinzip verwirklicht werden kann. Wie z. B. beeinflußt der Umstand, daß die Ausströmungsgeschwindigkeit der Gase moderner chemischer Raketen ungefähr 2,5 km/s beträgt, unsere Berechnungen?

C. In Übereinstimmung mit dem dritten Newtonschen Axiom sind die Kräfte zweier aufeinander wirkender Körper gleich groß und entgegengesetzt gerichtet. Geschoß und Kanone bewegen sich nach dem Abschuß in entgegengesetzte Richtungen. In Übereinstimmung mit dem Energieerhaltungssatz bewegen sich beide Körper nach der Wechselwirkung so, daß ihr gemeinsames Massezentrum in derselben Lage wie vor der Wechselwirkung bleibt. Wenn das Massezentrum des Systems Kanone–Geschoß vor dem Abschuß unbewegt war, wird es auch nach dem Abschuß unbewegt sein. Die Bewegungsgröße des Geschosses (und der Pulvergase) $m_1 v_1$ ist gleich der Größe und entgegengesetzt der Richtung der Bewegungsgröße der Kanone $m_2 v_2$. Somit ist

$$\frac{v_1}{v_2} = \frac{m_2}{m_1}.$$

Das Massezentrum des kleinen Körpers bewegt sich mit großer Geschwindigkeit nach der einen, das des größeren Körpers mit geringerer Geschwindigkeit nach der anderen Seite. Das gemeinsame Massezentrum bleibt unverändert, da es die Entfernung zwischen beiden Massen so teilt, daß die Teile umgekehrt proportional zu diesen Massen sind. Wenn die Kanone aus der Bewegung heraus abgefeuert wird, bewegt sich das gemeinsame Massezentrum des Systems Kanone–Geschoß nach derselben Richtung und mit der gleichen Geschwindigkeit wie vor dem Abschuß. Stellen wir uns nun vor, daß das Geschoß durch eine Feder mit der Kanone verbunden ist. Nach dem Abschuß spannt das Geschoß die Feder und setzt somit kinetische Energie

um. Nach Erschöpfung des kinetischen Energievorrats bleibt das Geschoß stehen, wonach die Feder die Kugel (und ebenfalls die Kanone) zu ihrem Ausgangspunkt zurückholt. Ist die Energie des Geschosses groß genug, um die Feder zu zerreißen, so wird das Geschoß mit einer bestimmten Geschwindigkeit fortfliegen und nicht zum Ausgangspunkt zurückkehren, wie auch die Kanone aus der Ausgangsstellung mit einer bestimmten Restgeschwindigkeit wegrollen wird.
Betrachten wir eine sich auf einer Umlaufbahn bewegende Rakete. Beim Einschalten der Triebwerke ändert sie ihre Umlaufbahn, obwohl sich das gemeinsame Massezentrum des Systems Rückstoßstrahl–Rakete auf der früheren Umlaufbahn fortbewegt. Wenn aber Rakete und Rückstoßstrahl durch eine Feder untereinander verbunden wären, so würde diese die Gase und die Rakete auf die erste Umlaufbahn zurückholen. Das Fehlen einer solchen Feder ermöglicht der Rakete eine Änderung der Umlaufbahn.
Kehren wir zu unserer Aufgabe zurück. Wir richten die Raketentriebwerke zur Erde. Um zu verhindern, daß die Ausströmgase durch die Erdatmosphäre gebremst werden, befestigen wir die Raketen auf Türmen von mehreren hundert Kilometern Höhe. (Von der vorhergehenden Aufgaben sind wir an solche Abmessungen schon gewöhnt.) Wollen wir die Erde der Sonne annähern, so müssen wir den Lauf der Erde bremsen (s. die übernächste Aufgabe). Dazu muß der Rückstoßstrahl in die Bewegungsrichtung der Erde gerichtet werden, d. h. 90° westlich der Sonne. Infolge der Rückstoßwucht beginnt die Erde auf der Umlaufbahn zurückzubleiben, d. h., sie vermindert ihre Umlaufgeschwindigkeit. Aber hier ist die Schwierigkeit: Ausströmgase und Erde sind durch eine mächtige „Feder" – die Anziehungskraft – untereinander verbunden. Mit Überwindung der Erdanziehungskraft verlieren die Gase ihre kinetische Energie. Um die „Feder" der Erdanziehungskraft zu zerreißen, ist, wie bekannt, eine Geschwindigkeit von 11,2 km/s erforderlich. Die Geschwindigkeit der Ausströmgase beträgt aber nur 2,5 km/s. Folglich also beginnen die sich auf eine gewisse Höhe erhobenen Gasmoleküle auf die Erde zurückzufallen (auf einer elliptischen Bahn, in deren Brennpunkt sich der Erdschwerpunkt befindet). Das andere Ende der „Feder" – die Kraft, mit der die Moleküle die Erde anziehen, zwingt letztere, „auf die Moleküle zuzufallen", d. h. auf die ursprüngliche Umlaufbahn zurückzukehren. Um die Aufgabe nicht zu erschweren, berücksichtigen wir nicht den Druck der Sonnenstrahlen auf die Moleküle und den Einfluß

des Magnetfeldes der Erde auf die Ionen und Elektronen, aus denen in großem Maße die Ausströmgase bestehen.
Eine Änderung der Umlaufbahn der Erde ist also bis zu der Zeit nicht möglich, bis Treibstoffe erfunden worden sind, deren Ausströmgeschwindigkeit mehr als 11,2 km/s beträgt. Um exakt zu sein, muß darauf hingewiesen werden, daß die Geschwindigkeit der Moleküle im Gas (2,5 km/s) nur der mittlere Wert ist. Im Strahl gibt es nun auch langsamere und schnellere Moleküle. Es sind auch solche vorhanden, deren Geschwindigkeit die mittlere um das Fünffache übertrifft. Diese überwinden die Erdanziehung und verändern somit die Erdumlaufbahn. Doch die Anzahl solcher schneller Moleküle ist äußerst gering. Um mit Hilfe solcher Moleküle die Umlaufbahn der Erde zu verändern, müßte die halbe Erde in Treibstoff umgewandelt werden. Die traurigen Überreste unseres Planeten (von einer Atmosphäre aus giftigen Motorenabgasen umgeben) auf der neuen Umlaufbahn können wohl kaum mehr als unsere Erde bezeichnet werden.
Ist es möglich, die Erde nicht durch Ausströmgase aus mit der Erde verbundenen Raketen, sondern durch Ausströmgase solcher Raketen, die die Erde verlassen, auf eine neue Umlaufbahn zu zwingen? Denn kosmische Raketen mit dem neuesten Treibstoff können eine Geschwindigkeit von mehr als 11,2 km/s erreichen. Wenn das gemeinsame Massezentrum von Erde und der nach dem Mars fliegenden Rakete sich auf der ursprünglichen Umlaufbahn bewegen wird, so muß sich die Erde auf einer neuen Umlaufbahn bewegen! Geben wir eine Salve aus Milliarden von Raketen ab!
Offensichtlich ist diese Methode nicht besser als die erste. Eine Rakete mit dem neuesten Treibstoff muß für das Erreichen der erforderlichen Geschwindigkeit mehrere Stufen besitzen. Alle Stufen (und die aus ihnen herausströmenden Gase), außer der letzten, werden durch die „Feder" der Gravitation zur Erde zurückkehren. Die Masse der letzten die Erde verlassenden Stufe, die damit einen Einfluß auf die Umlaufbahn ausübt, stellt nur einen kleinen Prozentanteil der Anfangsmasse der Rakete dar.
Daraus wird ersichtlich, daß für die Lösung dieser Aufgabe nur Triebwerke mit einer Gasausströmgeschwindigkeit von mehr als 11,2 km/s in Frage kommen. Zu solchen Triebwerken gehören Ionen- und Protonentriebwerke. (Gegenwärtig sind Leistung und Wirkungsgrad dieser Triebwerke sehr gering und werden nur für die Korrektur von Raumschiff- und Sputnikumlaufbahnen verwendet.) Ionentriebwerke stoßen einen Strahl geladener Teilchen – Ionen und Elektronen – aus, die durch ein elektrisches

oder Magnetfeld beschleunigt worden sind. Dabei werden Geschwindigkeiten von einigen zehntausend Kilometern in der Sekunde erreicht. (Ein Elektron erhält in einem Beschleunigungsfeld von 100 V eine Geschwindigkeit von 5 930 km/s.) Gigantische Beschleuniger von Teilchen, mit der Mündung in den Himmel gerichtet, haben als Motoren der Erde eine Zukunft.
Die Ausstrahlungsgeschwindigkeit der Photonen beträgt 300 000 km/s. Ohne besondere Vorkehrungen können wir schon jetzt die Erdumlaufbahn verändern. Wir brauchen nur den Strahl einer Taschenlampe genügend lange in den Himmel zu richten. Das ist selbstverständlich ein Scherz. Obwohl das im Prinzip stimmt, d. h., daß sich die Umlaufbahn der Erde dabei verändert, so geschieht das doch in so geringem Maße, daß man praktisch von einer Veränderungsgröße nicht sprechen kann. Außerdem würde das unabgestimmte Handeln eines jeden einzelnen Lesers dazu führen, daß die Erde nach verschiedenen Richtungen „bewegt" wird. Und schließlich wird diese Arbeit von allen das Sonnenlicht reflektierenden natürlichen Spiegeln (wie Wasseroberflächen und auch das Festland) in größerem Maße geleistet, als das alle Leser zusammen können. Die Wirksamkeit dieser Methode setzt klaren Himmel voraus, andernfalls werden die Photonen an den Wolken reflektiert, und sie können die Erde nicht verlassen.

Wer war schon im Kosmos?

A. In den Lehrbüchern der Astronomie und Kosmonautik wird behauptet, daß im Erdanziehungsfeld ein Körper nur dann eine Parabelflugbahn beschreibt, wenn seine Geschwindigkeit gleich der zweiten kosmischen Geschwindigkeit (nahe der Erdoberfläche beträgt diese 11,2 km/s) ist. Wenn seine Geschwindigkeit geringer ist, bewegt er sich auf einer Ellipsenbahn, wenn sie größer ist, auf einer Hyperbelbahn. Aber wenn wir einen Stein werfen, so fliegt dieser nach Behauptung der Lehrbücher auf einer Parabelbahn, obwohl seine Geschwindigkeit im Höchstfalle 10 m/s, d. h. um mehr als tausendmal weniger als die zweite kosmische Geschwindigkeit, beträgt. Wie ist das zu erklären?
B. Untersuchen wir doch, wie die Flugbahn des Steins wäre, wenn die Erdoberfläche seinem Flug kein vorzeitiges Ende setzen würde, d. h., wenn die gesamte Masse der Erde in ihrem Mittelpunkt vereinigt wäre.

C. Auf Abb. 16 sind die Flugbahnen einiger aus dem nahe der Erde befindlichen Punkt P wegfliegender Körper mit verschiedenen Geschwindigkeiten dargestellt. Die Geschwindigkeiten eines jeden Körpers sind im Punkt P horizontal gerichtet.

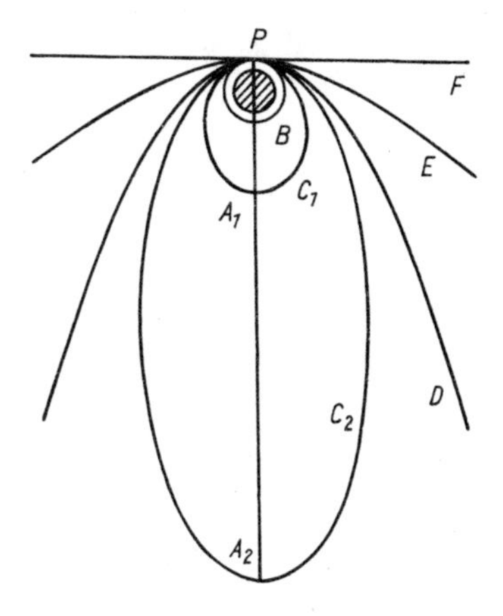

Abb. 16

Wenn die Geschwindigkeit v des Körpers so groß ist, daß die Zentripetalbeschleunigung v^2/R gleich der Fallbeschleunigung g ist, so bewegt sich der Körper auf der Kreisbahn B, dessen Zentrum mit dem Erdmittelpunkt zusammenfällt. Aus dem Verhältnis

$$\frac{v^2}{R} = g$$

folgt, daß die dafür erforderliche Geschwindigkeit

$$v = \sqrt{Rg}$$

betragen muß. Auf der Erdoberfläche beträgt

$$g = 9{,}81\ \mathrm{m/s^2} \quad \text{und} \quad R = 6\,380\ \mathrm{km}\ \text{(Erdradius).}$$

Somit ergibt sich

$$v = \sqrt{9{,}81 \cdot 6\,380\,000\ \mathrm{m^2/s^2}} \approx 7{,}9\ \mathrm{km/s} = v_{1\mathrm{K}}.$$

Diese Geschwindigkeit wird erste kosmische Geschwindigkeit genannt. Das ist die Minimalgeschwindigkeit eines horizontal geschleuderten Körpers, bei der dieser nicht wieder auf die Erde zurückkehrt, sondern eine kreisförmige Bahn um die Erde beschreiben würde. (Ab jetzt wollen wir den Luftwiderstand vernachlässigen.)
Wenn seine Geschwindigkeit größer als v_{1K} ist, kann die Fallbeschleunigung die Flugbahn des Körpers nicht zu einer Kreisbahn krümmen. Die Krümmung der Flugbahn ist geringer, und der Körper bewegt sich auf einer Ellipsenbahn (C_1 und C_2). Indem sich der Körper von der Erde entfernt, verbraucht er kinetische Energie für den Aufstieg. Hat er eine maximale Entfernung (Apogäum, Punkt A_1 oder A_2) von der Erde erreicht, beginnt er die angereicherte potentielle Energie zur Erhöhung seiner Geschwindigkeit (auf der zweiten Hälfte der elliptischen Flugbahn) zu verbrauchen und kehrt zum Ausgangspunkt P zurück, der somit gleichzeitig das Perigäum der Umlaufbahn darstellt.
Der Schwerpunkt der Erde befindet sich in dem nahe des Startpunktes gelegenen Brennpunkt der Ellipse. Der zweite Brennpunkt befindet sich neben dem Apogäum, um den gleichen Abstand von A entfernt wie der erste vom Perigäum P. Der Kreis ist ein Sonderfall der Ellipse, bei dem beide Brennpunkte zusammenfallen. Je größer die Geschwindigkeit v im Vergleich zu v_{1K} ist, um so weiter liegen die Brennpunkte voneinander entfernt und um so gestreckter erscheint die Ellipse. Schließlich wird bei $v = v_{2K}$ der zweite Brennpunkt der Ellipse unendlich weit von der Erde entfernt sein, d. h., wir haben eine ungeschlossene, eine Parabelflugbahn D. Die Geschwindigkeit v_{2K} wird zweite kosmische Geschwindigkeit oder Fluchtgeschwindigkeit genannt. Ein mit dieser Geschwindigkeit die Erde verlassender Körper kehrt nicht von selbst zurück. Die zweite kosmische Geschwindigkeit ist um $\sqrt{2}$ mal größer als die erste kosmische Geschwindigkeit:

$$v_{2K} = v_{1K}\sqrt{2}\,.$$

Auf der Erde beträgt

$$v_{2K} = 1{,}41 \cdot 7{,}9\,\text{km/s} \approx 11{,}2\,\text{km/s}.$$

Bei einer Geschwindigkeit größer als v_{2K} bewegt sich der Körper auf einer Hyperbelbahn E, die sich um so mehr der Geraden F annähert, je größer die Geschwindigkeit ist.

Betrachten wir nun den Flug eines Körpers, dessen Geschwindigkeit geringer als v_{1K} ist. Gegeben sei ein Punkt A (Abb. 17), der sich in großer Höhe über der Erde befindet (damit der Körper durch den Weltraum fallen kann).

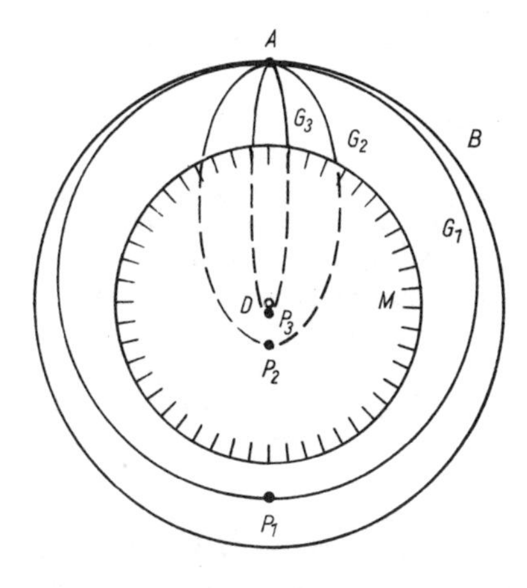

Abb. 17

Nehmen wir an, daß die Geschwindigkeit des Körpers etwas geringer als die erste kosmische Geschwindigkeit ist. In diesem Fall kann er keine Kreisbahn beschreiben und wird von ihr auf die Umlaufbahn G_1 abweichen. Somit ist in diesem Fall der Startpunkt A der Punkt der größten Erdentfernung – das Apogäum.

Die Umlaufbahn G_1 hat ebenfalls die Form einer Ellipse, nur befindet sich der Schwerpunkt der Erde im anderen, vom Startpunkt entfernten Brennpunkt der Ellipse. Die Brennpunkte der Ellipse wurden gewissermaßen vertauscht.

Bei weiterer Verringerung der Startgeschwindigkeit des Körpers beginnt die Ellipse (Flugbahn) G_2, die Erdoberfläche M zu schneiden, d. h., der kosmische Flug des Körpers ist zu Ende. Das würde nicht geschehen, wenn die gesamte Erdmasse in ihrem Mittelpunkt vereinigt wäre. Je geringer die Geschwindigkeit des Körpers im Apogäum A ist, um so näher ist das Perigäum dem Schwerpunkt der Erde. Unter gewöhnlichen Fluggeschwindigkeiten auf der Erde (einige zehn Meter pro Sekunde) befindet sich das Perigäum in unmittelbarer Nachbarschaft des Erdzentrums, und die Ellipse ist außerordentlich stark abgeplattet.

Nun können wir die Flugbahn der Körper mit den Geschwindig-

keiten $v \approx v_{2K}$ und $v \approx 0$ vergleichen. Bei Vergrößerung der Geschwindigkeit der Körper bis zur zweiten kosmischen Geschwindigkeit werden die Ellipsen eine immer gestrecktere Form (C_1, C_2 usw. in Abb. 16) annehmen, bis eine Parabelform erreicht worden ist. Sowohl der den Startpunkt berührende als auch der entgegengesetzte Teil der Ellipse wird sich um so weniger von der Parabel D unterscheiden, je mehr sich die Geschwindigkeit des Körpers der zweiten kosmischen Geschwindigkeit nähert. Bei Verringerung der Geschwindigkeit bis auf Null werden die Ellipsen mehr und mehr langgestreckt (G_1, G_2 usw.). Im Endergebnis wird sich der den Startpunkt berührende Teil der Ellipse wieder einer Parabelform nähern. Bei Geschwindigkeiten von 0 bis 1000 m/s fällt der über der Erdoberfläche verlaufende Teil der Flugbahn praktisch mit einer Parabelbahn zusammen.
In Schulbüchern wird die Parabelflugbahn eines Körpers ohne Berücksichtigung der Keplerschen Gesetze dargestellt. Das ist aber nur berechtigt, wenn Größe und Richtung der Erdbeschleunigung auf der gesamten Flugbahn konstant sind. Beim Wurf eines Steins oder beim Flug einer Geschoßkugel sind diese Bedingungen gegeben. Aber schon weitreichende Geschosse und besonders Raketen bewegen sich auf ihrer Flugbahn in Gebieten mit verschiedenen Werten der Fallbeschleunigung. (Auf einer Flugbahn von 111 km verändert sich die Richtung der Fallbeschleunigung um 1°.) Deshalb muß hier schon berücksichtigt werden, daß die Flugbahn ein Ellipsenabschnitt ist, in deren vom Startpunkt entfernteren Brennpunkt sich das Schwerezentrum der Erde befindet.
In Verbindung damit ist interessant zu bemerken, daß sich im Prinzip ein Sprung Waleri Brumels (wie auch eines jeden von uns) nicht im geringsten von einem kosmischen Flug unterscheidet. Nach Ablauf und Absprung beschreibt der Hochspringer eine elliptische Bahn, in deren einem Brennpunkt sich das Schwerezentrum der Erde befindet. Beim Absprung erleidet er eine Überlastung. Während der gesamten Flugdauer dagegen befindet er sich im Zustand der Schwerelosigkeit (wir vernachlässigen natürlich den Luftwiderstand). Auf gleiche Art wird im Flugzeug der Zustand der Schwerelosigkeit herbeigeführt, nämlich bei Parabelflug abwärts.
Nachdem der Hochspringer das Apogäum seiner Sprungbahn (höchster Punkt über der Latte) durchsprungen hat, bewegt er sich abwärts, wobei er ähnlich der Endphase eines kosmischen Fluges wiederum eine Überlastung bei der Landung durchmacht. Der einzige Unterschied zwischen dem Flug von Waleri

Brumel und Juri Gagarin besteht darin, daß sich beim Flug Gagarins sowohl Apogäum als auch Perigäum außerhalb der Erde befanden, wogegen beim Flug Brumels über die Hochsprunglatte sich nur das Apogäum über der Erde, aber das Perigäum innerhalb unseres Planeten befindet, was ihn natürlicherweise daran hindert, eine volle Umkreisung der Erde durchzuführen.

Bremsen, wenn es schneller gehen soll?

A. Ein Raumschiff vollführt pro Tag 10 Erdumkreisungen. Aus bestimmten Gründen soll seine Bewegung so beschleunigt werden, daß es 12 Erdumkreisungen pro Tag vollführt. Muß der Kosmonaut das Raumschiff beschleunigen oder abbremsen?

B. Zur Verwunderung derer, die die Gesetze der außerirdischen Bewegung kennen, aber nicht mit der Kosmonautik vertraut sind, sagen wir, daß das Raumschiff abgebremst werden muß. Als Beweis dienen uns die Keplerschen Gesetze.

C. Das dritte Keplersche Gesetz bezüglich des Systems Erde–Sputnik lautet: Das Quadrat der Umlaufzeit eines Sputniks um die Erde ist proportional der dritten Potenz seiner mittleren Entfernung vom Erdmittelpunkt. – Hieraus folgt, daß es für eine Verringerung der Umlaufperiode notwendig ist, die mittlere Entfernung zwischen Erde und Sputnik zu verkürzen. Unter der mittleren Entfernung r_m ist das arithmetische Mittel zwischen größter Entfernung r_A (im Apogäum) und geringster Entfernung r_P (im Perigäum) zu verstehen. Nehmen wir an, daß die ursprüngliche Umlaufbahn des Sputniks kreisförmig war (*D* in Abb. 18). Somit ist die mittlere Entfernung dem Radius der Umlaufbahn

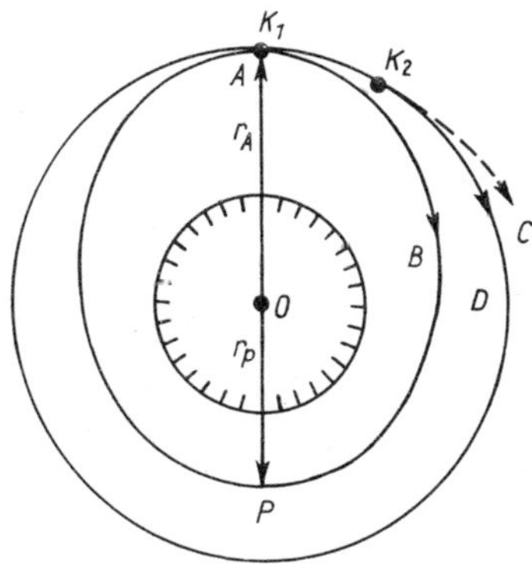

Abb. 18

gleichzusetzen, $(r_D)_m = r_A$. Für die elliptische Umlaufbahn B beträgt die mittlere Entfernung

$$(r_B)_m = \frac{r_A + r_P}{2} < (r_D)_m .$$

Der Sputnik auf der Umlaufbahn B wird also seine Erdumkreisung schneller vollenden als der auf Bahn D.
Wie soll nun aber das Raumschiff von der Bahn D auf die Bahn B überwechseln? Dazu muß das sich auf der Kreisbahn D bewegende Raumschiff zum Zeitpunkt des Durchlaufs durch den Punkt A abbremsen. In diesem Fall wird die Geschwindigkeit zur Fortsetzung der kreisförmigen Umlaufbahn nicht mehr ausreichen, und das Raumschiff sinkt langsam auf die Umlaufbahn B ab. Beim Absinken wird ein Teil der potentiellen Energie in kinetische umgewandelt, infolgedessen wird die Geschwindigkeit des Raumschiffes im Perigäum P anwachsen. Der Überschuß an kinetischer Energie bewirkt ein erneutes Erheben bis zum Punkt A usw.
Interessehalber wollen wir die Anfangs- und Endumlaufbahn eines Raumschiffes unter den in der Aufgabe gestellten Bedingungen berechnen. Aus dem dritten Keplerschen Gesetz

$$\frac{t_1^2}{t_2^2} = \frac{(r_1)_m^3}{(r_2)_m^3}$$

folgt, daß man den Radius r_1 der Umlaufbahn des Raumschiffes

$$r_1 = r_2 \sqrt[3]{\frac{t_1^2}{t_2^2}}$$

aus seiner Umlaufperiode t_1 finden kann, wenn der Bahnradius r_2 und die Umlaufperiode t_2 irgendeines anderen Erdsatelliten, z. B. des Mondes, bekannt sind:

$(r_2)_m = 384\,400$ km; $\quad t_2 = 27{,}32$ Tage

oder des theoretisch erdnächsten künstlichen Sputniks (bei fehlender Atmosphäre) ($r_2 = 6\,380$ km – Erdradius; $v = 7\,900$ m/s;

$$t_2 = \frac{2\pi r_2}{v} = \frac{40 \cdot 10^6}{7\,900} = 5\,070 \text{ s} = 84 \text{ min } 30 \text{ s}).$$

Unter Berücksichtigung, daß

$$t_1 = \frac{1}{10} \text{ Tag} = 2 \text{ h } 24 \text{ min} = 144 \text{ min},$$

haben wir

$$r_1 = 6\,380 \sqrt[3]{\frac{144^2}{84{,}5^2}} = 9\,120 \text{ km} = (r_D)_m,$$

d. h., das Raumschiff befindet sich in einer Höhe

$$h = 9\,120 \text{ km} - 6\,380 \text{ km} = 2740 \text{ km}.$$

Die mittlere Entfernung des Raumschiffes von der Erde nach der Bremsung $\left(t_B = \frac{1}{12} \text{ Tag} = 120 \text{ min}\right)$ beträgt

$$(r_B) = (r_D)_m \sqrt[3]{\frac{t_B^2}{t_D^2}} = 9\,120 \text{ km} \sqrt[3]{\frac{120^2}{144^2}} = 8\,070 \text{ km}.$$

Die Entfernung im Perigäum beträgt

$$\begin{aligned} r_{BP} &= 2(r_B)_m - r_{BA} = 2(r_B)_m - (r_D)_m \\ &= 2 \cdot 8\,070 \text{ km} - 9\,120 \text{ km} = 7\,020 \text{ km} \end{aligned}$$

und somit die Höhe im Perigäum

$$h_P = 7\,020 \text{ km} - 6\,380 \text{ km} = 640 \text{ km}.$$

Das betrachtete Manöver eines Raumschiffes wird dann durchgeführt, wenn ein anderes Raumschiff einzuholen ist. Nehmen wir an, auf ein und dieselbe Umlaufbahn D (Abb. 18) sind die zwei Raumschiffe K_1 und K_2 gebracht worden. Sie führen beide die Teile eines Sputniks mit, die im Weltall zusammengesetzt werden sollen. Dazu bedarf es einer Annäherung des Raumschiffes K_1 an K_2. Wenn auf der Umlaufbahn D das Raumschiff K_1 einen Abstand von 1 min vom Raumschiff K_2 hat, muß K_1 seine Bewegung abbremsen, um auf eine solche Umlaufbahn B überzuwechseln, auf der die Umlaufzeit 1 min weniger als auf der Umlaufbahn D beträgt. In diesem Fall wird K_2 genau nach einer

Erdumkreisung (auf der Bahn B) K_1 im Punkt A eingeholt haben.
Um ein vorausfliegendes Raumschiff *einholen* zu können, muß das nachfliegende seine Geschwindigkeit *verringern.*
Die gleiche Aufgabe kann durch *Vergrößerung der Geschwindigkeit des vorausfliegenden* Raumschiffes K_2 gelöst werden. In diesem Fall wechselt das Raumschiff K_2 auf die Umlaufbahn C über. Wenn der Geschwindigkeitszuwachs richtig gewählt wurde, treffen sich beide Raumschiffe nach einer Umkreisung im Punkt K_2.

Auf Rekordjagd

A. In der vorhergehenden Aufgabe umkreiste ein Raumschiff die Erde anfänglich 10mal, danach 12mal am Tag. Das ist nicht viel. Es sind mehr Umkreisungen möglich: German Titow umflog die Erde mehr als 16mal am Tag. Brechen wir diesen Rekord, und vollführen wir 20 Erdumkreisungen! Ist das möglich?
B. Nein, das ist nicht möglich! Denn nach dem in der vorhergehenden Aufgabe betrachteten Keplerschen Gesetz setzt eine Steigerung der Anzahl der Erdumkreisungen die Verringerung des Radius der Umlaufbahn voraus. Sogar ein auf der Nullhöhe ($r = 6\,380$ km) fliegendes Raumschiff könnte nur 17 Erdumkreisungen am Tag durchführen, da seine Umlaufperiode 80 min 30 s beträgt. Aus dem Verhältnis

$$\frac{20^2}{17^2} = \frac{6\,380^3}{x^3}$$

folgt, daß 20 Erdumkreisungen am Tag nur auf einer Umlaufbahn mit einem Radius von $x \approx 5\,730$ km möglich sind, d. h. in einer Tiefe von 650 km unter der Erdoberfläche. Damit wäre der Beweis für die Unmöglichkeit dieses Unternehmens erbracht. Aber nun die Meinung des Autors darüber!
C. Das Unternehmen ist durchführbar! Mit dem nötigen Treibstoffvorrat an Bord kann es beginnen! Wer hat gesagt, daß es unmöglich ist, 20 Erdumkreisungen pro Tag durchzuführen, Kepler? Ja, aber er hat die Gesetze für die Himmelsmechanik, nicht für die Kosmonautik aufgestellt. Wenn sich unser Raumschiff auf seiner Umlaufbahn genauso passiv zur Erdanziehungskraft verhält wie ein Himmelskörper, so kann dieser Rekord natürlich nicht aufgestellt werden. Im Unterschied jedoch zu

anderen Himmelskörpern hat unser Raumschiff einen Antriebsmotor. Wir können das Raumschiff bis zu der für einen Rekord nötigen Geschwindigkeit beschleunigen, die größer ist als die für das Einhalten einer kreisförmigen Umlaufbahn. Infolge der Trägheitskraft verläßt das Raumschiff die Kreisumlaufbahn und wird von der Erde weggeführt. Aber wir stellen der Trägheitskraft die Kraft des Motors entgegen, dessen Rückstoß wir genau entgegengesetzt der Erde richten. Die somit vom Motor des Raumschiffes geschaffene und zur Erde gerichtete Reaktion vergrößert die Erdanziehungskraft so, daß ein Gleichgewicht zwischen Trägheitskraft und erdgerichteten Kräften besteht.
Der Rekord soll auf einer Umlaufbahn mit einem Radius von 7000 km in 620 km Höhe über der Erde aufgestellt werden. (Bei unseren utopischen Aufgaben soll uns die in dieser Höhe herrschende Strahlengefahr nicht stören.)
Würde keine Erdanziehungskraft vorhanden sein, müßte für das Einhalten einer Kreisumlaufbahn mit dem Radius r eines Raumschiffes mit einer Masse m und einer Winkelgeschwindigkeit ω eine Zentripetalkraft

$$F = m\omega^2 r$$

am Raumschiff wirksam werden.
Die spezifische Kraft für jedes Kilogramm Masse des Raumschiffes beträgt

$$f = \omega^2 r.$$

20 Erdumkreisungen am Tag entsprechen

$$\omega = 20 \frac{2\pi}{24 \cdot 60 \cdot 60 \text{ s}} = 0{,}001\,45 \text{ rad/s}.$$

Folglich beträgt die spezifische Kraft (Zentripetalbeschleunigung)

$$f = 0{,}001\,45^2 \cdot 7\,000\,000 \text{ Newton/kg}$$
$$\approx 14{,}7 \text{ Newton/kg (m/s}^2\text{)}.$$

Die Erdanziehungskraft ist

$$P = mg,$$

wobei g die Fallbeschleunigung auf der gegebenen Umlaufbahn ist. Diese ist natürlich kleiner als an der Erdoberfläche, wo sie $g_0 = 9{,}81$ N/kg ($= 9{,}81$ m/s^2) beträgt. Es gilt

$$g = g_0 \frac{r_0^2}{r^2} = 9{,}8 \frac{6\,380^2}{7\,000^2} \text{m/s}^2 \approx 8{,}1 \text{ m/s}^2.$$

Somit verbleiben

$$q = f - g = 14{,}7 \text{ N/kg} - 8{,}1 \text{ N/kg} = 6{,}6 \text{ N/kg}$$

für den Motor, der das Raumschiff auf einer Kreisumlaufbahn halten soll.

Um unsere optimistischen Anschauungen nicht über Bord werfen zu müssen, verzichten wir auf eine Berechnung des für die Flugdauer von einem Tag notwendigen Treibstoffvorrats. Es soll nur vermerkt werden, daß die Motoren voll arbeiten müssen und daß der Treibstoff beängstigend schnell verbraucht wird, da die Masse des Raumschiffes infolge des notwendigen gewaltigen Treibstoffvorrats sehr groß ist.

Die Bedingungen an Bord eines solchen Raumschiffes werden sich grundlegend von denen der letzten von Kosmonauten bestiegenen Raumschiffe unterscheiden. Erstens werden während der gesamten Flugdauer Geräusche und Schwingungen auftreten. Zweitens wird während des gesamten Fluges keine Schwerelosigkeit auftreten (wahrlich ungewöhnlich für kosmische Raumfahrtunternehmen). In unserem Beispiel ist die Schwere um 1,5mal geringer als auf der Erde $\left(q = 6{,}6 \text{ m/s}^2 \approx \frac{2}{3} g_0\right)$. Hierbei ist ein angenehmes Empfinden des Eigengewichts und gleichzeitig ein unangenehmes Gefühl der Leichtigkeit zu verspüren. Der Vektor der künstlichen Schwere ist nicht zur Erde, sondern entgegengesetzt gerichtet. Deshalb sehen wir über unserem Kopf die Erde und zu unseren Füßen die Unendlichkeit des Alls. Unter diesen Bedingungen ist das Verlassen des Raumschiffes ohne feste Sicherung nicht zu empfehlen: Wir werden vom Raumschiff weggetragen wie von einer Drehscheibe und fliegen mit einer Bezugsbeschleunigung zum Raumschiff von 6 m/s^2, aber nicht auf die Erde zu, sondern in die entgegengesetzte Richtung. Im vorliegenden Beispiel entfernen wir uns jedoch nicht für immer von der Erde, sondern gelangen nur auf eine langgestreckte elliptische Umlaufbahn (deren Perigäum sich in dem Punkt befindet, wo wir unvorsichtigerweise das

Raumschiff verlassen haben, und das Apogäum in einer Entfernung von ungefähr 70 000 km vom Erdzentrum). Aber das ist nur ein geringer Trost. Wenn aber ein Raumschiff auf seiner Rekordjagd auf einer Umlaufbahn mit einem Radius von 7 000 km mehr als $16\sqrt{2} \approx 22{,}5$ Erdumkreisungen pro Tag vollführt, wird jede sich vom Raumschiff lösende Last auf eine Hyperbelumlaufbahn bezüglich der Erde übergehen, d. h., sie wird ein künstlicher Planet. Dasselbe geschieht mit dem Raumschiff im Falle des Versagens der Triebwerke.

Bemerken wir noch, daß bei einem Flug mit einer Winkelgeschwindigkeit von mehr als 22,5 Umkreisungen pro Tag auf dieser Umlaufbahn nicht die normale Schwere, sondern eine ständige Überbelastung zu empfinden sein wird, die um so größer sein wird, je größer die Umlaufzahl (oder der Radius der Umlaufbahn) ist.

Als Vergleich ist die umgekehrte Aufgabe interessant: Die Erde soll in einem Raumschiff mit einer Geschwindigkeit kleiner als die durch die Keplerschen Gesetze vorgeschriebene umflogen werden. Das ist ebenfalls möglich, wenn der Rückstoß ständig zur Erde gerichtet ist und somit eine Antriebskraft geschaffen wird. In gewissem Sinne entspricht das dem Flug eines Flugzeugs: Um nicht von der kreisförmigen Umlaufbahn (Flug mit konstanter Höhe) abzukommen, schafft das Flugzeug mit Hilfe der Triebwerke und Tragflächen eine Antriebskraft, die zum Gleichgewicht zwischen geringer Zentrifugalkraft und Erdanziehungskraft beiträgt. Im Flugzeug wird die normale Schwere empfunden, die sich infolge der Entfernung vom Erdzentrum und infolge der Trägheitskraft (bei Flugrichtung nach Osten, mit der Erddrehung) nur sehr wenig verringert. Eine aus dem Flugzeug abgeworfene Last fällt auf die Erde, wie auch das Flugzeug beim Versagen der Triebwerke ebenfalls auf die Erde stürzt. Selbstverständlich unterscheidet sich die Fallkurve des Flugzeugs infolge des Einflusses der Tragflächen und der Atmosphäre von der Keplerschen.

Die Errungenschaften der Kosmonautik in den letzten Jahrzehnten erscheinen uns überwältigend. Und doch sind das nur erste Schritte der Menschheit in den Kosmos. Die Menschheit hat die Schwerkraft noch nicht bezwungen, sie hat sich ihr nur angepaßt. Wir müssen diese Kraft noch berücksichtigen. Und umgekehrt befinden wir uns auf einer Umlaufbahn in ihrer Macht. Wir können eine die Schwerkraft übertreffende Zugkraft für kurze Zeit schaffen; die Schwerkraft wirkt jedoch ständig.

In einigen Jahrzehnten wird die Kosmonautik neue, unerschöpfliche Energiequellen beherrschen, die eine große Leistung auf lange Zeit gestatten. Dann beunruhigen genaueste Korrektur der Umlaufbahn, genau berechneter Moment des Einschaltens der Triebwerke und genaue Orientierung des Rückstoßes keinen Kosmonauten mehr. Ein Raumschiff kann dann auf einer Umlaufbahn haltmachen und sogar umkehren, einen Geschwindigkeitsrekord aufstellen oder, wenn ein Meteorit angetroffen wird, umdrehen, ihn einholen, an Bord nehmen und den ursprünglichen Kurs fortsetzen. In solchen Raumschiffen können Touristenreisen zu allen Planeten des Sonnensystems für die Zeitdauer eines Monatsurlaubs unternommen werden.

Mit der Geschwindigkeit eines Moskwitsch zum Mond

A. Ist es möglich, den Mond in einer Rakete mit der Geschwindigkeit eines PKW zu erreichen?

B. Von zehn Befragten verneinen 2 bis 3 diese Frage. Für einen Flug zum Mond ist nach wie vor die zweite kosmische Geschwindigkeit erforderlich.

Man sollte sich von den Vorurteilen des kosmischen Zeitalters befreien. In der letzten Aufgabe wurde deutlich dargelegt, daß die Gesetze der Himmelsmechanik und der Kosmonautik nicht miteinander gleichzusetzen sind. Wir müssen uns von der Notwendigkeit der kosmischen Geschwindigkeiten lösen und uns einen Mondflug mit einer konstanten mäßigen Geschwindigkeit vorstellen.

C. Wir wissen, daß eine kreisförmige Erdumkreisung im Prinzip mit jeder beliebigen Geschwindigkeit, größer oder kleiner als die kosmischen Geschwindigkeiten, erfolgen kann. Bedingung dafür ist ein ständiger Lauf der Triebwerke. Die erste kosmische Geschwindigkeit ist für eine kreisförmige Erdumrundung mit ausgeschalteten Triebwerken erforderlich.

Das trifft auch für einen Flug zum Mond zu. Mit abgeschalteten Triebwerken kann der Mond nur unter der Bedingung erreicht werden, daß das Raumschiff auf der Erde die zweite kosmische Geschwindigkeit erhalten hat. Genauer gesagt, kann die Geschwindigkeit etwas kleiner sein. Die zweite kosmische Geschwindigkeit ist für das Erreichen einer Parabelbahn erforderlich, auf der sich ein Raumschiff unendlich weit von der Erde fortbewegen kann. Für einen Mondflug ist jedoch eine elliptische Umlaufbahn vollkommen ausreichend. Das Apogäum die-

ser Umlaufbahn wird sich in der Einflußsphäre des Mondes befinden, d. h. dort, wo die Mondanziehungskraft größer als die Erdanziehungskraft ist. Da sich die Massen von Erde und Mond wie 81 : 1 verhalten, teilt der Punkt der Anziehungskraftgleichheit die Gerade Erde–Mond im Verhältnis $\sqrt{81} : \sqrt{1} = 9 : 1$. Andererseits kann der Mond mit jeder beliebigen Geschwindigkeit bei ständig eingeschalteten Triebwerken erreicht werden.
Folgende Eindrücke entstehen auf einem solchen Flug. Das Raumschiff fliegt gleichförmig und geradlinig. Infolgedessen treten weder Schwerelosigkeit noch Überlastung ein. Es herrschen die gleichen Bedingungen wie bei einem unbeweglichen Raumschiff in einem beliebigen Punkt der Flugbahn. In Übereinstimmung mit dem Gesetz der Erdanziehung existiert eine natürliche Schwere. Mit zunehmender Entfernung von der Erde verringert sich die Erdanziehungskraft umgekehrt proportional mit dem Quadrat der Entfernung. In demselben Maße muß nun auch die Schubkraft der Triebwerke reguliert werden: Die Summe von Schwerkraft und Schubkraft muß gleich Null sein; anderenfalls ist der Flug nicht gleichförmig und geradlinig.
Wenn die Entfernung vom Mond nur noch ein Zehntel des Gesamtweges beträgt, muß die Schubkraft auf Null herabgesetzt werden, da in diesem Punkt die Erdanziehungskraft durch die des Mondes ausgeglichen wird und kein Ausgleich durch die Schubkraft der Triebwerke mehr erforderlich ist. Das Raumschiff bewegt sich gleichförmig gemäß dem Trägheitsgesetz. Der Zustand der Schwerelosigkeit tritt ein. Danach macht die Mondanziehungskraft ihren Einfluß geltend. Sie ist nun größer als die der Erde. Um eine gleichmäßige Bewegung beizubehalten, müssen nun die Triebwerke mit ihren Ausströmöffnungen zum Mond gerichtet werden, es muß gebremst werden. Wiederum muß die Schubkraft der Triebwerke die Mondanziehungskraft ausgleichen (der Restwert der Erdanziehungskraft muß natürlich berücksichtigt werden). Bei der Mondannäherung wächst die Anziehungskraft umgekehrt proportional mit dem Quadrat der Entfernung vom Mond. Wenn in dem gleichen Maß die Schubkraft (Bremskraft) der Triebwerke anwächst, bleibt die Bewegung gleichmäßig, und die Schwerelosigkeit geht langsam zur Mondschwere über, die nur $1/6$ der Erdschwere beträgt. Jules Verne wurde vorgeworfen, daß ihm bei seiner Beschreibung des Fluges auf einer Kanonenkugel zum Mond ein Fehler unterlief. Er berücksichtigte tatsächlich nicht die Schwerelosigkeit auf dem gesamten Flug. Wenn wir aber anstelle der Kanonenkugel

ein Raumschiff nehmen, ist die Beschreibung der Eindrücke eines Raumfliegers von Jules Verne durchaus richtig (die Vibrationen und Geräusche der Triebwerke nicht einbezogen).
Ein Flug zum Mond kann also mit allen Bequemlichkeiten, ohne Überlastung und fast ohne Schwerelosigkeit gemacht werden. Die Bedingungen eines solchen Fluges kann jeder untrainierte Mensch aushalten. Warum fliegen aber die heutigen Raumschiffe anders – mit starker Überlastung auf der Aufstiegsbahn und mit völliger Schwerelosigkeit auf der Umlaufbahn? Nur um Treibstoff zu sparen! Bei ständigem Lauf der Triebwerke und gleichmäßiger Bewegung zum Mond würde der Treibstoff nicht ausreichen. Eine schlechtere Variante als die einer Bewegung mit einer gleichförmigen geringen Geschwindigkeit kann man sich gar nicht ausdenken. Aber es existiert doch noch eine: Stellen wir uns vor, das Raumschiff steht unbeweglich über der Erde. Um den Ruhezustand des Raumschiffes beizubehalten, ist der ständige Lauf der Triebwerke erforderlich. Dabei kann beliebig lange und viel Treibstoff verbraucht werden, ohne daß eine Vorwärtsbewegung zu verzeichnen ist.
Dieses äußerst absurde Beispiel weist darauf hin, was zu tun ist. Dem Raumschiff muß so schnell wie nur möglich die erforderliche Geschwindigkeit gegeben werden, damit der Treibstoff schnell verbraucht wird und keine zusätzlichen Energieaufwendungen für dessen Transport in den Kosmos gemacht werden müssen. Ziolkowski beschrieb den Idealfall mit plötzlichem Treibstoffverbrauch und plötzlicher Beschleunigung bis zur erforderlichen Geschwindigkeit. Ein Schuß kommt diesem Idealfall somit am nächsten. Mit einem „Kanonenschuß zum Mond" haben wir tatsächlich die effektivste Methode eines kosmischen Fluges zu vergleichen. Infolge der dabei auftretenden unzulässig hohen Überlastung der Kosmonauten ist dieser andere Grenzfall in der Praxis nicht zu verwirklichen.
Gegenwärtig wird in der Kosmonautik eine Zwischenlösung der beiden obengenannten Grenzfälle angewendet: Auf der Aufstiegsbahn wird der Kosmonaut in zulässigen Grenzen belastet und tritt dann in das Stadium der Schwerelosigkeit ein.
Bei einem Flug zum Mond mit gleichmäßiger Autogeschwindigkeit tritt noch ein erschwerender Umstand ein: Bei einer Geschwindigkeit von 100 km/h wird die Reise zum Mond 3800 Stunden, also ungefähr 160 Tage dauern. Obwohl eine Mondreise mit gleichmäßiger Geschwindigkeit wirklich sehr bequem ist, sollte aus obengenannten Gründen doch eine etwas höhere Geschwindigkeit gewählt werden.

Bevor wir zur nächsten Aufgabe übergehen, müssen wir noch einen Vorbehalt machen: Wir haben die Eigengeschwindigkeit des Mondes nicht berücksichtigt, der sich mit einer Geschwindigkeit von 1 km/s doch immerhin sehr schnell bewegt. Obwohl diese Geschwindigkeit größer als die unseres Moskwitsch ist, kann der Mond auch mit einer bedeutend geringeren gleichmäßigen Geschwindigkeit erreicht werden. Die Umlaufgeschwindigkeit des Mondes steht senkrecht zur Fahrtrichtung unseres Moskwitsch (geringe periodische Schwankungen des Winkels auf beiden Seiten infolge der elliptischen Umlaufbahn nicht mitgerechnet). Wenn das Raumschiff ständig Kurs auf den Mond hält, erreicht es früher oder später bei beliebiger Bezugsgeschwindigkeit zur Erde sein Ziel. Stellen wir uns eine Straße aus Gummi, da sie sich ja monatlich verkürzen und verlängern muß, zwischen Erde und Mond vor, auf der sich unser Auto mit einer konstanten Bezugsgeschwindigkeit zu ihr bewegt. Die Umlaufbewegung des Mondes würde zu einer Drehung der Straße führen, die wir aber auf der gleichen Grundlage nicht zu berücksichtigen brauchen, wie bei irdischen Autorennen die Drehung der Piste mit der Erde um die Sonne mit einer Geschwindigkeit von 30 km/s vernachlässigt wird. Beiläufig gesagt, wenn wir von der Sonne auf unser Auto blicken, so wird dessen Bahn zum Mond die Form einer Archimedischen Spirale um die Erde haben und soviel Windungen besitzen, wieviel Monate die Reise dauert. (Eine Archimedische Spirale ist eine Spirale mit konstanter Steigung, d. h. mit gleichmäßigen Entfernungen zwischen den Windungen. Sie ist nicht mit der logarithmischen Spirale (Aufgaben „Eine Reise nach Nordosten" und „Der Flug eines Nachtfalters") zu verwechseln, die alle Radien unter gleichem Winkel schneidet.) Von einem irdischen Beobachtungspunkt aus wird diese Bahn ebenfalls die Form einer Archimedischen Spirale haben, sich aber in entgegengesetzter Richtung aufwickeln, deren Windungszahl der Tagesanzahl abzüglich Monatsanzahl entspricht. Den Insassen des Autos erscheint der Weg geradlinig.
Bei einem gewöhnlichen kosmischen Flug (ähnlich dem, bei dem der sowjetische Wimpel auf den Mond gebracht wurde) muß die Bewegung des Mondes unbedingt berücksichtigt werden. Aufgrund des unter C. auf S. 66f. Gesagten darf man nicht den Schluß ziehen, daß es, um zum Mond zu gelangen, ausreichend ist, den neutralen Punkt zwischen Erde und Mond ohne jeglichen Energievorrat zu erreichen und sich dann weiter der Mondanziehungskraft zu überlassen. Das bezüglich der Erde un-

bewegliche Raumschiff würde sich dort mit einer Bezugsgeschwindigkeit zum Mond von 1 km/s bewegen. Aber eine solche Geschwindigkeit in einer solchen Entfernung vom Mond bedeutet eine Hyperbelbahn bezüglich des Mondes. Anders ausgedrückt, der Mond würde sich dermaßen schnell von der Rakete entfernen, daß diese keine Beschleunigung durch das Mondanziehungsfeld erfahren und eine Schleife fliegen würde und zur Erde zurückkehren müßte. Um den Mond zu erreichen, muß das Raumschiff nach dem neutralen Punkt eine Geschwindigkeit von 1 km/s besitzen, die mit der Mondbewegung gleichgerichtet sein muß. In diesem Fall ist das Raumschiff relativ zum Mond unbeweglich und befindet sich bis zur Landung ständig im Anziehungsfeld des Mondes.

Mann über Bord

A. In nicht sehr ferner Zukunft werden Raumstationen mit Laboratorien, Observatorien und Wohnräumen die Erde umkreisen. Solche künstlichen Sputniks werden unmittelbar auf der Umlaufbahn aus Einzelteilen und Blöcken montiert.
Stellen wir uns dabei vor, daß auf einer Kreisumlaufbahn einer der Monteure aus Versehen sein Werkzeug im Kosmos „fallen" läßt (oder aber, was noch aufregender ist, nicht das Werkzeug, sondern der Monteur selbst stößt sich versehentlich von der zu montierenden Raumstation ab und vergaß, sich an ihr zu befestigen). Welches Schicksal erwartet das Werkzeug (bzw. ihn selbst)?
B. Wird ein Hammer auf die Erde geworfen, so fliegt dieser auf einer Parabelflugbahn und erfährt dabei zwei Bewegungsarten: die geradlinige und gleichförmige Bewegung infolge der Trägheit und den vertikalen gleichförmig beschleunigten Fall infolge der Erdanziehung. Ein von einem Sputnik geworfener Hammer bewegt sich geradlinig und gleichförmig von diesem weg, da die Anziehung von seiten des Sputniks praktisch ohne Einfluß ist.
Mit dieser Erklärung kann man nur dann einverstanden sein, wenn im Kosmos außer Raumschiff oder Sputnik und Hammer nichts weiter existiert. Aber Erde, Sonne usw. müssen ja auch mit berücksichtigt werden.
Der Einfluß von Erde und Sonne auf die gegenseitige Stellung von Raumschiff und Hammer kann vernachlässigt werden, da beide in gleichem Maße sowohl auf den Sputnik als auch auf den Hammer einwirken – so könnte entgegnet werden.

Auch mit dieser Erklärung kann man einverstanden sein, wenn sich Sputnik und Hammer ständig in unmittelbarer Nachbarschaft befinden würden. Aber wie ja behauptet wurde, entfernt sich letzterer geradlinig und gleichförmig vom Sputnik. In einer bestimmten größeren Entfernung voneinander beeinflußt die Erde beide Körper schon nicht mehr in gleichem Maße, da die Richtungen der auf Sputnik und Hammer wirkenden Gravitationskräfte nicht parallel sind, sondern sich im Erdmittelpunkt schneiden. Die Keplerschen Gesetze verhalfen uns hier zur richtigen Antwort auf diese Frage.

C. Nehmen wir an, der Monteur warf den Hammer gegen die Umlaufrichtung. In diesem Fall ist die Umlaufgeschwindigkeit des Hammers geringer als die des Sputniks. Folglich kann sich der Hammer nicht auf der Kreisumlaufbahn halten und wechselt auf eine Ellipsenbahn über, ähnlich der Ellipse B in Abb. 18. Anfänglich wird der Hammer hinter dem Sputnik zurückbleiben (geradlinig und gleichförmig). Nach einer Erdumkreisung erreicht er wieder den Punkt A, in dem er sich vom Sputnik löste. Aber die Flugdauer auf der Ellipsenbahn B ist kürzer als die Flugdauer auf dem Kreis D, da seine mittlere Entfernung von der Erde kleiner ist als die des Sputniks. Infolgedessen erreicht der Hammer den Punkt A um eine gewisse Zeit t früher als der Sputnik. Im weiteren Verlauf werden sowohl Hammer als auch Sputnik ständig, aber zu verschiedenen Zeiten zum Punkt A zurückkehren. Nach zwei Erdumkreisungen kommt der Hammer um $2t$ (Sekunden) früher als der Sputnik an, nach drei Umkreisungen um $3t$ usw. Wenn z. B. die Umlaufperioden des Sputniks 10 000 s und die des Hammers um $t = 10$ s weniger betragen, ist der Hammer nach 1 000 Umkreisungen des Sputniks diesem um $1\,000t = 10\,000$ s voraus, d. h., er ist ihm genau eine Umkreisung voraus, und somit werden sie sich treffen. Da die Geschwindigkeit des Hammers im Punkt A, dem Apogäum seiner Umlaufbahn, kleiner als die des Sputniks ist, holt der Sputnik den Hammer ein, d. h., der Hammer stößt mit dem zum Zeitpunkt des Abwurfs in Umlaufrichtung zeigenden Teil des Sputniks zusammen. Die Geschwindigkeit, mit der der Zusammenstoß erfolgt, entspricht der Abwurfgeschwindigkeit.

Selbstverständlich ist in der Praxis ein solches Zusammentreffen wenig wahrscheinlich. Einmal ist es möglich, daß bei einer Umkreisung des Sputniks der Hammer eine irrationale Anzahl von Umkreisungen $\left(\text{z. B. } \frac{\sqrt{2}}{1{,}4} \text{ Umkreisungen}\right)$ vollführt. In diesem

Falle werden Hammer und Sputnik niemals zusammentreffen, obwohl sich ihre Bahnen in bestimmten Fällen in ganz geringem Abstand voneinander befinden. (Das gilt nur für „punktförmigen" Sputnik und Hammer. Da sie aber endliche Ausmaße besitzen, treffen sie sich irgendwann einmal auch bei irrationalem Verhältnis.) Zweitens bleibt infolge der ungenauen Kugelform und der ungleichen Massenverteilung der Erde die räumliche Lage der Fläche der Sputnikumlaufbahn nicht unverändert, sondern sie dreht sich langsam. Ebenso wird sich die Umlaufbahnfläche des Hammers drehen. Aufgrund der unterschiedlichen Umlaufbahnen werden aber die Drehungen beider Flächen ebenfalls unterschiedlich sein. Somit werden sich Sputnik und Hammer nach einer bestimmten Zeit auf verschiedenen Flächen um die Erde bewegen.
Man kann sich also vorstellen, in welche gefährliche Lage ein Kosmonaut geraten kann, der sich vom Raumschiff abgestoßen hat und über kein personengebundenes Triebwerk verfügt. Er wird zu vielen einsamen Erdumkreisungen verurteilt, bis er sich dem Raumschiff bis auf einen solchen Abstand nähert, bei dem er von seinen Kameraden bemerkt und gerettet werden kann. Aber selbst in einem solchen obengenannten Fall ist noch nicht alles verloren. Ohne zu zögern, sollte man sämtliche in den Taschen befindlichen Gegenstände mit Kraft von sich schleudern. Dabei ist genau zu überlegen, in welche Richtung diese Gegenstände zu werfen sind, damit die Reaktionskraft uns zum Raumschiff zurückstößt. Zuerst schleudern wir also unser Zigarettenetui weit von uns. Aber reicht das? Wenn das Zigarettenetui mit einer Masse von 0,2 kg mit einer Geschwindigkeit von 20 m/s geworfen wurde, verändert sich unsere Bewegungsgröße um 4 kgm/s. Aber wenn unsere Masse 100 kg beträgt und wir uns mit einer Geschwindigkeit von 1 m/s vom Raumschiff entfernt haben, müssen wir mindestens 25 Zigarettenetuis werfen, um zum Raumschiff zurückzukehren.

Die Schwerelosigkeit einmal anders

A. Nach Verlassen des Raumschiffes unternimmt ein Kosmonaut mit Hilfe eines individuellen Raketenantriebs einen Spaziergang im Kosmos. Bei der Rückkehr schaltet er den Raketenantrieb nicht früh genug aus und prallt infolge überschüssiger Geschwindigkeit mit den Knien gegen das Raumschiff. Ist dieser Zusammenstoß schmerzhaft?

B. – Nein, denn im Kosmos ist der Kosmonaut leichter als eine Feder –, so wird die Antwort lauten.
Die Antwort ist falsch. Auch wenn wir auf der Erde vom Zaun fallen, befinden wir uns im Zustand der Schwerelosigkeit. Aber beim Auftreffen auf die Erdoberfläche spüren wir eine merkliche Überlastung, die um so größer ist, je härter die Stelle, auf die wir fallen, und je größer die Fallgeschwindigkeit im Moment des Aufschlags auf die Erdoberfläche ist.
C. Schwerelosigkeit und Schwere stehen in keiner Beziehung zum Aufprall. Hier spielen Masse und Geschwindigkeit eine Rolle und nicht die Gewichtskraft. Wir nehmen den Schlag auf die Erdoberfläche als nichtelastisch an (bei einem elastischen Schlag springt der Körper wie ein Ball zurück). Beim nichtelastischen Schlag verwandelt sich unsere gesamte kinetische Energie der relativen Bewegung in Null. Sie wird sowohl durch die Erwärmung des aufschlagenden Körpers als auch durch seine Deformation – z. B. für einen Knochenbruch – verbraucht. Aber die kinetische Energie hängt nur von der Masse und der relativen Geschwindigkeit, jedoch nicht von der Schwerkraft ab. Natürlich ist beim Fall von einem Zaun die Fallbeschleunigung der Grund für die Geschwindigkeit. Unabhängig von dem sie hervorrufenden Grund bleibt die Geschwindigkeit Geschwindigkeit. Deshalb ist es vollkommen bedeutungslos, daß die Geschwindigkeit des Aufpralls auf das Raumschiff nicht durch die Fallbeschleunigung, sondern durch die Schubbeschleunigung des individuellen Raketenantriebes bestimmt wird. Denn auch auf der Erde können wir uns sowohl bei einem Fall von einer Höhe als auch bei einem schnellen Lauf gleichermaßen ernsthaft verletzen. Dieses Beispiel drückt besonders anschaulich den prinzipiellen Unterschied zwischen Masse und Gewichtskraft eines Körpers aus. Der Kosmonaut wiegt nichts, aber seine Masse bleibt immer dieselbe.
Trotzdem wird der Kosmonaut beim Aufprall auf das Raumschiff nicht einen solchen Schmerz verspüren wie bei einem Aufprall auf die Erdoberfläche (bei gleichen Bedingungen: gleiche Masse, relative Geschwindigkeit und gleiche Härte der Hindernisse). Die Masse des Raumschiffes ist um ein Vielfaches geringer als die der Erde. Bei einem Aufprall wird deshalb ein bedeutender Teil der kinetischen Energie des Kosmonauten in kinetische Energie des Raumschiffes umgewandelt, der Anteil für eine Deformation ist nur gering. Das Raumschiff erfährt eine zusätzliche Geschwindigkeit, und das Schmerzempfinden des Kosmonauten wird nicht groß sein.

Praktisch ist die Masse des Raumschiffes um einige zehn Mal größer als die des Kosmonauten, so daß die Verringerung des Schmerzempfindens höchstens ein wissenschaftliches Problem darstellt. Man kann sich also auch im Zustand der Schwerelosigkeit eine Beule holen. Auch die durch den Helm geschützte Stirn sollte niemals zur Sorglosigkeit verleiten. Ein Riß im Helm kann sogar schlimmere Folgen als ein Schädelbruch haben.

Ballspiel im Kosmos

A. Zwei Kosmonauten verlassen das Raumschiff und verschaffen sich durch ein Ballspiel Bewegung. Die Spielregeln sind vereinfacht: Man wirft sich den Ball so lange zu, bis einer der Spieler die festgesetzte Entfernung vom Raumschiff überschreitet und damit verloren hat. Die Benutzung des individuellen Raketenantriebs bis Spielende ist nicht gestattet. Es soll der Spielverlauf beschrieben und festgestellt werden, ob die oben angeführten Spielregeln gerecht sind.
B. Die Spielregeln sind ungerecht, wenn ein Sieg nicht den sportlichen Fähigkeiten (Kraft, Gewandtheit, Reaktionsvermögen), sondern unterschiedlichen physischen Parametern (Wuchs, Gewichtskraft usw.) zuzuschreiben ist. Wenn z. B. im Ring zum Wettkampf Boxer unterschiedlicher Gewichtsklassen zugelassen würden, so wären die Athleten leichterer Gewichtsklassen von vornherein benachteiligt.
C. Die Spieler haben in einer Entfernung von 1 m vom Raumschiff und voneinander Aufstellung genommen. Der Schiedsrichter befindet sich im Raumschiff. Der Anpfiff ertönt – die Spieler verharren am Ort, da sich der Schall im Vakuum nicht ausbreitet.
Das ist natürlich nur ein Scherz. In einem solchen Fall gibt der Schiedsrichter ein Lichtsignal (oder er signalisiert über Radio). Der erste Spieler wirft den Ball seinem Gegner zu und – hat schon verloren, da ihn die Reaktionskraft in die entgegengesetzte Richtung, über die zulässige Spielfeldgrenze hinaus stößt. Wird z. B. ein Ball mit einer Masse von 1 kg mit einer Geschwindigkeit von 10 m/s geworfen, fliegt der Kosmonaut mit einer Masse von 100 kg mit einer Geschwindigkeit von 0,1 m/s in die entgegengesetzte Richtung. Der Gegenspieler braucht nur dem Ball auszuweichen, schon hat der Anspieler verloren. Bei einem solchen Wettkampf lohnt es sich also nicht, um das Vorrecht des Anstoßes zu kämpfen. Auch die Losentscheidung wäre hier unvorteilhaft, da auf jeden Fall der Anstoßende verlieren wird.

Aber stellen wir uns doch die Frage, ob der Gegenspieler dem Ball ausweichen kann. Die Benutzung des individuellen Raketenantriebs ist ja während des gesamten Spielverlaufs nicht gestattet, und ohne Triebwerk ist der Gegner nicht in der Lage, dem Ball seitlich auszuweichen, er kann sich höchstens ducken. Wenn der Anspieler den Gegenspieler mit dem Ball trifft, erlangt dieser mit dem Schlag des Balles ungefähr die gleiche Bewegungsgröße wie der Anspieler beim Wurf. Das gilt aber nur unter der Bedingung, daß der Gegner den Ball auffängt. Wenn der Ball von ihm zurückprallt, wird sich seine Bewegungsgröße sogar verdoppeln! Folglich also muß der Gegenspieler unbedingt den Ball auffangen, da er sonst selbst verliert: Mit doppelter Geschwindigkeit erreicht er als erster die zulässige Spielfeldgrenze. Somit gewinnt das Spiel an sportlichem Interesse.
Der Ball wurde nun vom Gegenspieler aufgefangen. Was tun? Werfen oder den Ball festhalten? Wenn der Gegner mit dem Wurf nicht getroffen wird, so bedeutet das die Niederlage für den Gegenspieler, da er seine Geschwindigkeit verdoppelt und der Anspieler seine anfänglich erhaltene Geschwindigkeit beibehält. Wenn nicht geworfen wird? Dann hat der Gegenspieler den Vorteil, daß sich der Anspieler um 0,1 s früher von dem Spielfeld entfernt (die Flugdauer des Balles beträgt $t = 1\,\text{m} : 10\,\text{m/s} = 0{,}1\,\text{s}$). Ist dieser Vorteil für einen Sieg ausreichend? Er würde in dem Fall ausreichen, wenn beide Spieler sich nach dem ersten Wurf mit gleichmäßigen Geschwindigkeiten voneinander entfernen.
Aber warum sind denn die Geschwindigkeiten unterschiedlich? Der Ball trifft doch auf den Gegenspieler mit derselben Geschwindigkeit auf, mit der der Ball vom Anspieler geworfen wurde? Nein! Der Ball erreicht den Gegenspieler mit einer Geschwindigkeit $(10 - 0{,}1)\,\text{m/s} = 9{,}9\,\text{m/s}$, obwohl natürlich seine relative Geschwindigkeit zum Anspieler 10 m/s beträgt (der Anspieler entfernt sich ja mit einer Geschwindigkeit von 0,1 m/s). Hiermit wird der Gegenspieler erneut bevorteilt: Beim Auffangen des Balles wird ihm eine Geschwindigkeit von nur 0,099 m/s erteilt. Die unterschiedlichen Geschwindigkeiten können aber auch durch die unterschiedlichen Massen der Spieler erklärt werden. Der Spieler der geringeren Masse erhält eine größere Geschwindigkeit. Die Spielregeln sind wieder ungerecht: Der Spieler mit der größeren Masse gewinnt. Auch im irdischen Basketball existiert eine gewisse Ungerechtigkeit. Dort ist nicht die Masse, sondern der durchaus nicht sportliche Faktor der Körpergröße ausschlaggebend. Eine Basketballmannschaft mittlerer

Körpergröße verliert gegen eine Mannschaft von hohem Körperwuchs, obgleich beide der gleichen Klasse angehören.
Kehren wir aber wieder zum „Kosmosballspiel" zurück. Um Spielregelverletzungen vorzubeugen und beiden Gegnern gleiche Chancen einzuräumen, müssen vor Spielbeginn ihre Massen ausgeglichen werden. Eine solche Spielregelergänzung kommt einem fairen Spielverlauf entgegen. Um keinen Spieler zu bevorteilen, muß die Masse des Anspielers vergrößert werden (um die Masse des Balles). Somit werden die benachteiligenden ersten Würfe eines jeden Wurfpaares des Anspielers durch dessen Massenvergrößerung kompensiert. Wenn die Regeln noch dahingehend ergänzt werden, daß der auffangende Spieler den Ball nicht länger als 5 s behalten darf, so wird ihm der am Spielanfang entstandene Vorteil genommen: Indem er dem ersten Spieler den Ball zurückwirft, vergrößert er seine Geschwindigkeit. Ein vollkommen gerechtes Spiel wird jedoch niemals zustande kommen. Unter Einhaltung der Spielbedingungen kann der Gegenspieler den Ball mit einer dermaßen geringen Geschwindigkeit zurückwerfen, daß für ihn praktisch keine rückwärtige Lageveränderung eintritt (der Ball erreicht den ersten Spieler selbstverständlich auch nicht). Er kann es sogar noch schlauer anstellen, indem er den Ball in die entgegengesetzte Richtung wirft. Damit hält er seine rückwärtige Eigenbewegung auf, was für den Anspieler sicheres Verlieren bedeutet. Aus diesem Grund müssen noch zwei Regelergänzungen eingeführt werden: Die relative Geschwindigkeit des Balles zum werfenden Spieler darf nicht weniger als z. B. 5 m/s betragen, und der Winkel zwischen Flugbahn des Balles und Richtung zum Gegner darf z. B. 10° nicht überschreiten. Wir sehen also, daß ein Schiedsrichter im Kosmos Radargerät und Rechenmaschinen braucht, um die Einhaltung der Spielregeln genau kontrollieren zu können.
Somit kann also gesagt werden, daß offensichtlich der Spieler verliert, der einmal danebenwirft oder den Ball nicht fangen kann. Und wenn der Ball sein Ziel – den Gegner – niemals verfehlt? Dann vergrößert sich nach jedem Wurf die relative Geschwindigkeit der Auseinanderbewegung der Spieler und erreicht schließlich die Geschwindigkeit, mit der die Spieler den Ball zu werfen in der Lage sind. Beim darauffolgenden Wurf verbleibt der Ball im Spielfeld, ohne den Gegner zu erreichen. Interessant ist hierbei, daß sich die Spieler nur voneinander entfernen können. Eine Annäherung infolge der Würfe mit dem Ball ist nicht möglich. Wenn mehrere Spieler spielen, können sich

einige näher kommen, wenn der Ball dem rechten oder linken Nebenmann zugeworfen wird. Die Nebenspieler entfernen sich dabei. Wenn die Würfe aber regellos geschehen, fliegt die gesamte Mannschaft auseinander. In ähnlicher Weise fliegen auch Gasmoleküle auseinander, wenn sie in ein Vakuum strömen (hierbei spielen die Moleküle selbst die Rollen der Spieler und des Balles). Bei gleichmäßiger Verteilung der Spieler im Weltraum können sie sich durch Ballwürfe in Gruppen beliebiger Größe versammeln, doch niemals in einer Gruppe. Bei welchem Wurf wird das geschehen? Beim hundertsten? So würde die Antwort eines unaufmerksamen Lesers lauten, der denkt, daß nach dem ersten Wurf der Spieler eine Geschwindigkeit von 0,1 m/s und somit eine Geschwindigkeit von 10 m/s nach 100 Würfen (jeweils 50 Würfe in beide Richtungen) erlangt. Wenn das der Fall wäre, würden 25 Würfe in beide Richtungen genügen, denn jeder Wurf bewirkt eine Geschwindigkeitszunahme bei beiden Spielern. Das ist aber nicht der Fall: Jeder darauffolgende Wurf verleiht den Spielern einen immer geringeren Geschwindigkeitszuwachs, da die Geschwindigkeit der Auseinanderbewegung der Spieler zunimmt. Der mit ein und derselben Bezugsgeschwindigkeit zum Werfer geworfene Ball wird den Auffangenden jedesmal mit einer geringeren Geschwindigkeit antreffen, so daß sich dieser Prozeß theoretisch bis zur Unendlichkeit hinzieht. In der Praxis ist das Spiel nicht unendlich: Es endet mit dem Wurf, dessen Geschwindigkeit zufällig geringer als die erforderliche ist (eine gleichmäßige Wurfgeschwindigkeit kann von den Spielern nicht eingehalten werden). Außerdem kann das Spiel ein noch früheres Ende nehmen, wenn die Spieler sich sehr weit voneinander entfernt haben. Das Spiel wird uninteressant, da sich der Ball sehr lange auf dem Flug befindet und die Wahrscheinlichkeit, daneben zu treffen, sehr hoch ist. Dann müßte das Spiel abgebrochen und mit Hilfe des individuellen Triebwerkes dem Ball nachgejagt werden.
Interessant ist die Wurftechnik. Es wird noch einmal betont, daß sich im Zustand der Schwerelosigkeit der Ball zwischen den Spielern gleichförmig und geradlinig bewegt (bezüglich der Spieler, aber nicht bezüglich der Erde). (Sind die Abmessungen des kosmischen Stadions nicht sehr groß, können die in Aufgabe „Mann über Bord“ angeführten Faktoren vernachlässigt werden.) Also sollte man Erdparabeln und ballistische Flugbahnen während des Spiels vergessen. Das Zielen auf den Gegenspieler geschieht ohne Berichtigung eines krummlinigen Fluges. Sobald wir aber den Ball nach dem Zielen aus Augenhöhe werfen, gera-

ten wir in eine peinliche Lage: Mit dem Abwurf gerät unser Körper mit den Beinen voran in Drehung. Das Weltall scheint sich um uns zu drehen. Dieser Umstand erschwert jedoch die Kontrolle des Gegenspielers und das richtige Auffangen und Werfen des Balles. Diese Drehungen können verhindert werden, indem der Ball so geworfen wird, daß sich unser Schwerpunkt auf der Verlängerung der Flugbahn des Balles befindet. Dabei darf nicht vergessen werden, daß sich bei angewinkelten Beinen unser Schwerpunkt aus der Bauchgegend in die Brust verlagert.
Was geschieht, wenn der Ball gefangen wird? Unser Gegenspieler wird kaum genau in unseren Schwerpunkt treffen. Der Ball wird immer etwas seitlich auf den Körper treffen, und der auffangende Spieler beginnt ebenfalls, sich zu drehen. Um der durch den Aufprall des Balles auf den Körper hervorgerufenen Drehung Einhalt zu gebieten, muß der Ball dem Gegner aus Kniehöhe zugeworfen werfen.
Es sei der Hinweis gegeben, daß die Drehung des Spielers bei einem seitlichen Körperaufprall des Balles ihm zum Sieg verhelfen kann. Wenn ein Teil der Energie des Balles durch die Drehung verbraucht wird, verbleibt wenig für eine Rückwärtsbewegung. Aber nur die Rückwärtsbewegung kann ja einen Spieler über die Spielfeldgrenzen hinaustragen. Somit wird der Spieler gewinnen, der sich mit dem letzten Wurf in eine größtmögliche Drehbewegung versetzt und dabei den Gegner so trifft, daß dieser sich nicht mehr dreht. Ohne Zweifel wird ein solches virtuoses Spiel den Fernsehzuschauern fröhliche Minuten bereiten.
Vor dem Ausstieg in den Kosmos sollte man aber nicht vergessen, Luft aus dem Ball zu lassen, da dieser andernfalls schon in der Schleusenkammer platzen könnte.
Schließlich wollen wir noch eine interessante Aufgabe lösen. Beide Spieler sind vorn durch breite Metallschilde abgedeckt. Vor Spielbeginn sind beide Schilde einander zugewandt und parallel. Der erste Spieler wirft einen ideal elastischen Ball genau aus seinem Schwerpunkt in den seines Gegenspielers. Daher wird der Spieler nicht in Drehung versetzt, und die Schilde verbleiben weiterhin parallel. Nach dem Abprallen vom zweiten Spieler schlägt der Ball wiederum zentral auf den ersten Spieler auf. So geht es ohne Ende. Mit jedem Wurf vergrößert sich die relative Geschwindigkeit der Spieler, bis sie gleich der des Balles ist. Aber die Masse der Kosmonauten überschreitet die Masse des Balles um ein Vielfaches! Sollte hier wirklich das Energieerhaltungsgesetz und das Gesetz der Erhaltung der Bewegungsgröße verletzt werden?

Der Autor hält es für richtig, den Leser einmal eine Aufgabe allein lösen zu lassen.

Walzer im Kosmos

A. In der vorhergehenden Aufgabe konnten wir uns davon überzeugen, daß der Kosmos ein reiches Betätigungsfeld für Sportler ist. Aber sind dort auch Tanzturniere möglich? Stellen wir uns vor, daß ein Mann und eine Frau das Raumschiff verlassen und mit Hilfe ihres Triebwerkes ihre Ausgangsstellung einnehmen: Gesicht zu Gesicht halten sie sich an den Händen und sind bezüglich des Raumschiffes ohne Bewegung (ohne Vorwärtsbewegung und ohne Drehbewegung). Es ertönt ein langsamer Walzer. Kann im Kosmos überhaupt getanzt werden? Welche Schritte und Figuren können getanzt werden? Können sich die Tanzenden im Kreise drehen? Es versteht sich von selbst, daß während des Tanzes die individuellen Triebwerke nicht in Betrieb gesetzt werden dürfen, um den Ballraumanzug des Partners nicht zu verbrennen.
B. Die Tänzer unter uns verhalten sich zu dieser Frage sehr optimistisch: – Laßt uns nur in den Kosmos fliegen, dann zeigen wir es euch schon. – Die Anhänger der physikalischen Wissenschaften sind schon pessimistischer: Wie kann man von Tanzen sprechen? Sich drehen ist nicht möglich: Das Gesetz der Erhaltung des Drehimpulses gestattet das nicht. Die Tanzfläche von einem Ende zum anderen zu durchtanzen, ist auch nicht möglich: Es ist kein Festpunkt da, nichts, wovon man sich abstoßen könnte. Es ist sogar riskant, die Hände des Partners loszulassen: Läßt man sie los, bekommt man sie nie wieder zu fassen, und sich mit einem Seil aneinander festzubinden, ist beim Tanzen nicht üblich. – Zuallererst sei bemerkt, daß bei irdischen Tänzen ein Seil als Verbindungsmittel zwischen den beiden Partnern schon in alten Zeiten, vielerorts auch heute noch, benutzt worden ist; natürlich unter einer anderen Bezeichnung: Schärpe, Band, Tuch. Deshalb sei auch ein Verbindungsseil aus Nylonband für kosmische Tänze zugelassen.
In einem kosmischen Tanz könnte eine Solistin ihre Tanzkunst ganz und gar nicht beweisen, da sie sich ohne Raketenantrieb weder drehen noch vorwärtsbewegen kann. Warum sie aber auf der Erde alles mit bewundernswerter Leichtigkeit machen kann? Nun, weil sie auf der Erde gewissermaßen zusammen mit der Erde als ihrem Partner tanzt. Drehen kann sie sich nur deshalb,

weil sie die Erde zwingt, sich in entgegengesetzter Richtung zu drehen. Sie stößt sich ab und stößt die Erde ab, sie landet nach einem Sprung infolge der Erdanziehung wieder auf dem Boden und zieht die Erde selbst an. Kraft gleich Gegenkraft! Die Erdkugel ist natürlich ein besonders massiver Partner, ist deshalb äußerst träge und dient somit der Tänzerin als zuverlässige Stütze. Außerdem besitzt ihr Partner außerordentlich kräftige Arme – die Schwerkraft –, und somit besteht auch keine Gefahr, daß unsere Ballerina nach einem eleganten Sprung nicht mehr zur Erde zurückkehrt.

Der kosmische Partner ist weniger massiv. Das ist aber kein prinzipieller, sondern nur ein quantitativer Unterschied. Das Vorhandensein eines Partners im Kosmos gestattet somit im Prinzip mit größeren oder kleineren Abweichungen, alle irdischen Figuren zu tanzen. Bei der Betrachtung dieser Figuren ist zu berücksichtigen, daß ein Mensch als Partner bewußt am Tanz teilnimmt und deshalb viel machen kann, wozu die Erdkugel als Partner nicht fähig ist.

C. Der Einfachheit halber wollen wir mit einem Tanzsolisten im Kosmos beginnen. Sein Massezentrum sei bezüglich des Raumschiffes unveränderlich (er bewegt sich auf der gleichen Umlaufbahn), und ohne Einwirkung äußerer Kräfte kann es nicht verlagert werden. Wenn also der Solist seine Arme sinken läßt (Abb. 19a), werden Kopf und Rumpf so emporgehoben, daß das gemeinsame Massezentrum in der ursprünglichen Lage ver-

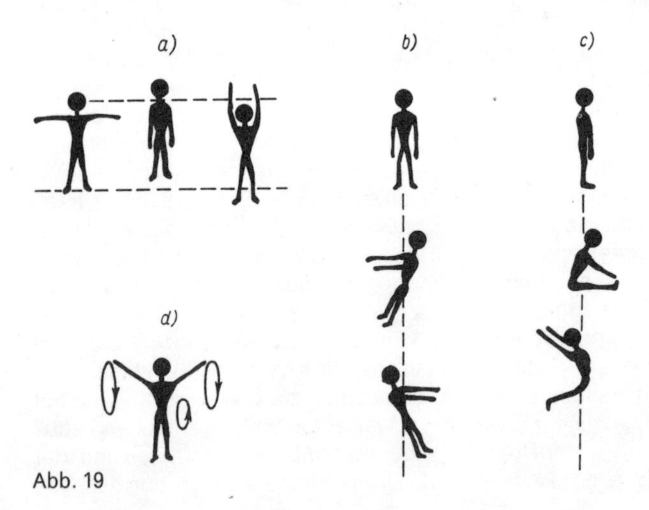

Abb. 19

bleibt. Hebt er seine Arme hoch, wird sein Körper niedergedrückt. Man kann also am Ort „Sprünge" ausführen.
Wenn der Solist beide Arme nach links wirft (Abb. 19b), bewegt sich sein Rumpf nach rechts, wobei er sich ein wenig neigt, da die Reaktion der Arme auf den Körper in Schulterhöhe angreift, d. h. über dem Massezentrum. Wenn man dazu noch die Beine anzieht, kann man „in der Hocke tanzen" (Abb. 19c). Dreht der Tänzer seine Arme (Abb. 19d), erhält sein Körper eine langsame umgekehrte Drehbewegung. Beendet er das Armkreisen, hört auch seine Drehbewegung auf: Der gesamte Drehimpuls der Arme und des Körpers ist gleich der Ausgangsgröße, d. h. gleich 0.
Wenn der Tänzer aber ein Gewicht an einer langsamen Schnur um sich dreht, indem er die Schnur vor seiner Brust aus der rechten Hand in die linke und hinter seinem Rücken aus der linken in die rechte Hand nimmt und sie dann losläßt, behält er die ihm erteilte rechtsläufige Drehbewegung bei und erlangt eine Vorwärtsbewegung entgegen der Entfernungsrichtung des Gewichts.
Sehen wir uns nun ein Tanzpaar an. Das Vorhandensein eines Partners erweitert die Möglichkeiten im kosmischen Tanz in ungeahntem Maße. Wir wollen uns das an einigen Beispielen ansehen.
Aus der Ausgangsstellung (Abb. 20a) kann durch Armbewegung in die Stellung b übergegangen werden, dann, sich voneinander

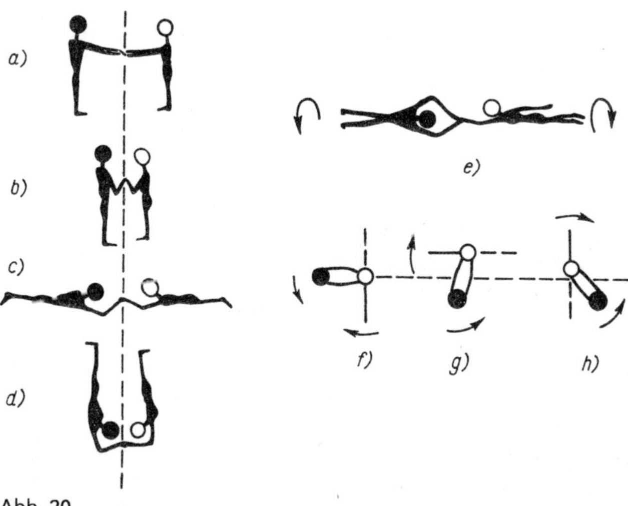

Abb. 20

abstoßend, in die Stellungen c und d. Danach kann man sich mit den Absätzen wieder voneinander abstoßen und zurück in die Ausgangsstellung begeben. Es sei erwähnt, daß alle hier abgebildeten Figuren auch ohne Abstoßen, mit der Muskelkraft der Hände, in langsamerem Tempo getanzt werden können.
Die Hauptsache eines Walzers ist die Drehung. Man kann sich in Drehung versetzen, indem man den Partner in umgekehrter Richtung dreht. Dreht man den Arm seiner Partnerin um die verlängerte Achse seines Armes (Abb. 20e), kann diese in Drehung versetzt werden; dabei dreht sich der Partner in entgegengesetzter Richtung. Auf den Abb. 20f, g, h (Blick von oben) ist eine typische Walzerdrehung dargestellt. Der Partner (voll gezeichnet) hat seine Partnerin (Hohlkreis) um die Taille gefaßt und dreht sie in Uhrzeigerrichtung. Dabei beginnt sich der Partner selbst um das gemeinsame Massezentrum gegen die Uhrzeigerrichtung zu drehen. (Zur Anschaulichkeit ist der linke Arm der Partnerin als volle Linie, der rechte Arm als gestrichelte Linie dargestellt.) In der Figur 20e kann man sich nach Lösen der Hände einzeln drehen. In der Figur 20f ist das nicht möglich, da die Trägheitskraft beide Partner voneinander entfernt.
Für eine gemeinsame Drehung in einer Richtung ist eine Anfangsdrehung in der Ausgangsstellung mindestens eines Partners erforderlich. Sind die Partner durch ein Band verbunden, und einer der Partner wirft ein Gewicht senkrecht zur Richtung des Bandes, beginnt er sich selbst in entgegengesetzter Richtung zu drehen. Infolgedessen beginnt sich das Paar um sein gemeinsames Massezentrum zu drehen. Nähern sie sich durch Heranziehen mit Hilfe des Bandes, vergrößern sie ihre Drehgeschwindigkeit, entfernen sie sich, verringern sie sie wieder. Drehen sich beide Partner nicht, können sich beide, nachdem sie das Band leicht angezogen haben, ohne Bedenken loslassen, da sie sich nun von selbst einander nähern. Als weiteres Tanzelement kann man auch den freien Flug des Partners mit nachgeworfenem Lasso – dem Bandende – benutzen (Abb. 21a). Auf der Abb. 21b ist eine Gruppe von vier Tänzern dargestellt. Die Partner *B* und *D* ziehen an dem Band, mit dem sie mit der Partnerin *A* verbunden sind. Dabei bewegen sie sich selbst nach Punkt *A* (in Pfeilrichtung), die Partnerin *A* aber auf der Resultierenden zur Partnerin *C*. Nachdem sich die entsprechenden Partner getroffen und wieder abgestoßen haben, entfernen sie sich wieder bis zur Streckung des Bandes. Die Vielfältigkeit der im weiteren Verlauf gebildeten Figuren ist unerschöpflich, besonders wenn die an den Bändern angreifenden Kräfte von Figur zu

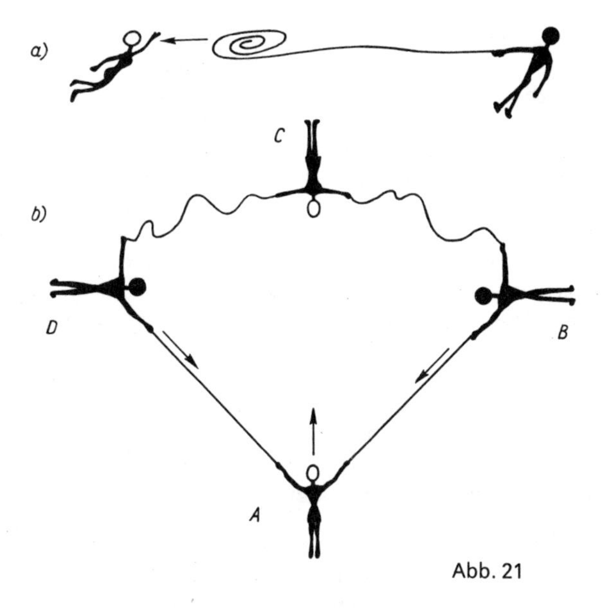

Abb. 21

Figur verändert werden. – Vielleicht wird in Zukunft im Kosmos genau so getanzt wie auf der Erde.

Die Hantel im Kosmos

A. Auf dem Mond ist an einem dünnen, festen Faden horizontal eine Hantel – ein Stab mit zwei gleich großen Massen an den Enden – aufgehängt (Abb. 22a). Der Aufhängungspunkt fällt mit

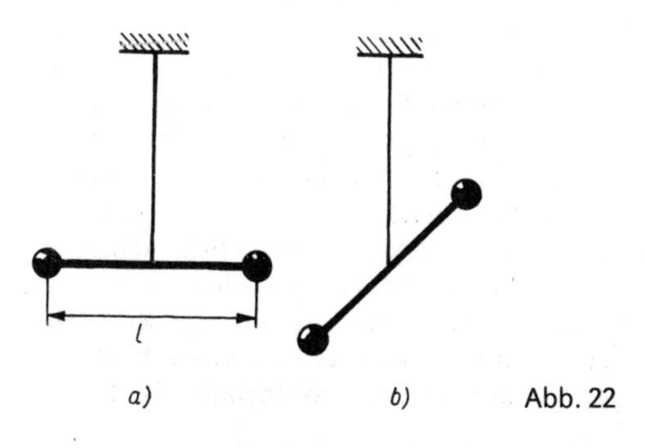

Abb. 22

dem Schwerpunkt der Hantel zusammen. Wenn wir die Hantel durch leichten einseitigen Druck aus ihrer horizontalen Lage bringen (Abb. 22b) und sie loslassen, welche Lage nimmt sie dann ein?

B. Gewöhnlich wird so geantwortet: Da Aufhänge- und Schwerpunkt zusammenfallen, befindet sich die Hantel im indifferenten Gleichgewicht. Folglich verbleibt sie in der Lage, in die sie gebracht wurde: in einer geneigten, horizontalen oder vertikalen Lage. Weiter wird hinzugefügt, daß die physikalischen Gesetze auf Erde und Mond gleichermaßen Gültigkeit haben und deshalb nicht unbedingt der Mond als Versuchsort gewählt werden mußte.

Einverstanden, dieser Versuch kann auch auf der Erde durchgeführt werden, nur in einem luftleeren Gefäß. Andernfalls könnte die Luftbewegung die Hantel zum Schwingen bringen und somit die Beobachtung des eintretenden Effekts erschweren. Der Mond wurde also als Versuchsort ausgewählt, weil dort ein Vakuum herrscht.

Eine kleine Hilfestellung zum Wesen der Aufgabe sei gegeben: Gewichtskraft und Masse ist nicht ein und dasselbe. Die Gewichtskraft ist das Produkt aus Masse und Fallbeschleunigung. Fällt der Schwerpunkt in jedem Falle mit dem Massezentrum zusammen?

C. In horizontaler Lage wirken auf beide Hantelhälften gleiche Fallbeschleunigungsgrößen (dadurch fiel der Schwerpunkt mit dem Massezentrum zusammen), in der geneigten Lage wirken unterschiedliche Größen der Fallbeschleunigung. Nach dem Newtonschen Gravitationsgesetz ist die untere Hantelhälfte schwerer als die obere, da erstere dem Mondzentrum näher ist. Dadurch verschiebt sich der Schwerpunkt der Hantel vom Symmetriezentrum (Aufhängungspunkt) nach unten, und sie beginnt sich immer schneller aus der geneigten in die vertikale Lage zu drehen. Sie durchläuft mit Schwung diese Stellung, wird danach abgebremst, und nach mehreren Schwingungen bleibt sie in der vertikalen Stellung stehen, wenn die Schwingungsenergie durch die Reibung des Fadens im Aufhängepunkt aufgebraucht worden ist. Die vertikale Lage entspricht dem stabilen Gleichgewichtszustand, da der Schwerpunkt die tiefste Lage eingenommen hat. Die horizontale Lage wäre ein labiler Gleichgewichtszustand.

Berechnen wir den Kräfteunterschied bei der Einwirkung auf beide Hantelseiten in dem Moment, in dem sich der Stab der Länge l schon in vertikaler Lage befindet. Wir nehmen dabei an, daß der Stab selbst gewichtslos ist und die gesamte Masse in beiden Enden vereinigt ist. Die Gravitationskraft ist umgekehrt proportional dem Quadrat der Entfernung vom Anziehungszentrum (in diesem Falle vom Mondzentrum):

$$\frac{P_1}{P_2} = \frac{ma_1}{ma_2} = \frac{a_1}{a_2} = \frac{R_2^2}{R_1^2} \frac{(R_1 + l)^2}{R_1^2} = \frac{R_1^2 + 2R_1 l + l^2}{R_1^2}.$$

Hierbei sind P_1 und P_2 die Gewichte beider Hantelseiten, a_1 und a_2 die auf sie wirkenden Fallbeschleunigungen und R_1 und R_2 ihre Entfernungen vom Zentrum des Mondes.
Wir nehmen R_1 mit 1750 km (etwas größer als der Mondradius) und die Hantellänge l mit 100 m an. Weil $l \ll R_1$, kann der dritte Summand im Zähler in der Formel vernachlässigt werden. Somit vereinfacht sich die Formel zu

$$\frac{P_1}{P_2} = \frac{a_1}{a_2} = 1 + \frac{2l}{R_1}.$$

Nach Einsetzen der Zahlenwerte für l und R_1 erhalten wir

$$\frac{a_1}{a_2} = 1 + \frac{2 \cdot 0{,}1}{1750} = 1{,}000\,114.$$

Der Gewichtsunterschied ist nicht groß (in der geneigten Ausgangsstellung ist er noch geringer), aber unter den Bedingungen eines Vakuums und einer geringen Fadenreibung ist er vollkommen ausreichend, um den Stab in eine vertikale Lage zu drehen.
Auf der Erde ($R_1 \approx 6\,380$ km) wäre der relative Gewichtsunterschied noch geringer, obwohl der absolute Gewichtsunterschied (bei ein und derselben Masse) größer wäre als auf dem Mond. Es ist interessant, daß sich unter atmosphärischen Bedingungen auf der Erde in Abhängigkeit von der Dichte des Hantelmaterials entweder ein vertikaler oder horizontaler stabiler Gleichgewichtszustand einstellen würde. Das wird damit begründet, daß in diesem Fall nicht nur das Newtonsche, sondern auch das Archimedische Gesetz berücksichtigt werden muß. Da sich mit der Zunahme der Höhe die Dichte der Atmosphäre verringert, würde auf die untere Hantelhälfte eine größere Antriebskraft einwirken, die den Newtonschen Kräften entgegenwirken würde. Eine Stahlhantel würde einen vertikalen stabilen Gleichgewichtszustand einnehmen, eine Korkhantel einen horizontalen

(in geringer Höhe über der Erde, wo die Atmosphäre noch genügend dicht ist).
Selbstverständlich sind diese geringen Kräfte unter atmosphärischen Bedingungen nicht spürbar, da die Reibungskräfte an der Luft und besonders die Luftbewegung bedeutend größer sind. Das bedeutet jedoch nicht, daß die hier betrachtete Erscheinung keine praktische Bedeutung hat. Es existiert ja ein Medium ohne Luft und Luftbewegung, in dem eine Hantel auch ohne Faden „aufgehängt" werden kann. Das ist der kosmische Raum. Bewegt sich z. B. ein hantelförmiger Sputnik auf einer Äquatorialumlaufbahn, wird auf seine erdnahe Hälfte eine größere Fallbeschleunigung einwirken als auf seine erdferne Hälfte. Infolgedessen wird sich der Sputnik mit seiner Längsachse in Richtung Erdzentrum einstellen und diese Orientierung ewig beibehalten (Abb. 23a bis d).
Die praktische Bedeutung einer solchen Orientierung besteht darin, daß auf dem erdnahen Sputnikteil Fotoapparate und Fernsehkamera befestigt werden können, die ständig zur Erde gerichtet sind und somit eine ununterbrochene Reportage über unseren Planeten führen können (z. B. über die Bewölkung der Erdkugel). Man kann eine Richtantenne befestigen (eine Antenne, die die Energie in einem schmalen Radiostrahl konzentriert und somit Radioverbindungen über größere Entfernungen gestattet und die erforderliche Kapazität an Bord des Sputniks verringert).
Stellen wir uns im Kosmos den Stab der Hantel äußerst dünn vor, als dünnen Draht. Infolge der Gewichtslosigkeit auf der Umlaufbahn wird sich der Stab nicht durch das „Gewicht" der Han-

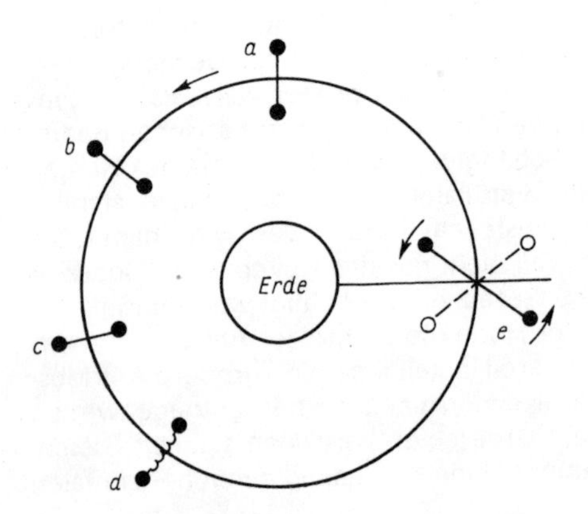

Abb. 23

tel, sondern nur infolge der auf beide Hantelseiten unterschiedlich einwirkenden Gravitationskraft verlängern. Somit kann ein solcher „Stab" bis zu 1 km gedehnt werden, wodurch der Unterschied der Gravitation an beiden Hantelseiten anwächst.
Wie wir bereits festgestellt haben, vollführt die Hantel vor Einnahme einer stabilen vertikalen Lage allmählich abklingende Schwingungen um sich selbst. Ein „Hantel-Sputnik" wird ebenfalls um die ihn mit dem Erdzentrum (Abb. 23e) verbindende Gerade schwingen. Seine Schwingungsperiode entspricht annähernd der seiner Umlaufperiode um die Erde und hängt nur in geringem Maße von Form und Abmessung der Hantel ab. Von selbst werden diese Schwingungen nicht abklingen, da im Kosmos keine Reibung existiert. Wie sind sie dann abzubremsen? Dafür wurden mehrere Varianten vorgeschlagen. Eine besteht darin, daß die beiden Sputnikhälften anstelle eines Stabes mit einer Spiralfeder verbunden werden (Abb. 23d). Die Schwingungen des Sputniks rufen veränderliche Zentrifugalkräfte hervor, die die Feder auseinanderziehen und zusammendrücken. Die dazu aufgewendete Energie wird durch Erwärmung der Feder allmählich verbraucht, und die Schwingungen hören schließlich auf. Schwingungen durch Aufschläge von Meteoriten auf dem Sputnik werden auf gleiche Weise gelöscht.
Die Erde besitzt schon seit undenklichen Zeiten einen „Hantel-Sputnik" – den Mond. Da er keine absolute Kugelform hat, sieht er im weiteren Sinne einer Hantel ähnlich, denn seine größere Achse ist ständig zur Erde gerichtet. Drehung und Schwingung des Mondes wurden durch die Erdanziehung und die dabei auftretende Reibung der Gezeiten in der Mondkruste zum Stillstand gebracht.
Für die Leser, die das Interesse für unsere Aufgabe noch nicht verloren haben, möchten wir den Beweis bringen, daß sich das Schwerezentrum der auf dem Mond an einem dünnen Faden hängenden Hantel bei Schwingungen auf einem Kreis bewegt.
Solange die Hantel eine horizontale Lage einhielt, war das Gewicht beider Seiten, P_1 und P_2, gleich. Der Schwerpunkt befand sich daher in einer Entfernung $l/2$ von beiden Enden in der Stabmitte (Abb. 24). Bei einem Ausschlag des Stabes um den Winkel φ wächst das Gewicht P_1 des unteren Hantelteils an, und das Gewicht P_2 des oberen Hantelteils nimmt ab.
Der Schwerpunkt M ist der Angriffspunkt des Körpergewichts P, das die Resultierende der Gewichte P_1 und P_2 darstellt. Der Angriffspunkt der Resultierenden beider parallelen Kräfte (sie sind fast parallel) teilt die Entfernung zwischen den Angriffspunkten

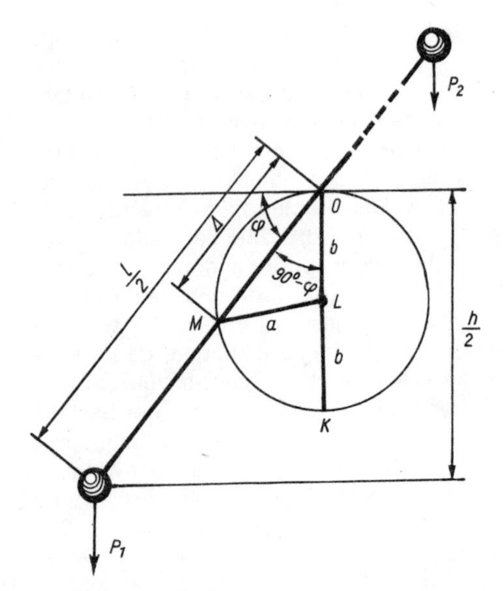

Abb. 24

der Komponenten in den Komponenten umgekehrt proportionale Teile:

$$\frac{P_1}{P_2} = \frac{\frac{l}{2} + \Delta}{\frac{l}{2} - \Delta},$$

wobei Δ die Entfernung des Schwerpunkts vom Aufhängepunkt ist. Bei einem Ausschlag um den Winkel φ weisen die Hantelenden einen Höhenunterschied h auf, der den Unterschied zwischen den Gewichten P_1 und P_2 nach bekannter Formel bestimmt:

$$\frac{P_1}{P_2} = 1 + \frac{2h}{R_1}.$$

Unter Berücksichtigung, daß

$$h = l \sin \varphi,$$

und Gleichsetzung beider Formeln erhalten wir

$$\frac{\frac{l}{2}+\Delta}{\frac{l}{2}-\Delta}=1+\frac{2l\sin\varphi}{R_1}.$$

Wir lösen die Gleichung nach Δ auf:

$$\Delta=\frac{l}{2}\,\frac{2l\sin\varphi}{2R_1+2l\sin\varphi}.$$

Unter Vernachlässigung des zweiten Summanden im Nenner (da $2l\sin\varphi \ll 2R_1$ ist) erhalten wir endgültig

$$\Delta=\frac{l^2\sin\varphi}{2R_1}.$$

Wer sich im polaren Koordinatensystem auskennt, weiß, daß es sich hierbei um einen Kreis handelt.
Suchen wir das Maximum von Δ. Wie aus der Formel ersichtlich, ist $\Delta = \max$, wenn $\sin\varphi = 1$ ist, d. h., wenn $\varphi = 90°$. Nach Einsetzen von $\varphi = 90°$ erhalten wir

$$\Delta_{max}=\frac{l^2}{2R_1}.$$

Wir tragen diesen Wert in vertikaler Richtung von Punkt O ab (Abb. 24, Abschnitt OK) und halbieren den Abschnitt OK durch den Punkt L. Bezeichnen wir die beiden Hälften OL und LK mit dem Buchstaben b, erhalten wir

$$b=\frac{\Delta_{max}}{2}=\frac{l^2}{4R_1}.$$

Wir verbinden den Schwerpunkt M und den Punkt L durch die Gerade $ML = a$. Wenn es uns gelingt, zu beweisen, daß bei beliebiger Bedeutung von φ $a = b = \text{const}$, so wird das bedeuten, daß der Punkt M bei jedem Wert von φ um einen konstanten Wert vom Punkt L entfernt ist, d. h. sich auf einem Kreis bewegt. Aus dem Dreieck MOL folgt nach dem Kosinussatz

$$a=\sqrt{\Delta^2+b^2-2\Delta b\cos(90°-\varphi)}\,,$$

d. h.,

$$a = \sqrt{\frac{l^4 \sin^2 \varphi}{4R_1^2} + \frac{l^4}{16R_1^2} - 2\frac{l^2 \sin \varphi}{2R_1} \cdot \frac{l^2}{4R_1} \sin \varphi}$$

$$= \sqrt{\frac{l^4}{16R_1^2}}$$

oder

$$a = \frac{l^2}{4R_1} = b.$$

Somit hängt a tatsächlich nicht von φ ab, und folglich ist die Kurve, auf der sich der Schwerpunkt M bewegt, ein Kreis, der Abschnitt a sein Radius und der Punkt L der Kreismittelpunkt. Selbstverständlich sind die Abmessungen des Kreises auf Abb. 24 stark vergrößert. Tatsächlich beträgt sein Durchmesser in der hier betrachteten Berechnung nur

$$d = \Delta_{\text{max}} = \frac{l^2}{2R_1} = \frac{100\,\text{m} \cdot 100\,\text{m}}{2 \cdot 1\,750\,000\,\text{m}}$$

$$= 0{,}002\,8\,\text{m} = 2{,}8\,\text{mm}.$$

Wir fliegen durch die weite Welt

Der Wind holt uns nicht ein

A. Der Refrain eines Fliegerliedes lautet:

> Wir fliegen durch die weite Welt.
> Der Wind holt uns kaum ein.
> Selbst zum entferntesten Planeten
> ist es uns nicht zu weit.

Ist der Text dieses Liedes in jeder Beziehung richtig? Wie denkt ein physikalisch Interessierter darüber?

B. Ein jeder von uns hat natürlich sofort die Geschwindigkeiten des Windes, eines heutigen Flugzeuges und die für das „Erreichen des fernsten Planeten" erforderliche Geschwindigkeit miteinander verglichen und eine krasse Nichtübereinstimmung dieser festgestellt.

Hier sind die Vergleichswerte:

1. Die Geschwindigkeit eines Orkans beträgt 30 bis 50 m/s.
2. Die Geschwindigkeit moderner Überschallflugzeuge beträgt 400 bis 700 m/s.
3. Die zweite kosmische Geschwindigkeit, d. h., die Geschwindigkeit, die notwendig ist, um überhaupt zu anderen Planeten zu gelangen, beträgt 11 200 m/s.

Der Verfasser dieser Gedichtzeilen hat die Geschwindigkeit eines Flugzeuges um das Zehnfache sowohl übertrieben als auch zu niedrig angesetzt.

Im allgemeinen haben wir natürlich recht. Aber ich möchte mich so weit wie möglich bemühen, den Dichter vor Kritiken zu schützen. In der Literatur wird oft der Begriff „Hyperbel" gebraucht, was dem Begriff „Übertreibung" gleichzusetzen ist. Um irgendeine Qualität zu unterstreichen, übertreibt man sie. Seit alters her vergleicht man alles Schnelle mit dem Wind oder den Vögeln. Später tauchten andere Hyperbeln auf, z. B. „wie ein Geschoß", „wie ein Meteor". Offensichtlich wird in Zukunft auch der Ausdruck „schnell wie ein Photon" in die Literatur eingehen. Danach wird die Weiterentwicklung der Literatur in dieser Richtung beendet sein, da es nichts schnelleres als die Photonen gibt (hier wird die zweifelhafte Redewendung „schnell wie ein Gedanke" nicht gezählt). In der Zeit, als der Ausdruck „schnell wie der Wind" entstand, war der Lauf die schnellste Fortbewegungs-

art des Menschen und im Vergleich mit der Geschwindigkeit des Windes natürlich eine Übertreibung. Seit dieser Zeit hat sich vieles verändert. Die Literatursprache ist etwas zu konservativem Verhalten verpflichtet, das bewahrt sie vor Verunreinigungen mit Modeausdrücken, die bald wieder in Vergessenheit geraten. Der Vergleich „schnell wie der Wind" wurde in der Literatur zur Tradition und erregt in unserem Ohr sogar dann keinen Mißklang, wenn er für Erscheinungen schneller als der Wind gebraucht wird. Beeindruckt von dem dichterischen Wert eines Liedes entdecken wir nicht seine physikalischen Unzulänglichkeiten, wenngleich wir es viele Male hören. Natürlich wäre das Gedicht genauer, wenn der Verfasser an Stelle des Windes irgend etwas Schnelleres als Vergleich gewählt hätte. Aber ein Dichter ist wohl kaum zu Genauigkeit verpflichtet. Man muß hinzufügen, daß der Verfasser dieses Liedes einigermaßen genau ist: Er verglich die Geschwindigkeit eines Flugzeuges ebenfalls mit der Geschwindigkeit eines Raumschiffes.
Wir müssen die Suche nach den weitaus schwereren Vergehen des Verfassers gegen die Physik fortsetzen. Um die Aufgabe zu erleichtern, wird das Zitat von vier Zeilen auf eine gekürzt:

„Der Wind holt uns kaum ein."

Der Fehler ist hier zu suchen!

C. „Der Wind holt uns kaum ein." Also mit anderen Worten, der Wind kann in bestimmten Fällen ein Flugzeug einholen. Hierin liegt der Fehler des Verfassers des Gedichtes. Bekanntlich kann ein Flugzeug nur unter der Bedingung fliegen, wenn es bezüglich der Luft eine Geschwindigkeit entwickelt, bei der der auf die Tragflächen auftreffende Luftstrom eine bestimmte Auftriebskraft bewirkt. Eben dazu nimmt ein Flugzeug am Start Anlauf, um schnell die erforderliche Relativgeschwindigkeit zur Luft zu entwickeln. Dabei fliegt es gewöhnlich gegen die Windrichtung auf (in diesem Falle wird das Abheben bei einer geringeren Relativgeschwindigkeit zur Erde erreicht, und somit langt eine kürzere Startpiste aus).
Der Wind kann das Flugzeug nicht einholen, sogar wenn das Flugzeug sehr langsam fliegt. Wenn z. B. einem Flugzeug mit einer Geschwindigkeit von 30 m/s ein Orkan mit einer Geschwindigkeit von 40 m/s nacheilt (was nach Meinung des Verfassers des Liedes vollkommen ausreicht, um das Flugzeug einzuholen), so vergrößert sich die Geschwindigkeit des Flugzeuges bezüglich der Erde auf 70 m/s. Im Verhältnis zur Luft bleibt sie mit 30 m/s konstant, d. h., auch ein Orkan wird aussichtslos hinter einem Flugzeug zurückbleiben.

Würde der Wind das Flugzeug überholen, würde die Geschwindigkeit des Flugzeuges bezüglich der Luft gleich Null sein. Damit würde aber auch gleichzeitig die Auftriebskraft gleich Null sein, und das Flugzeug würde abstürzen.
An dieser Stelle kann man einwenden: Wenn sich die Geschwindigkeit des Flugzeuges dank des Orkans von 30 m/s auf 70 m/s bezüglich der Erde vergrößert hat, übt der Orkan doch eine bestimmte Wirkung auf das Flugzeug aus. Das wiederum bedeutet, daß er das Flugzeug eingeholt hat. In einem solchen Einwand liegt eine Verwechslung zweier verschiedener Begriffe vor: der Geschwindigkeit des Sturmwindes (d. h. der Luftbewegung im gegebenen Punkt des Orkans) und der Geschwindigkeit des Orkans selbst (die Wanderung des Orkans als Ganzes). Erstere ist sehr hoch, zweite ist bedeutend geringer; der Orkan selbst kann im Prinzip sogar eine bestimmte Zeit seine Ortslage überhaupt nicht verändern (vergleiche die Staubsäulen auf einer Straße). Deshalb kann auch niemals ein Orkan ein Flugzeug einholen. Der Geschwindigkeitszuwachs des Flugzeuges unter Einwirkung eines Orkans wird damit erklärt, daß das Flugzeug selbst in die Orkanzone geflogen ist. Das ist ein Verdienst des Flugzeuges, aber nicht des Orkans.
Zur vollständigen Klärung dieser Frage ist es angebracht, einen Zug und den in gleicher Richtung wehenden Wind zu betrachten. Holt der Wind den Zug ein, verspüren die aus dem Fenster schauenden Reisenden völlige Windstille: Hut und Haar der Passagiere bewegen sich nicht ein bißchen (obwohl sich die Bäume unter dem Wind beugen), der Rauch der Lokomotive steigt senkrecht nach oben (obwohl der Rauch eines Reisigfeuers am Bahndammrand in Fahrtrichtung weht). Da der Zug sich auf Schienen stützt und nicht auf Luft, kann der ihn einholende Wind keine Katastrophe hervorrufen. Aber ein Flugzeug würde im analogen Fall (wenn das möglich wäre) abstürzen.
Selbstverständlich sind in der Atmosphäre andere starke Bewegungen (Detonationswellen u. a.) imstande, ein Flugzeug einzuholen. Aber diese haben mit der in der Aufgabe betrachteten Luftbewegung nichts gemeinsam und werden somit auch nicht untersucht.

Rückenwind

A. Ein Flugzeug der Linie Moskau–Orscha–Moskau soll einen Geschwindigkeitsrekord aufstellen. Während des gesamten Fluges bläst der Wind mit konstanter Geschwindigkeit in Richtung Orscha. Begünstigt oder erschwert der Wind den Geschwindigkeitsrekord?

B. Wer meint, daß der Wind auf dem Hinflug genausoviel das Rekordunternehmen unterstützt, wie er ihm beim Rückflug schadet, und somit gewissermaßen gar keinen Einfluß hat, ist auf dem Holzweg. Wir raten ihm, ein zusätzliches Beispiel zu betrachten, in dem die Geschwindigkeiten des Flugzeuges und des Windes gleich sind. In diesem Falle wird das Flugzeug mit doppelter Geschwindigkeit nach Orscha fliegen, aber zurück mit einer Geschwindigkeit gleich Null! Somit ist die für das Zurücklegen der gesamten Flugstrecke erforderliche Zeit in diesem speziellen Falle unendlich groß, größer als die bei Windstille erforderliche Zeit.

C. Führt das Flugzeug einen Hin- und Rückflug durch, so wird das Rekordunternehmen auf jeden Fall erschwert, ganz gleich, welche Windrichtung herrscht. Bei Windstille wäre die Flugdauer für Hin- und Rückflug gleich. Bei Übereinstimmung von Wind- und Flugrichtung nimmt die Geschwindigkeit des Flugzeuges bezüglich der Erde (Reisegeschwindigkeit) zu, infolgedessen verringert sich die Flugdauer auf der ersten Hälfte der Flugroute. Auf der zweiten Hälfte der Flugroute herrscht Gegenwind, die Reisegeschwindigkeit nimmt ab, die Flugdauer zu. Folglich begünstigt der Wind den Flug um einen kleinen Teil, behindert ihn aber um einen größeren Teil. Das Rekordunternehmen fällt schlechter aus als bei Windstille.
Lösen wir nun rechnerisch die Aufgabe. – Bei Windstille beträgt die Flugdauer

$$t_1 = \frac{2l}{v_F},$$

wobei $2l$ die Länge der Flugroute (hin und zurück), v_F die Geschwindigkeit des Flugzeuges (in diesem Falle die Reisegeschwindigkeit) ist. Bei Wind ist

$$t_2 = \frac{l}{v_{R1}} + \frac{l}{v_{R2}},$$

wobei v_{R1} und v_{R2} die Reisegeschwindigkeiten auf Hin- und Rückflug sind. Ist die Windgeschwindigkeit gleich v_W, so ist

$$v_{R1} = v_F + v_W, \quad v_{R2} = v_F - v_W$$

und somit

$$t_2 = \frac{l}{v_F + v_W} + \frac{l}{v_F - v_W} = \frac{l(v_F - v_W) + l(v_F + v_W)}{v_F^2 - v_W^2}$$
$$= \frac{2lv_F}{v_F^2 - v_W^2}.$$

Nach Division von Zähler und Nenner durch v_F erhalten wir

$$t_2 = \frac{2l}{v_F - \frac{v_W^2}{v_F}}.$$

Der Vergleich zeigt, daß $t_2 > t_1$ ist, da bei $v_W \neq 0$ der Nenner der letzten Formel kleiner ist als der Nenner der ersten Formel. Demzufolge ist der zweite Bruch größer.
Beispiel: $l = 600\,\text{km}$; $v_F = 300\,\text{m/s}$; $v_W = 30\,\text{m/s}$. Dann beträgt

$$t_2 = \frac{2 \cdot 600\,000\,\text{m}}{\left(300 - \frac{30 \cdot 30}{300}\right)\text{m/s}} = \frac{4\,000}{0{,}99}\,\text{s} = 4\,040{,}4\,\text{s}.$$

Bei Windstille beträgt

$$t_1 = \frac{2l}{v_F} = \frac{2 \cdot 600\,000\,\text{m}}{300\,\text{m/s}} = 4\,000\,\text{s},$$

das bedeutet, die Flugdauer bei Windstille ist um 1 Prozent kleiner.

Seitenwind

A. Erschwert oder begünstigt eine senkrecht zur Flugrichtung stehende Windrichtung das Aufstellen eines Geschwindigkeitsrekordes?
B. In diesem Falle braucht der Einfluß des Windes nicht berücksichtigt zu werden, werden viele behaupten.
Eine so einfache Frage wäre überflüssig, was steckt also dahinter? Selbstverständlich ist der Seitenwind bestrebt, das Flugzeug von seiner Route abzubringen. Um die Flugroute einzuhalten,

muß der Pilot die Maschine etwas gegen die Windrichtung drehen. Damit fliegt das Flugzeug mit geringerem Seitenwind, aber gleichzeitig hat es jetzt in bestimmtem Maße gegen den Wind zu fliegen, wodurch der Flug behindert wird. Versuchen wir diesen Umstand in einem Vektordiagramm auszudrücken und die Flugdauer auszurechnen.

C. In Abb. 25 ist ein Vektordiagramm dargestellt, das den Einfluß des Seitenwindes auf die Fluggeschwindigkeit deutlich macht.

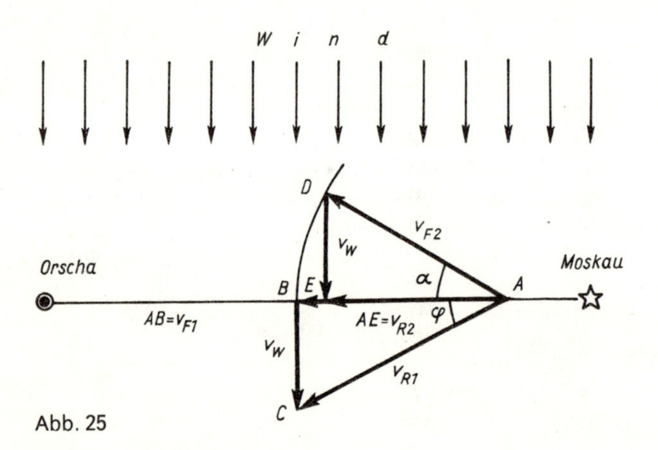

Abb. 25

Bei Windstille fliegt die Maschine auf der Route Moskau–Orscha mit einer Geschwindigkeit v_{F1} (Vektor *AB*). Der Seitenwind v_W (Vektor *BC*) bewirkt, daß das Flugzeug, dessen Längsachse nach Orscha gerichtet ist, faktisch in Richtung *AC* (z. B. nach Mogiljow) mit der Reisegeschwindigkeit v_{R1} fliegt. Die absolute Geschwindigkeit wächst natürlich infolge der Windeinwirkung

$$\left(v_{R1} = \sqrt{v_{F1}^2 + v_W^2} > v_{F1}\right),$$

aber dabei hält das Flugzeug den Kurs nicht. Es wird um den Winkel φ (Abdriftwinkel) vom vorgegebenen Kurs nach links abgedrängt. Um nach Orscha zu gelangen, muß das Flugzeug um den Winkel α gegen den Wind gerichtet werden (z. B. nach Witebsk). Der Winkel α muß so gewählt werden, daß unter Berücksichtigung der Drift das Flugzeug ständig den Kurs einhält, d. h., der resultierende Vektor v_{R2} der Summe der Vektoren v_{F2} und v_W ist nach Orscha gerichtet.

Bei der Zeichnung des Vektordiagramms sollte beachtet werden, daß die Geschwindigkeit des Flugzeuges bezüglich der Luft dem Betrag nach konstant bleibt ($AD = AB$, auf der Zeichnung durch den Kreisbogen BD mit dem Zentrum A kenntlich gemacht). Aus der Abbildung ist ersichtlich, daß ungeachtet der gleichmäßigen Luftgeschwindigkeit v_F die Reisegeschwindigkeit bei Seitenwind geringer ist, als wenn dieser nicht vorhanden ist:

$$AE < AB.$$

Bemerken wir noch, daß

$$\sin\alpha = \frac{v_W}{v_{F2}} = \tan\varphi = \frac{v_W}{v_{F1}},$$

da $v_{F2} = v_{F1} = v_F$. Unter der Bedingung aber, daß $\sin\alpha = \tan\varphi$, ist

$$\alpha > \varphi,$$

d. h., das Flugzeug muß um einen Winkel größer als der anfängliche Abdriftwinkel gedreht werden.
Berechnen wir nun den schädigenden Einfluß des Seitenwindes. Bei Windstille beträgt die Flugdauer

$$t_1 = \frac{2l}{v_F}.$$

Bei Wind beträgt

$$t_2 = \frac{2l}{v_{R2}} = \frac{2l}{v_F \cos\alpha} = \frac{t_1}{\cos\alpha}.$$

Weil $\sin\alpha = \frac{v_W}{v_F}$ ist, so ist $\alpha = \arcsin\frac{v_W}{v_F}$ und folglich

$$t_2 = \frac{t_1}{\cos\left(\arcsin\frac{v_W}{v_F}\right)}.$$

Bei $v_F = 300$ m/s und $v_W = 30$ m/s beträgt

$$\sin\alpha = \frac{30}{300} = 0{,}1, \quad \alpha = 5°44',$$

$$\cos\alpha = 0{,}995, \quad t_2 = \frac{t_1}{0{,}995},$$

d. h., der Seitenwind verlängert die Flugdauer um ein halbes Prozent.
Somit kann also behauptet werden, daß sowohl Seiten- als auch Gegenwind ein Rekordunternehmen negativ beeinflussen. Aber kann der Wind einen solchen Rekordflug auch unterstützen? Denn aus der Zeichnung geht ja hervor, daß bei Nichtbehinderung durch den Seitenwind die Reisegeschwindigkeit wächst ($v_{R1} > v_{F1}$, Flug nach Mogiljow). Vielleicht ist es bei der gegebenen Windrichtung vorteilhafter für das Rekordunternehmen, nicht nach Orscha, sondern nach Mogiljow zu fliegen? Nein, das ist nicht besser: Auf dieser Route ist mit größeren Schwierigkeiten auf dem Rückflug zu rechnen.
Zusammenfassend kann folgendes gesagt werden: Da die Geschwindigkeit des Windes immer in eine Quer- und eine Längskomponente zerlegt werden kann und, wie aus den beiden letzten Aufgaben ersichtlich wurde, jede der Komponenten den Flug behindert, so wird offensichtlich auch ihre Summe ständig ein Rekordunternehmen für Hin- und Rückflug behindern.

Wie fällt der Baum?

A. Ein schlanker hoher Baum wurde unmittelbar über der Wurzel abgesägt und stürzt um (Abb. 26). Biegt er sich während des Fallens nach oben oder nach unten durch?
Um die Frage genau zu fixieren und um Irrtümern vorzubeugen, wird festgelegt, daß erstens der Baumstamm vollständig durchgesägt worden ist und daß zweitens die Luft dem fallenden Baum keinen Widerstand entgegensetzt (andernfalls würden wir uns davon ablenken lassen, daß Zweige und Blätter der Baumkrone wie ein Fallschirm wirken, den Baumwipfel abbremsen und der Stamm sich infolge des Eigengewichtes nach unten durchbiegt).
B. Der voreilige Leser antwortet: – Bekanntlich befindet sich ein

Abb. 26

fallender Körper im Zustand der Schwerelosigkeit. Wenn nun der Baumstamm nichts wiegt, wovon soll er sich durchbiegen? Um so mehr, da bei fehlender Atmosphäre ein geradezu idealer Zustand der Schwerelosigkeit eines fallenden Körpers eintritt. –

Nur ein frei fallender Körper befindet sich im Zustand der Schwerelosigkeit. Ein durchsägter Baum ist kein frei fallender Körper, da sein Stamm auf dem Baumstumpf oder auf dem Boden lagert.

C. Stellen wir uns vor, daß der durchsägte Stamm des fallenden Baumes am Baumstumpf mit einem Scharnier befestigt ist und sich während des Falles um dieses dreht. Weiter nehmen wir an, daß der Baum nicht auf den Erdboden stürzt, sondern sich nach Durchlaufen der horizontalen Lage weiter nach unten drehen kann. Somit können wir den Baum mit einem Pendel vergleichen. An Stelle des Baumstammes denken wir uns eine Vielzahl mathematischer Pendel 01, 02, 03, ..., 08 mit verschiedenen Längen. Jedes dieser Pendel ist an ein und demselben Aufhängungspunkt 0 befestigt (Abb. 27). Bekanntlich stellt das mathematische Pendel eine an einem gewichtslosen Stab aufgehängte Punktmasse dar. Für ein solches Pendel ist bekannt, daß seine Schwingungsperiode mit der Pendellänge wächst. Das kürzeste Pendel 01 besitzt die kürzeste Schwingungsperiode, jedes folgende Pendel eine entsprechend größere.

Anfangs bilden alle Pendel mit der Vertikalen einen gleichen

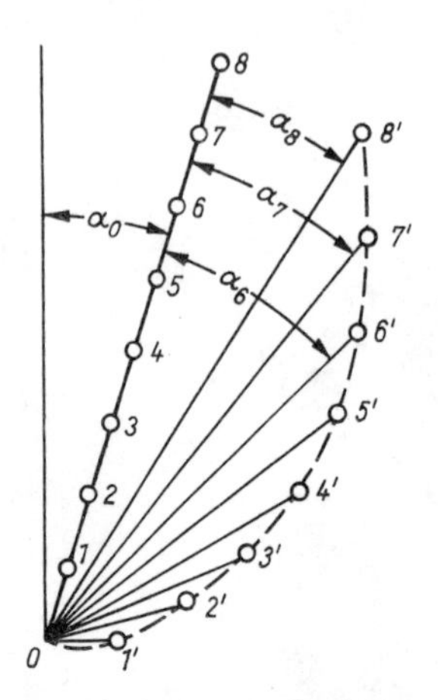

Abb. 27

Winkel α_0. Lösen wir nun gleichzeitig alle Pendel und fotografieren sie nach dem Zeitabschnitt, in dem das Pendel 08 sich um den Winkel α_8 drehen konnte. Da die Schwingungsperiode des Pendels 07 kürzer ist, dreht dieses sich im gleichen Zeitabschnitt um einen größeren Winkel α_7. Der Drehungswinkel α_6 des Pendels 06 ist noch größer usw. Im Ergebnis dessen haben sich alle Pendel auf der Kurve 01'2'3'...8' angeordnet, deren Wölbung nach unten gerichtet ist.

Nun ist klar, daß ein Baumstamm ebenfalls mit der Wölbung nach unten fallen wird. Allein die die einzelnen „Pendel" vereinigenden Elastizitätskräfte streben nach einer Begradigung der Krümmung. Daher ist die Durchbiegung bedeutend geringer, als hier dargestellt. Beim Fallen eines schlanken hohen Baumes ist diese Durchbiegung jedoch deutlich sichtbar.

Zwei Straßenbahnhaltestellen

A. Auf Abb. 28 ist schematisch eine Straße mit den zwei Straßenbahnhaltestellen *A* und *B* dargestellt. Alle Bewohner dieser Straße arbeiten in einem Werk, wozu sie mit der Straßenbahn nach rechts fahren müssen. Selbstverständlich benutzt jeder Einwohner die Haltestelle, von der er schneller zur Arbeit gelangt. An einem Tag ist die Sicht durch Nebel erschwert, und die an der Haltestelle einfahrenden Straßenbahnen können nicht genau erkannt werden.

Es soll gezeigt werden, wo die zur Haltestelle *A* laufenden Be-

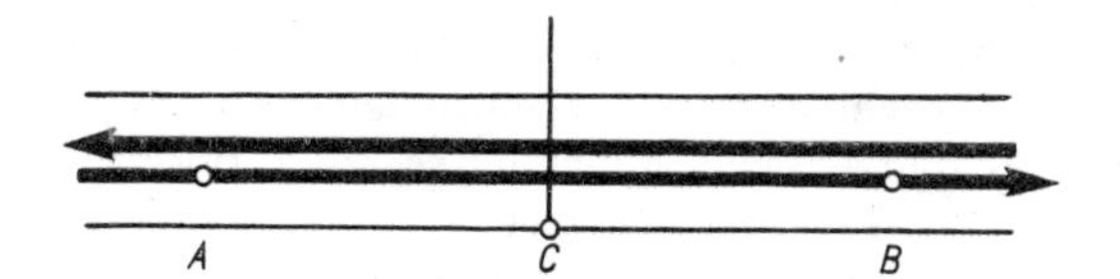

Abb. 28

wohner der Straße wohnen. Anders gesagt, auf der Straße muß ein solcher Punkt C gefunden werden, von dem die links dieses Punktes Wohnenden sich vorteilhafter zur Haltestelle A und die rechts dieses Punktes Wohnenden zur Haltestelle B begeben.

B. Jeder wird sich natürlich zur nächsten Haltestelle begeben. Demzufolge muß sich der Punkt C in der Mitte zwischen A und B befinden, wird die Antwort lauten.

Dem muß entgegnet werden, daß bei solch einfacher Lösung diese Aufgabe kaum gestellt worden wäre.

Nehmen wir an, daß zwei genau zwischen beiden Haltestellen wohnende Bürger das Haus verlassen und zu verschiedenen Haltestellen gehen. Bewegen sie sich mit gleicher Geschwindigkeit, so kommen sie selbstverständlich gleichzeitig an den Haltestellen an. Nehmen wir an, der sich zur Haltestelle A begebende Bürger kommt gerade an, als die Wagentüren zuschlagen. Ihm bleibt nicht anderes übrig, als die nächste Straßenbahn abzuwarten. Aber der zur Haltestelle B gehende Bürger erreicht diese Straßenbahn, da ihm die Zeit noch zur Verfügung steht, die die Straßenbahn für das Zurücklegen des Weges AB benötigt. Somit ist die Mitte zwischen A und B kein neutraler Punkt: Vorteilhaft geht man von der Mitte zur Haltestelle B. Der neutrale Punkt befindet sich irgendwo weiter links. Um wieviel er sich weiter links befindet, hängt von den Geschwindigkeiten der Straßenbahn und des Fußgängers ab. Diese Abhängigkeit ist zu finden. Außerdem soll noch geklärt werden, welche Rolle der in der Aufgabenstellung erwähnte Nebel spielt.

C. Wir bezeichnen die Länge des Weges AB mit l, die Geschwindigkeit der Straßenbahn mit v_S und die Geschwindigkeit des Fußgängers mit v_F. Auf dem Abschnitt AB tragen wir den gesuchten Punkt C ein (Abb. 29). Die Entfernung AC bezeichnen wir mit l_1

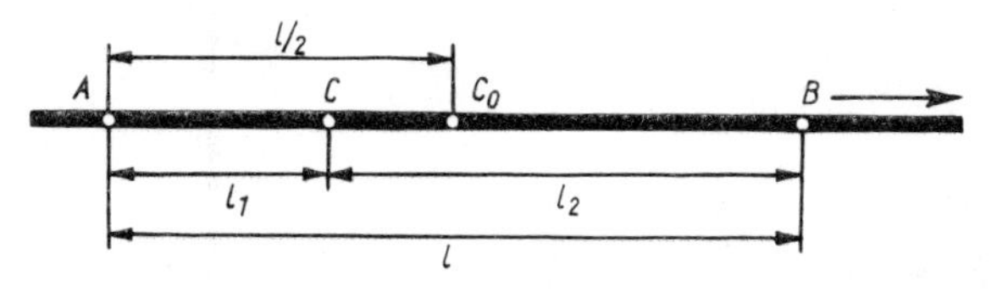

Abb. 29

und die Entfernung BC mit l_2. Der Punkt C ist neutral, d. h. ein solcher Punkt, von dem man an beiden Haltestellen die Straßenbahn in gleicher Situation erreicht: Entweder sie steht, oder sie kommt an, oder sie fährt ab. Die Haltestelle A erreicht die Straßenbahn ein Zeitintervall t früher als die Haltestelle B, wobei die Wartezeit der Straßenbahn an den Haltestellen unberücksichtigt bleibt:

$$t = \frac{l}{v_S} = \frac{l_1 + l_2}{v_S}.$$

Folglich muß der von C nach A gehende Fußgänger eine Zeit t früher dasein als der von C nach B gehende Fußgänger. Der nach B gehende Fußgänger hat einen Zeitvorsprung t. Mit anderen Worten, wenn die Zeit der Bewegung des Fußgängers von C nach A mit t_1 und von C nach B mit t_2 benannt wird, muß die Gleichung

$$t_2 = t_1 + t$$

erfüllt sein. Da

$$t_1 = \frac{l_1}{v_F}, \quad t_2 = \frac{l_2}{v_F}$$

ist, erhalten wir nach Einsetzen der Größen t, t_1 und t_2 in die Formel

$$\frac{l_2}{v_F} = \frac{l_1}{v_F} + \frac{l_1 + l_2}{v_S}$$

oder

$$\frac{l_2 - l_1}{v_F} = \frac{l_1 + l_2}{v_S}.$$

Nach den einfachen Umbildungen

$$l_2 v_S - l_1 v_S = l_1 v_F + l_2 v_F,$$

$$l_2 (v_S - v_F) = l_1 (v_S + v_F)$$

erhalten wir die Endformel

$$\frac{l_2}{l_1} = \frac{v_S + v_F}{v_S - v_F}.$$

Wenn z. B. $v_S = 10\,\text{m/s}$ und $v_F = 2\,\text{m/s}$ ist, so erhalten wir

$$\frac{l_2}{l_1} = \frac{10+2}{10-2} = \frac{12}{8} = 1{,}5,$$

d. h., der neutrale Punkt C befindet sich um 1,5mal näher bei A als bei B.
Je geringer die Geschwindigkeit des Fußgängers, desto mehr nähert sich das Verhältnis dem Wert 1, d. h., um so näher befindet sich der neutrale Punkt C dem Mittelpunkt C_0. Für eine Schildkröte fällt der Punkt C praktisch mit C_0 zusammen. Umgekehrt nähert sich der Punkt C mit Vergrößerung der Geschwindigkeit des Fußgängers der Haltestelle A. Nehmen wir an, daß sich jemand verspätet hat und in der Lage ist, 500 m in einer Geschwindigkeit von 5 m/s zu durchlaufen. Für ihn ist $\frac{l_2}{l_1} = 3$, und wenn $l = 500\,\text{m}$, so ist $l_1 = 125\,\text{m}$ und $l_2 = 375\,\text{m}$. Wenn die Geschwindigkeiten von Fußgänger und Straßenbahn fast gleich sind, so ist es fast von jedem Punkt zwischen den Haltestellen vorteilhaft, nach B zu laufen. Ist die Geschwindigkeit des Fußgängers noch größer, wird gar keine Straßenbahn benötigt. Noch einfacher ist die vom Rezensent G. M. Chowanow vorgeschlagene Lösung. Die Aufgabe läßt sich mit Hilfe der Theorie der relativen Bewegung sehr leicht lösen. In der Vielzahl der Straßenbewohner existiert einer, der genau im neutralen Punkt C wohnt. Nehmen wir an, daß er gleichzeitig mit der Straßenbahn an der Haltestelle anlangt. Ginge er zur Haltestelle B, würde er auch dort gleichzeitig mit derselben Straßenbahn anlangen.
Vergleichen wir beide Fälle. In beiden Fällen beträgt der anfängliche Abstand zwischen Straßenbahn und Fußgänger X_A, gegen Ende aber $X_E = 0$. Die Straßenbahn muß also in beiden Fällen bis zum Treffen ein und dieselbe relative Entfernung

$$X = X_A - X_E = X_A - 0 = X_A$$

zurücklegen (nicht bezüglich der Erde, sondern bezüglich des Fußgängers). Im ersten Falle ist die relative Annäherungsgeschwindigkeit zwischen Straßenbahn und Fußgänger $v_S + v_F$, im zweiten Fall $v_S - v_F$. Nach Teilen des relativen Abstandes x durch die relative Geschwindigkeit erhalten wir die Zeit vom Start des Fußgängers bis zum Erreichen der Straßenbahn:

$$t_1 = \frac{x}{v_S + v_F}, \quad t_2 = \frac{x}{v_S - v_F}.$$

Da die Geschwindigkeit des Fußgängers bezüglich der Erde in beiden Fällen als gleich angenommen wird, verhalten sich die in beiden Fällen vom Fußgänger zurückgelegten Entfernungen auf der Erde l_1 und l_2 wie die dafür benötigten Zeiten t_1 und t_2:

$$\frac{l_2}{l_1} = \frac{t_2}{t_1} = \frac{v_S + v_F}{v_S - v_F},$$

was gleichzeitig die endgültige Formel darstellt.
Der in der Aufgabenstellung erwähnte Nebel ist zur Vereinfachung der Lösung erwähnt worden. Ist kein Nebel vorhanden, hat die Aufgabe zwei Lösungen. Die betrachtete Lösung bei fehlendem Nebel ist nur im Ausnahmefall richtig, d. h., wenn zu sehen ist, daß die Straßenbahn schon die Haltestelle A anfährt und in A nicht mehr erreicht werden kann. In diesem Falle muß schnell überschlagen werden, wo sich bei der möglichen Laufgeschwindigkeit der neutrale Punkt C befindet. Befindet sich dieser links, muß man nach rechts laufen. Befindet er sich jedoch rechts, hilft auch der schnellste Lauf nichts, man hat sich verspätet. Wenn die Straßenbahn noch weit weg ist, braucht man nicht zu eilen. In diesem Falle ist natürlich C_0 der neutrale Punkt, da hierbei das Einsparen von Schuhsohlen im Vordergrund steht.

Im Straßenverkehr

A. Auf einer engen Straße (die Breite beträgt 3 m) bewegen sich von links nach rechts Kraftfahrzeuge mit einer Geschwindigkeit von 20 m/s. Sie fahren in einer solch dichten Kolonne, daß die Fußgänger nur unter äußersten Schwierigkeiten über die Straße gelangen können. Aus diesem Grunde haben sich schon viele Passanten entlang des Straßenrandes gesammelt (sagen wir eine Million Menschen). Plötzlich entsteht in der Fahrzeugkolonne eine Lücke von 100 m. Können alle Fußgänger in dieser Lücke die Straße überqueren? Wenn die ganze Menschenmenge auf einmal losstürzt, kommt es höchstwahrscheinlich zu einem Unfall. Der Übergang der Fußgänger soll nun so organisiert werden, daß alle Passanten ohne Hast und Gedränge sich an den Händen fassend mit einer Geschwindigkeit von 1 m/s die Straße in dieser Lücke überqueren, ohne daß der Verkehr behindert wird.

B. Die Fußgänger müssen gleichmäßig am Straßenrand verteilt stehen (z. B. mit einem Abstand von 1 m zueinander).

C. Kann ein Fußgänger die Straße überqueren? Die ihm dafür einzuräumende Zeit ist gleich der Länge der Lücke in der Fahrzeugkolonne, geteilt durch die Geschwindigkeit der Kraftfahrzeuge, d. h. 5 s. Die erforderliche Zeit des Übergangs einer 3 m breiten Straße mit einer Geschwindigkeit von 1 m/s ist geringer: 3 s. Somit kann ein Passant die Straße gefahrlos überqueren, wenn er sich genau zu dem Zeitpunkt des Vorüberfahrens des letzten Autos in Bewegung setzt.

Wir haben nun alle Fußgänger am Straßenrand so verteilt, daß sie sich bei ihren Bewegungen nicht untereinander behindern. Folglich ist die eben beschriebene Bewegungsordnung eines Fußgängers ebenfalls für alle anderen gültig. Jeder der Fußgänger muß sich in dem Moment in Bewegung setzen, wenn das letzte Auto an ihm vorübergefahren ist. Da an jedem folgenden Fußgänger, von der linken Flanke aus gesehen, das letzte Auto immer etwas später vorüberfährt, wird sich auch jeder der Fußgänger etwas später in Bewegung setzen. Im Ergebnis werden die Passanten in einer schrägen Kette (siehe Abb. 30) die Fahrbahn auf dem kürzesten Wege überqueren.

Stellen wir uns vor, daß jeder die Straße überquerende Fußgänger plötzlich stehenbleibt. Die Kette der Passanten besteht dann aus drei Abschnitten: dem Abschnitt *AB* parallel zur Straße (diese Fußgänger haben die Straße bereits überquert), dem schrägen Abschnitt *BC* (diese Fußgänger überqueren eben die Fahrbahn) und dem der Straße parallelen Abschnitt *CD* (diese Fußgänger wollen die Fahrbahn noch überqueren).

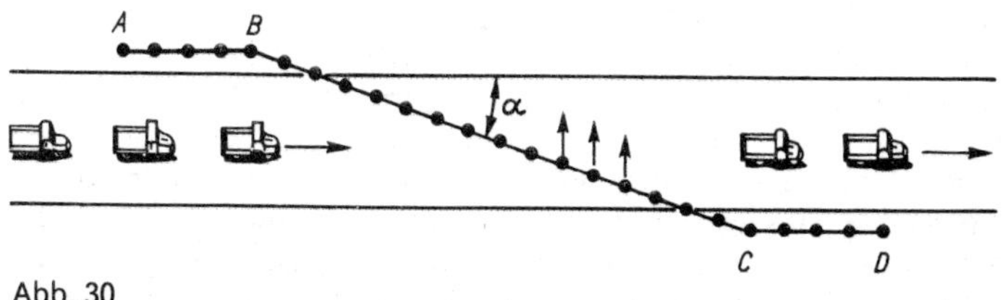

Abb. 30

Daraus, daß jeder der Fußgänger sich in dem Moment in Bewegung setzt, in dem das letzte Kraftfahrzeug an ihm vorüberfährt, folgt, daß sich der Knickpunkt der Kette *C* innerhalb der Kette nach rechts mit der Geschwindigkeit der Kraftfahrzeuge bewegt. Dasselbe kann über jeden beliebigen Punkt des schrägen Abschnittes *BC* ausgesagt werden: Einer Welle ähnlich, bewegt er sich mit der Geschwindigkeit der Kraftfahrzeuge nach rechts. Die nach der Lücke folgende Autokolonne kann diesen schrägen Abschnitt niemals einholen. Die Passanten können sich also ohne Risiko an den Händen fassen. Sie können sogar noch wagehalsiger sein und ihre Geschwindigkeit bis auf 0,6 m/s verringern, um die zum Übergang zur Verfügung stehenden 5 s voll auszunutzen. Dabei wird der schräge Abschnitt der Kette noch flacher $\left(\tan\alpha = \frac{0{,}6\,\text{m/s}}{20\,\text{m/s}} = 0{,}03;\ \alpha = 1°43'\right)$, aber seine Bewegungsgeschwindigkeit nach rechts bleibt unverändert und gleich der Geschwindigkeit der Kraftfahrzeuge.
Wer in einer Großstadt aus seinem Fenster eine belebte Kreuzung überblicken kann, wird sich davon überzeugen, daß erfahrene Passanten sich automatisch zu schrägen Ketten aufstellen, wenn sie die Fahrbahn bei flüssigem Verkehr überqueren wollen. Dabei denken sie natürlich nicht an die oben erwähnten schrägen Ketten und fassen sich auch nicht an den Händen. Das würde nur stören, denn es können ihnen ja auch Passanten von der anderen Straßenseite entgegenkommen.
In Hinblick auf die Verkehrssicherheit soll an dieser Stelle daran erinnert werden, daß auf oben dargelegte Art und Weise eine Straße nur auf dem Papier überschritten werden sollte. Im Straßenverkehr sollte sich jeder am besten nach den Ampeln richten.

Ein Zug rangiert

A. Ein jeder von uns wird bestimmt schon beobachtet haben, wie schnell ein von der Lokomotive hervorgerufener Stoß von Waggon zu Waggon weitergegeben wird. Ein Stoß – und das Gepolter läuft von Waggon zu Waggon. Nach einer Sekunde schon ist es am Zugende zu hören, obwohl die Lokomotive den ersten Waggon mit einer sehr geringen Geschwindigkeit angestoßen hat. Das ist nicht verwunderlich. Nehmen wir an, daß die Waggons der Länge l mit einem Abstand Δ zusammengekoppelt sind (Abb. 31; die Puffer sind der Einfachheit halber weggelassen). Wenn die Lokomotive den Zug mit der Geschwindigkeit v berührt, erhält der zweite Waggon vom ersten einen Stoß nach

$$t_1 = \frac{\Delta}{v}$$

nach dem Zusammenstoß der Lokomotive mit dem ersten Waggon, der $(n + 1)$-te Waggon vom n-ten Waggon im Moment

$$t_n = \frac{n\Delta}{v},$$

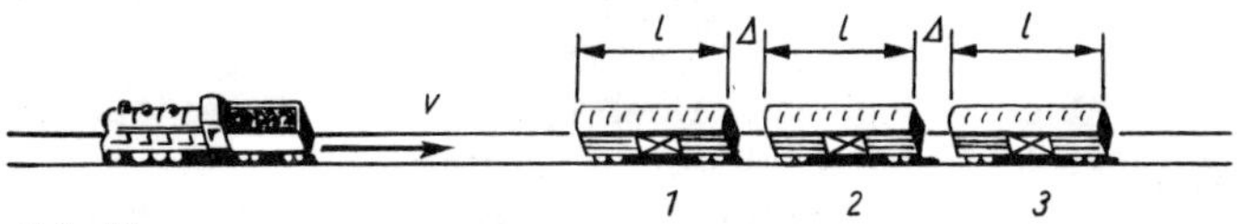

Abb. 31

d. h., der Stoß breitet sich in der Zeit t_n auf eine Entfernung von $l_n = n(l + \Delta)$ aus. Somit beträgt die Ausbreitungsgeschwindigkeit des Stoßes entlang des Zuges

$$v_n = \frac{l_n}{t_n} = \frac{n\,(l + \Delta)}{\frac{n\Delta}{v}} = v\,\frac{l + \Delta}{\Delta}.$$

Beispiel: Länge der Waggons $l = 10$ m, Abstand zwischen den Puffern $\Delta = 0{,}05$ m, Geschwindigkeit der Lokomotive $v = 0{,}5$ m/s. Die Ausbreitungsgeschwindigkeit des Stoßes

$$v_n = v\,\frac{l + \Delta}{\Delta} \approx v\,\frac{l}{\Delta} = 0{,}5 \cdot \frac{10}{0{,}05} = 100\ \text{m/s}$$

ist somit um 200mal größer als die Geschwindigkeit der Lokomotive!

Nach dieser längeren Einführung soll nun die Berechnung für den Fall wiederholt werden, bei dem sich ein gedachter Güterzug auf den Schienen befindet: Die Länge jedes Waggons ist $l = 1$ km und der Abstand zwischen den Waggons $\Delta = 0{,}1$ mm. Auf diesen Güterzug soll nun eine Lokomotive mit einer Geschwindigkeit von 40 m/s auffahren. Wie schnell wird in diesem Falle der Stoß im Zug übertragen?

B. Einen großen Teil der Leser wird nicht das Ergebnis, sondern die Aufgabenstellung verwundern. Die Aufgabenstellung ist nicht utopisch: Ein Wagen von 1 km Länge *kann* gebaut werden, ein Abstand zwischen den Wagen von 0,1 mm *kann* garantiert werden, und die Lokomotive *kann* auf den Zug mit einer Geschwindigkeit von 40 m/s auffahren. Verwunderlich ist etwas anderes:

$$v_n = v\frac{l}{\Delta} = 40\,\frac{1000}{0{,}0001} = 4 \cdot 10^8 \text{ m/s!!!}$$

Diese Zahl ist größer als der Wert der Lichtgeschwindigkeit (die $3 \cdot 10^8$ m/s beträgt). Aber Einstein behauptet doch, daß nichts die Geschwindigkeit des Lichts übertreffen kann. Wo liegt dann der Fehler? Oder sind unsere Überlegungen und Berechnungen richtig? Vielleicht hat sich Einstein geirrt?
Einsteins Lehren anzuzweifeln wäre vermessen. Deshalb sollte man sich bemühen, eine den Einsteinschen Lehren entsprechende Antwort zu finden. Um gerecht zu sein, soll an dieser Stelle erwähnt werden, daß viele Antworten interessante Überlegungen enthalten, über die gesprochen werden sollte. So z. B. hat der Student N. nach längerem Nachdenken das Paradoxon folgendermaßen erklärt: Da das Gesetz der Erhaltung der Energie eingehalten werden muß und da nach dem Zusammenstoß ein Teil der kinetischen Energie der Lokomotive dem Waggon erteilt wird, muß die Geschwindigkeit von Lokomotive und Waggon geringer sein als die Anfangsgeschwindigkeit der Lokomotive. Nach dem Zusammenstoß mit dem zweiten Waggon wird die gemeinsame Geschwindigkeit der beiden Waggons und der Lokomotive noch geringer sein usw. Unter diesen Umständen wird sich der Stoß im Zug mit einer geringeren Geschwindigkeit als der Lichtgeschwindigkeit ausbreiten, und nichts Unnatürliches spielt sich mehr ab.
Nehmen wir an, daß die Lokomotive dem Waggon in eben erläuterter Weise ihre Energie mitteilt. Dann entsteht im Rahmen des vorliegenden Beispiels tatsächlich keine Geschwindigkeit größer als die Lichtgeschwindigkeit. Das ist aber keine endgültige Antwort auf unsere Frage. Man kann sich z. B. vorstellen, daß die Lokomotive mit einer 10mal größeren Geschwindigkeit auf den Zug auffährt. Man könnte ebenfalls annehmen, daß die Masse der Lokomotive 100mal größer als die Masse des Waggons ist (eine Lokomotive mit einer Länge von 100 km). In diesem Falle wird aus dem gewaltigen Vorrat an kinetischer Energie nur ein

verschwindend kleiner Teil auf das Erteilen der erforderlichen Geschwindigkeit des ersten Waggons verbraucht, und folglich wird sich mindestens zwischen den ersten Wagen der Stoß mit einer das Licht übertreffenden Geschwindigkeit bewegen! Außerdem wird der Stoß im Zug nicht so übertragen, wie es N. darstellte. Stößt eine Billardkugel genau im Zentrum mit einer anderen zusammen, so bleibt erstere stehen und erteilt vollständig (oder fast vollständig) ihre kinetische Energie der zweiten Kugel, teilt sie aber nicht mit ihr. Ein Stoß wird in einer Kugelreihe so übertragen, daß die letzte Kugel sich mit fast der gleichen Geschwindigkeit fortbewegt, mit der die aufschlagende Kugel auf die erste Kugel auftrifft. Die übrigen Kugeln bleiben unbeweglich. Wenn wir annehmen, daß sich der Stoß im Zug genauso ausbreitet wie in einer Kugelreihe, ist die Geschwindigkeit im vorliegenden Beispiel wiederum größer als die Lichtgeschwindigkeit.
Eine originelle Antwort gab der Student B.: Da sich Lokomotive und Waggons mit einer Geschwindigkeit von nicht mehr als 40 m/s bewegen, wird das Postulat Einsteins nicht angegriffen. Ihn verwundert, daß sich der Stoß im Zug mit einer solch ungeheuren Geschwindigkeit ausbreitet, nicht mehr als dies, daß sich der Schnittpunkt E zweier Geraden AB und CD (Abb. 32) bei der Drehung der Geraden CD um den Punkt C ebenfalls entlang der Geraden AB mit einer Geschwindigkeit größer als die Lichtgeschwindigkeit bewegt, während sich die Gerade CD in Parallelität (oder fast parallel) zur Geraden AB bewegt. Sowohl die Waggons als auch die Gerade CD bewegen sich mit normalen, durchaus möglichen Geschwindigkeiten. Aber der Stoß sowie der Punkt E sind nichtmaterielle Begriffe, und folglich unterwerfen sie sich nicht den Einsteinschen Gesetzen. –

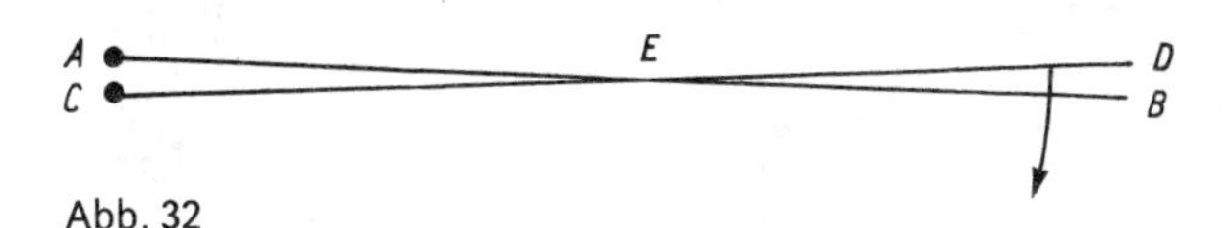

Abb. 32

Leider ist diese Antwort trotz des verblüffenden Eindrucks, den sie macht, auch falsch. Der Schnittpunkt E der Geraden kann sich tatsächlich mit einer Geschwindigkeit größer als die Lichtgeschwindigkeit bewegen, weil er nur ein mathematischer Begriff ist, der weder Masse noch Energie in sich enthält. Der Stoß dagegen ist eine physikalische Erscheinung: Mit dem Stoß wird

Energie übertragen. Wird z. B. am Zugende zwischen die Puffer eine Nuß gelegt, wird diese durch den Stoß zerdrückt. Dazu wird Energie benötigt. Woher kommt sie? Selbstverständlich von der Lokomotive. Mit einer Geschwindigkeit größer als die Lichtgeschwindigkeit? Aber die Energie kann sich nicht mit einer Geschwindigkeit größer als die Lichtgeschwindigkeit ausbreiten!

Es soll auch bemerkt werden, daß viele Leser die richtige Antwort geben. Es sei an dieser Stelle jedoch nur deren Anfang verraten: In der Ableitung der Formel für die Ausbreitungsgeschwindigkeit des Stoßes haben wir eine Vereinfachung getroffen, die für eine Waggonlänge von 10 m und einen Abstand von 5 cm durchaus zulässig ist, aber völlig unzulässig bei einer Waggonlänge von 1 km und einem Abstand von 0,1 mm. Versuchen wir die Vereinfachung, die zum Fehler führte, zu finden.

C. In der Formelableitung haben wir stillschweigend angenommen, daß im Moment des Stoßes der ganze Waggon von Anfang bis zum Ende gleichzeitig in Bewegung gerät. Damit können wir sagen, daß nach Δ/v Sekunden nach dem Stoß der Lokomotive an den ersten Waggon der Stoß des ersteren an den zweiten Waggon erfolgt.

Aber die Annahme, daß der gesamte Waggon gleichzeitig in Bewegung gerät, ist gleichbedeutend mit der Annahme, daß sich der Stoß im Waggon plötzlich ausbreitet, d.h. mit unendlich großer Geschwindigkeit. In Wirklichkeit versetzt der Stoß der Lokomotive anfänglich nur den vorderen Teil des Waggons in Bewegung, während der übrige Teil unbeweglich bleibt. Also wird der vordere Teil des Waggons zusammengepreßt. Danach streckt sich dieser Teil wie eine Feder und zwingt so den nächsten Teil des Waggons, sich zu bewegen. Da die weiter entfernten Teile immer noch unbeweglich sind, wird dieser „zweite" Teil ebenfalls zusammengedrückt. Nach dem Strecken versetzt dieser die noch folgenden Abschnitte in Bewegung usw. (Selbstverständlich ist die Einteilung des Waggons in einen ersten, zweiten usw. Teil sehr willkürlich. Diese Einteilung wurde vorgenommen, um die höhere Mathematik zu umgehen.)

Im Ergebnis dessen breitet sich der Stoß innerhalb des Waggons mit einer bestimmten endlichen Geschwindigkeit aus, die durch das Material des Waggons bestimmt wird. Diese Geschwindigkeit ist gleich der Schallgeschwindigkeit im gegebenen Material. Die Schallgeschwindigkeit beispielsweise in Stahl beträgt $v_S \approx 5\,000$ m/s.

Unter Berücksichtigung des Stoßes innerhalb des Waggons ergibt sich, daß der Stoß auf den zweiten Waggon nach der Zeit

$$t_1' = \frac{l}{v_S} + \frac{\Delta}{v}$$

erfolgt.
Bei der Ableitung der ersten Formel vernachlässigten wir den ersten Summanden, da der dabei entstehende Fehler sehr klein ist. So beträgt im ersten Beispiel

$$\frac{l}{v_S} = \frac{10\,\text{m}}{5\,000\,\text{m/s}} = 0{,}002\,\text{s} \ll \frac{\Delta}{v} = \frac{0{,}05\,\text{m}}{0{,}5\,\text{m/s}} = 0{,}1\,\text{s}.$$

Im zweiten Beispiel aber ergibt sich

$$\frac{l}{v_S} = \frac{1\,000\,\text{m}}{5\,000\,\text{m/s}} = 0{,}2\,\text{s} \gg \frac{\Delta}{v} = \frac{0{,}000\,1\,\text{m}}{40\,\text{m/s}} = 0{,}000\,002\,5\,\text{s}\,.$$

In diesem Falle hätte der zweite Summand vernachlässigt und der erste berücksichtigt werden müssen, also gerade umgekehrt wie im ersten Beispiel. Somit wäre die Ausbreitungsgeschwindigkeit des Stoßes im Zug ganz einfach gleich der Schallgeschwindigkeit im Material des Waggons. Von einer Geschwindigkeit größer als die Lichtgeschwindigkeit kann also nicht die Rede sein.
Jetzt werden wir ohne größere Schwierigkeiten selbständig nachstehende Aufgabe lösen können. Tauschen wir die Geraden auf Abb. 32 gegen die Schneidflächen einer Schere großer Länge (100 oder mehr Kilometer) aus. Der Schnittpunkt *E* der Schneidflächen bewegt sich beim Schneiden ähnlich dem Schnittpunkt *E* auf Abb. 32. Aber wenn die Schere das Papier schneidet, ist der Einschnittpunkt *E* schon kein einfacher mathematischer Begriff mehr: In ihm wird Arbeit auf das Schneiden von Papier verwendet. Die Energie für diese Arbeit liefern unsere Hände. Kann sich der Einschnittpunkt mit Überlichtgeschwindigkeit bewegen? Wenn nicht, wodurch wird das verhindert?

Mit Überlichtgeschwindigkeit

A. Die am Ende der vorhergehenden Aufgabe angeführte Schere kann das Papier nicht mit Überlichtgeschwindigkeit schneiden. Setzen wir den Fingerteil der Schere in Bewegung, bleiben deren Enden noch unbeweglich. Die Schere verbiegt sich also. Die Biegedeformation pflanzt sich im Stahl mit einer endlichen Geschwindigkeit fort, die dieselbe Größe hat wie die Druckdeformation in der vorhergehenden Aufgabe (die Geschwindigkeit der Querwellen in Stahl beträgt ungefähr 3000 m/s). Die Geschwindigkeit des Einschnittpunktes des Papiers kann nicht die Geschwindigkeit übertreffen, mit der die die Schneiden in Bewegung setzende Kraft entlang der Schneidkante übertragen wird.
Es gibt aber verschiedene Scheren. Auf Abb. 33 ist eine soge-

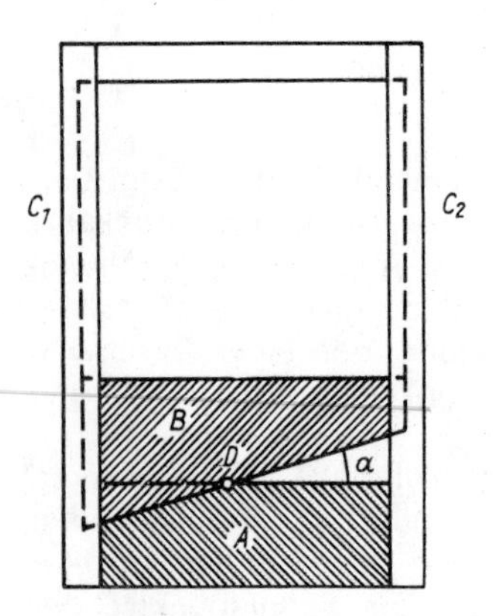

Abb. 33

nannte Tafelschere (ihre Konstruktion erinnert an die bekannte Guillotine) abgebildet. Das Messer *A* mit einer horizontalen Schneidkante ist starr befestigt. Das Messer *B* mit einer schrägen Schneidkante wird emporgehoben und danach losgelassen. Beim Fallen entlang der Seitenschienen C_1 und C_2 erhält das Messer eine große Geschwindigkeit. Infolge der großen Masse und Geschwindigkeit schneidet es dazwischenliegendes Material. Diese Schere wird besonders für das Zuschneiden von Blechen verwendet.
Der Einschnittpunkt *D* bewegt sich nach rechts mit einer Geschwindigkeit, die um so größer ist, je geringer der Winkel α und je größer die Fallhöhe des Messers *B* sind. Kann die Ver-

schiebungsgeschwindigkeit des Einschnittpunktes einer solchen Schere die Lichtgeschwindigkeit übertreffen?

B. Wer die vorhergehende Aufgabe gelöst hat, wird darüber erstaunt sein, warum eine gleiche Frage gestellt wird, wo doch schon alles klar ist. Es wird geantwortet, daß dies nicht möglich ist.

Finden wir erst heraus, woher die Energie in dem Schnittpunkt kommt, gelangen wir zu der Schlußfolgerung, daß in diesem Falle die Geschwindigkeit des Einschnittpunktes größer als die Lichtgeschwindigkeit sein kann. Allerdings müßte dafür der Winkel α so klein sein, daß er nur schwer eingehalten werden kann. Sogar bei einer Fallgeschwindigkeit des Messers von 100 m/s und einer Schneidenlänge von 3 km darf die rechte Seite des Fallmessers um nur 1 mm höher sein als die linke Seite, um die Lichtgeschwindigkeit zu erreichen. Bei einem Fallmesser mit bogenförmiger Schneide (Abb. 34) jedoch wird sich der Winkel α

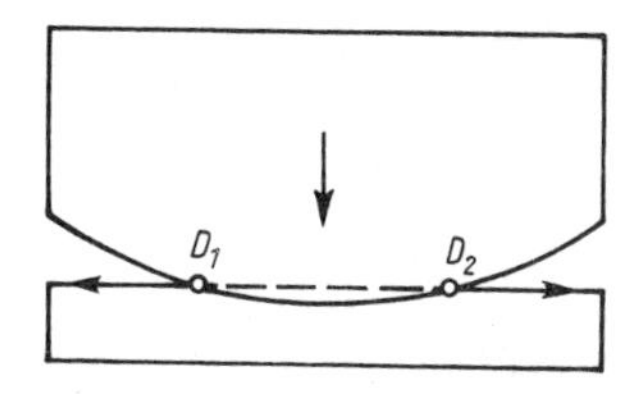

Abb. 34

während des Schneidprozesses von Null vergrößern, und folglich wird sich der Einschnittpunkt (jetzt sind es ihrer zwei: D_1 und D_2) mindestens für den ersten Augenblick mit Überlichtgeschwindigkeit bewegen. Es soll erklärt werden, warum nur bei Tafelscheren, nicht aber bei gewöhnlichen Scheren, die Geschwindigkeit des Einschnittpunktes größer als die Lichtgeschwindigkeit sein kann.

C. Der Unterschied zwischen einer Tafelschere und einer gewöhnlichen Schere besteht darin, daß bei ersterer die Schneidkante des oberen Messers im ganzen gleichzeitig in Bewegung kommt. Während bei gewöhnlichen Scheren Energie von einem *Ende* übertragen wird, speichert sich beim Emporheben des Fallmessers die potentielle Energie auf der *gesamten Länge* der Schneide. Beim Fallen des Messers wird die potentielle Energie an der gesamten Schneide gleichzeitig in kinetische Energie umgewandelt. Deshalb erfolgt das Schneiden in jedem Punkt infolge der in dem über dem gegebenen Punkt befindlichen Schneidenelement konzentrierten Energie des Massepunktes.

Der Transport der Energie entlang der Schneidkante und folglich auch die Einschränkungen bezüglich der endlichen Ausbreitungsgeschwindigkeit der Energie sind also nicht erforderlich.
Mit der Bewegung des Einschnittpunktes entlang der Schneidkante ist keine Übertragung von Masse und Energie verbunden. Deshalb erscheint in diesem Falle der Einschnittpunkt tatsächlich nur als mathematischer Begriff.
Aus der Radartechnik sei eine noch schnellere „Guillotine" angeführt. Nehmen wir an, an Bord eines in einer Höhe von $h = 4$ km fliegenden Flugzeuges befindet sich ein Radargerät. In einem bestimmten Zeitpunkt sendet dieses einen Energieimpuls im Sektor α. Die Radiowellen breiten sich mit einer maximal möglichen Geschwindigkeit von 300000 km/s aus. In einer dreihunderttausendstel Sekunde legt eine Radiowelle eine Entfernung von 1 km zurück und stellt den Bogen B_1C_1 dar, in zwei dreihunderttausendstel Sekunden den Bogen B_2C_2, in vier dreihunderttausendstel Sekunden den Bogen B_4C_4 und berührt im Punkt B_4 die Erdoberfläche. Indem diese Welle als ein „Fallmesser" (mit bogenförmiger Schneide) betrachtet wird, kann angenommen werden, daß sich der Schnittpunkt der „Schneiden" der bogenförmigen und geraden (Erdoberfläche) Messer mit einer Geschwindigkeit größer als die Lichtgeschwindigkeit auf der Erdoberfläche entlang bewegt. Und tatsächlich, in der Zeit, in der die Radiowelle von B_4C_4 nach B_5C_5 läuft (sie bewegt sich um den Abschnitt D_4D_5 vorwärts), legt der Kontaktpunkt der Welle mit der Erde den Abschnitt $B_4D_5 \gg D_4D_5$ zurück, d. h., dieser Punkt bewegt sich viel schneller als die Radiowelle (oder, was dem

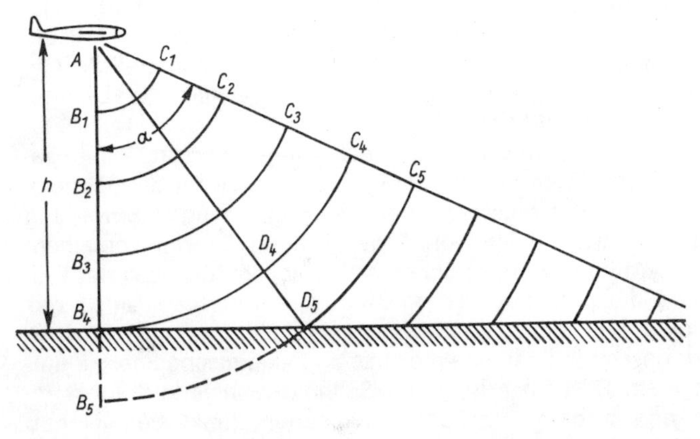

Abb. 35

gleichkommt, schneller als das Licht). Jedoch auch in diesem Falle stellt der Kontaktpunkt nur einen mathematischen Begriff dar: Auf der Geraden B_4D_5 ist keine Energieübertragung mit der Geschwindigkeit dieses Punktes zu verzeichnen. Auf jeden Punkt (D_5) der Erdoberfläche trifft die Energie des Radargerätes auf der Geraden AD_5 mit Lichtgeschwindigkeit auf.
Ein weiteres Beispiel der Bewegung eines Punktes mit Überlichtgeschwindigkeit ist die Bewegung eines Lichtpunktes auf dem Schirm der Röhre eines Spezialoszillographen. Der durch den Elektronenstrahl auf dem Schirm abgebildete Lichtpunkt kann sich mit Überlichtgeschwindigkeit bewegen, obwohl die das Leuchten hervorrufenden Elektronen mit weniger als Lichtgeschwindigkeit zum Schirm fliegen.
Nach dieser Bekanntschaft mit der Tafelschere ist es einfach, eine gewöhnliche Schere so herzurichten, daß die Geschwindigkeit des Einschnittpunktes die des Lichtes übertrifft. Dazu muß die eine Schneide starr befestigt und die andere in ständige Drehbewegung versetzt werden (die hinderlichen Vorsprünge können ja abgefeilt werden). Die Bewegungswelle breitet sich in endlicher Zeit auf der sich drehenden Schneide aus, aber danach schon „lädt" sich das drehende Messer ähnlich dem Messer einer Guillotine auf seiner gesamten Länge mit kinetischer Energie auf. Dabei vergrößert sich der Energievorrat mit der Vergrößerung der Drehgeschwindigkeit.

Aus welcher Richtung weht der Wind?

A. Auf der Abb. 36 soll die Windrichtung festgestellt werden.
B. Viele Leser werden erklären, daß ein solches Bild nicht entstehen kann. Zugegeben, in der Abbildung ist eine Falle. Es ist unmöglich, daß der Wind gleichzeitig von links nach rechts und von rechts nach links weht. Und doch versichert der Autor, daß ein ähnliches Bild jeden Tag in einer besiedelten Gegend mit mindestens zwei Schornsteinen beobachtet werden kann. Auf der Abb. 37 ist ein Fall dargestellt, der niemals praktisch auftreten dürfte. Hier möchte sich der Autor berichtigen und behaupten, daß sogar ein solcher Fall auftreten kann.
Der Vergleich der beiden Abbildungen wird uns schnell zur richtigen Antwort führen.
C. Wie wir schon erraten haben, ist die Antwort sehr einfach: Der Wind weht von uns auf die Abbildung. Alle Rauchfahnen sind parallel wie die Eisenbahnschienen. Zusammentreffen wer-

Abb. 36

Abb. 37

Abb. 38

den sie infolge der perspektivischen Betrachtung in dem Punkte des Horizontes, der in Windrichtung liegt. Die gleiche Erscheinung ist auch an einem Schienenstrang zu beobachten. Wenn der Wind aber von der Abbildung auf uns zu weht, ändert sich das Bild: Die Rauchfahnen gehen auseinander (Abb. 38).
Auf der zweiten Abbildung (Abb. 37) aber sind sich kreuzende Rauchfahnen dargestellt. Wenn die Rauchfahnen tatsächlich parallel sind, kann ein solches Bild selbstverständlich nicht entstehen. In einigen Fällen jedoch sind die Rauchfahnen tatsächlich nicht parallel. So erwärmen sich z. B. bei windstillem, warmem Wetter einzelne Geländeabschnitte (Eisendächer, Werktore, Grünanlagen) verschieden und rufen somit örtliche Luftbewegungen hervor, die die Rauchfahnen nach verschiedenen Richtungen ablenken. Das ist natürlich eine sehr seltene Erscheinung. Gewöhnlich übertrifft die durch den Wind hervorgerufene allgemeine Luftströmung diese örtlichen Bewegungen.

Eine unglaubliche Erscheinung

A. Können sich zwei Rauchfahnen kreuzen?
B. Die Antwort lautet fast immer so: – Das ist wohl sehr unwahrscheinlich! Wenn sich zwei Rauchfahnen kreuzen, muß ja in deren Schnittpunkt der Wind aus zwei Richtungen wehen. Aber das ist nicht möglich. –
In der Tat, zwei Winde können sich nicht in einem Punkt kreuzen. Aber zwei Rauchfahnen können das. Hier sei als Frage eine Hilfestellung gegeben: Müssen die Richtungen der Rauchfahnen und des Windes unbedingt zusammenfallen?
C. Zwei Rauchfahnen können sich in dem Falle kreuzen, wenn mindestens eine der beiden Rauchquellen sich bewegt. Auf Abb. 39 sind zwei dampfende Lokomotiven dargestellt: Die Loko-

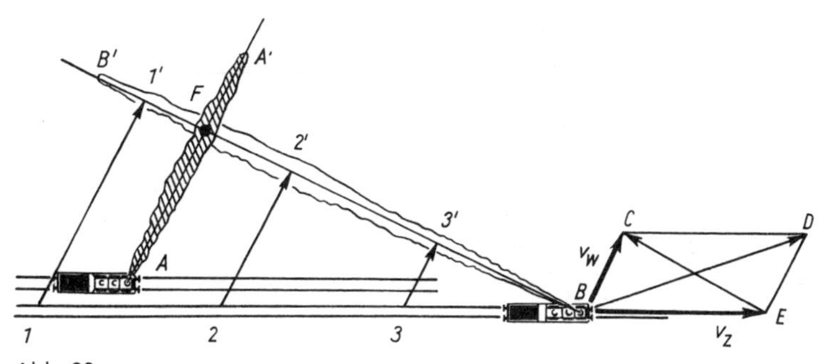

Abb. 39

motive *A* mit der Rauchfahne *AA'* steht, und die Lokomotive *B* mit der Rauchfahne *BB'* fährt. Der Rauch der stehenden Lokomotive zeigt in Windrichtung. Der Rauch der fahrenden Lokomotive ebenfalls. Im Unterschied zur ersten jedoch stammt der Rauch der zweiten Lokomotive aus einer sich bewegenden Esse. Die einzelnen Wolken des Rauches *BB'*, durch die Punkte *1'*, *2'*, *3'* benannt, sind an verschiedenen Punkten *1*, *2*, *3* aus der Esse *B* ausgestoßen worden. Der Wind, dessen Richtung durch die Pfeile *11'*, *22'*, *33'* bezeichnet wird, trägt diese Wolken im gegebenen Zeitpunkt auf der Linie *BB'* fort. Im weiteren Verlauf wird er diese Rauchlinie *BB'* parallel zu sich fortwehen. Es ist leicht ersichtlich, daß die Richtung der Geraden *BB'* als eine Diagonale *EC* des Parallelogrammes *BCDE* abgelesen werden kann. Dieses Parallelogramm ist auf den Vektoren der Windgeschwindigkeit v_W und der Geschwindigkeit der Lokomotive v_L errichtet

worden. Zu beachten ist, daß diese Diagonale nicht mit der Vektorsumme *BD*, sondern mit der Vektordifferenz *EC* zusammenfällt.
Interessant ist hierbei, daß sich der Schnittpunkt beider Rauchfahnen *F* mit der Zeit in Richtung *AA'* mit Windgeschwindigkeit verlagert. Dabei sind die verschiedenen Rauchfahnen entstammenden Rauchteilchen im Punkt *F* gegeneinander unbeweglich, wenn zufällige Luftwirbel ausgeschlossen werden.

Briefe und Wellen

Lichter im Spiegel

A. Wir betrachten im Spiegel die Lichter einer belebten Straße, die mit verschiedenen Leuchtkörpern erhellt ist. Wird der Spiegel bewegt, werden die abgebildeten Lichter in leuchtende komplizierte Figuren verändert. Ohne Schwierigkeiten kann die Form dieser Gebilde durch Bewegung des Spiegels der eines Kreises angenähert werden (obwohl das für diese Aufgabe nicht Bedingung ist). Warum werden die Spiegelungen der einen Lampe voll, aber die der anderen unterbrochen abgebildet? Wieviel Striche sind auf dem Kreis zu zählen, wenn der Spiegel in der Sekunde fünf volle Schwingungen vollführt?
B. Das Beleuchtungsnetz wird mit Wechselstrom der Frequenz 50 Hz gespeist.
C. Bei der Drehung des Spiegels bewegen sich die Abbildungen der Lampen auf einer in sich geschlossenen Kurve. Die Helligkeit jedes Punktes der Kurve entspricht der Helligkeit der Lampe in dem Moment, in dem sich ihre Abbildung im gegebenen Punkt befindet. Wenn die Helligkeit der Lampe konstant ist, besitzen alle Punkte der Kurve die gleiche Helligkeit. Im gegenteiligen Falle ist die Kurve unterbrochen abgebildet.
Die Lampen der Straßenbeleuchtung werden mit Wechselstrom gespeist. Deshalb muß die Helligkeit aller Straßenbeleuchtungskörper pulsieren. Aber die Helligkeitspulsation der verschiedenen Lampen ist unterschiedlich. Am geringsten ist sie bei Glühlampen. Der Glühfaden kann nicht in dem Moment erkalten, in

dem in ihm kein Strom fließt. Ihre Helligkeitspulsation überschreitet deshalb 10 bis 15% nicht. Ein solcher Helligkeitsunterschied ist praktisch äußerst schwierig festzustellen. Deshalb erscheint auch die in sich geschlossene Kurve im Spiegel praktisch mit gleichmäßiger Helligkeit (wenn der Spiegel so gedreht wird, daß die Bewegungsgeschwindigkeit der Abbildung entlang der Kurve konstant ist). Leuchtstoff- (Tageslichtlampen u. a.) und Edelgaslampen (z. B. Neonlampen) sind weniger träge: Sie verlöschen fast vollständig in dem Moment, in dem kein Strom mehr fließt.
Berechnen wir die Frequenz der Pulsation der Lampen. Nach dem Gesetz von Joule ist die durch den Stromfluß im Glühfaden entstandene Wärmemenge proportional der Stromstärke: gleich Null, wenn die Stromstärke gleich Null ist, und größer als Null sowohl bei negativen als auch bei positiven Halbwellen der Stromstärke, d. h., der Glühfaden wird in einer Periode zweimal erwärmt und kühlt zweimal ab.
Somit pulsiert die Helligkeit einer Glühlampe mit einer doppelten Frequenz als die der Stromstärke. Das gleiche gilt für Leuchtstofflampen. Wenn der Spiegel 5 Umdrehungen in der Sekunde vollführt und die Frequenz des Stromes 50 Hz beträgt, sind deshalb auf der Kurve

$$\frac{50 \cdot 2}{5} = 20 \text{ Striche}$$

festzustellen.
Die Pulsation der Lichtstärke von Leuchtstofflampen ist eine schädliche Erscheinung. Ist eine Werkhalle mit Sonnenlicht beleuchtet, nehmen wir alle schnelldrehenden Details der Maschinen als Vollkreise wahr. Mit Leuchtstofflampen dagegen wird eine Werkhalle periodisch beleuchtet (100mal in der Sekunde), und die rotierenden Teile sind in den Stellungen sichtbar, in denen sie der Lichtimpuls erreicht. Dadurch nehmen wir sie nicht als Vollkreis wahr, vor unseren Augen beginnt es zu flimmern, und wir ermüden schnell. Noch schlimmer ist der Fall, wenn das Teil in einer Sekunde genau 100 Umdrehungen macht: In diesem Falle erreicht der Lichtimpuls das Teil immer an ein und derselben Stelle, und es scheint unbeweglich. Ein Rad mit 10 Speichen erscheint unbeweglich bei 10 U/min, mit 20 Speichen bei 5 U/min usw. Diese Erscheinung wird stroboskopischer Effekt genannt (aus dem Griech. strobos – Flügel und skopeo – ich sehe). Es ist einleuchtend, daß, wenn ein Arbeiter ein rotieren-

des Teil als unbeweglich annimmt, schwere Unfälle entstehen können.
Aber kann dieser schädliche Effekt beseitigt werden? Ja. Dazu muß die eine Lampe in dem Moment brennen, in dem die andere verlöscht. Aus diesem Grund sollen zwei Lampen immer mit einer Phasenverschiebung von 90° gespeist werden. Da alle Werke an ein dreiphasiges Netz angeschlossen sind, ist es praktisch vorteilhaft, immer drei Lampen in einer Lichtquelle zu vereinigen und sie mit verschiedenen Netzphasen zu speisen (mit einer Phasenverschiebung von ±120°).
Der stroboskopische Effekt kann aber von Nutzen sein. Indem die Pulsationsfrequenz der Lichtquelle langsam verändert wird, erscheint das rotierende Teil in dem Moment unbeweglich, in dem Umdrehungszahl des Teils und die Pulsation pro Sekunde gleich sind. Ist die Frequenz der Pulsation bekannt, kann somit die Umdrehungszahl des Rotationsteils bestimmt werden. Die nach einem solchen Prinzip arbeitenden Geräte werden Stroboтachometer genannt (aus dem Griech. tachos – Geschwindigkeit).
Ein interessanter Fall des stroboskopischen Effektes wird in dem Buch des holländischen Gelehrten M. Minnart, Licht und Farbe in der Natur, behandelt. Ein Radfahrer, der mit einer Geschwindigkeit von 5 m/s eine Straße entlang fährt, die mit Würfeln der Abmessungen 5 cm gepflastert und mit Leuchtstofflampen beleuchtet ist, nimmt die Pflastersteine unbeweglich bezüglich sich selbst wahr. Das wird damit erklärt, daß während eines Aufleuchtens der Lampe der Radfahrer sich genau um einen Pflasterstein vorwärts bewegt. Deshalb sieht er bei jedem Aufflammen des Lichtes die Zeichnung des Straßenpflasters unbeweglich (obwohl jeder Pflasterstein in der Zeichnung dabei durch den nächsten ersetzt wurde). Mit Vergrößerung der Geschwindigkeit beginnt der Radfahrer langsam die Pflastersteine zu „überholen". Und umgekehrt beginnen die Pflastersteine bei einer geringfügigen Verringerung der Geschwindigkeit unter 5 m/s den Radfahrer zu überholen, gewissermaßen unter dem Rad nach vorn wegzulaufen.

Mit dem Kopf nach unten

A. Betrachten wir nun mit dem gleichen sich drehenden Spiegel den Bildschirm unseres Fernsehapparates. Wir erblicken ein ähnliches Bild, wie es auf Abb. 40 dargestellt ist. Natürlich sehen

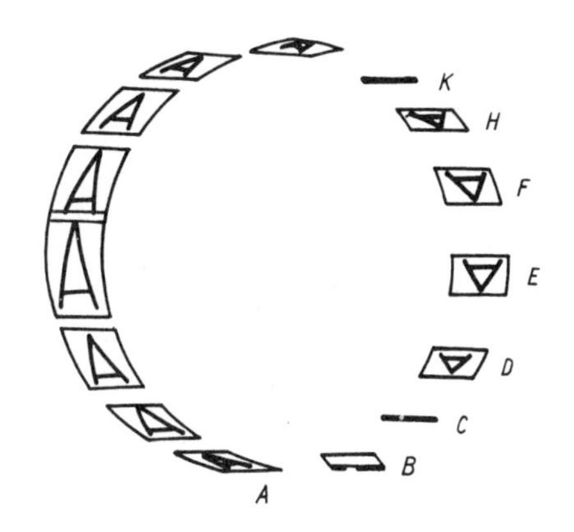

Abb. 40

wir nicht nur eine Abbildung, sondern mehrere, da die Abbildung auf dem Bildschirm in der Sekunde 50mal erscheint und wieder verlöscht. Sonderbar ist aber, daß einige Abbildungen umgekehrt, andere wieder normal aufrecht zu sehen sind. Es soll die Ursache der Umkehrung der Abbildungen erklärt werden.

B. Ein großer Teil der Leser wird mit den Prinzipien des modernen Fernsehens vertraut sein und kann die beschriebenen Erscheinungen ohne Mühe erklären. An dieser Stelle seien einige Erklärungen für die Leser, die nicht mit diesen Dingen vertraut sind, gegeben. Die Abbildung auf dem Bildschirm des Fernsehapparates entsteht im ganzen nicht gleichzeitig. Der Elektronenstrahl zeichnet das Bild, indem er den gesamten Bildschirm Punkt für Punkt abläuft, so wie wir beim Lesen die Buchseiten Zeile für Zeile überlesen. Zu Beginn zeichnet der Strahl von links nach rechts die oberste Zeile der Abbildung, senkt sich dann und, nach links zurückkehrend, zeichnet er die zweite, dritte usw. bis zur letzten untersten Zeile. Danach kehrt der Strahl in die linke obere Ecke des Bildschirms zurück und beginnt, die zweite Aufnahme aufzuzeichnen. Pro Sekunde zeichnet der Elektronenstrahl so 50 Aufnahmen auf (der Einfachheit halber sind einige Einzelheiten, wie die sogenannte Zwischenpunktabtastung, weggelassen worden). Wir schlagen eine zusätzliche Aufgabe zur Lösung vor. Wie würde die Spiegelabbildung aussehen, wenn die Bildabtastung kaputt wäre und sich der Strahl auf dem Bildschirm des Fernsehapparates nur horizontal, nicht vertikal bewegen könnte, d. h., wenn der Strahl alle Zeilen der Aufnahme übereinanderzeichnete?

C. Auf Abb. 41a ist eine Fernsehaufnahme für den Fall dargestellt, in dem alle Zeilen der Aufnahme übereinander gezeichnet

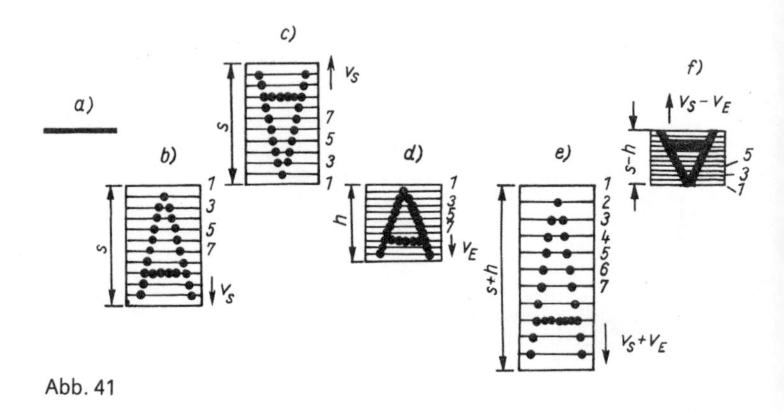

Abb. 41

worden sind. Nehmen wir an, der Spiegel dreht sich so, daß die Abbildung auf dem Bildschirm im Spiegel gegen Uhrzeigerrichtung einen Kreis beschreibt. Betrachten wir die Abbildung der „Aufnahme" A auf der linken Seite des Kreises im Spiegel, wo die Abbildung im Spiegel sich nach unten bewegt. Dort rollt sich die „Aufnahme" nach unten auf (Abb. 41b): Die Zeilen *1, 2, 3,* ... erscheinen eine nach der anderen vor unseren Augen, wobei die erste Zeile sich oben und die letzte Zeile sich unten befindet. Die Höhe der „Aufnahme", auf dem Bildschirm gleich Null, beträgt im Spiegel

$$s = v_S t,$$

wobei t die Aufzeichnungsdauer der Aufnahme auf dem Bildschirm, v_S die Drehgeschwindigkeit der Abbildung infolge der Spiegeldrehung ist.
Wie wir sehen, haben wir im Falle des Versagens der vertikalen Abtastung unseres Fernsehapparates die Möglichkeit, mit Hilfe eines Spiegels die Abbildung mit der Hand aufzurollen. Bis zur Einführung elektronischer Abtastmethoden wurden im Entwicklungsstadium des Fernsehens Drehspiegel zur Abtastung in den Fernsehapparaten verwendet.
Verfolgen wir nun die Abbildung der „Aufnahme" A auf der rechten Seite des Kreises, wo die Abbildung im Spiegel sich nach oben bewegt. Dort befindet sich die erste Zeile der „Aufnahme" unten, die Aufnahme wird von unten nach oben aufgerollt (Abb. 41c). Die Aufnahmehöhe s ist die gleiche, wenn die Drehgeschwindigkeit des Spiegels nicht geändert wird.

Betrachten wir nun die Abbildung bei normaler Funktion unseres Fernsehapparates, wenn auf dem Bildschirm keine Einzelteile, sondern ein vollständiges Bild (Abb. 41d) der Höhe h zu sehen ist, in dem die Abbildung infolge der Bewegung des Elektronenstrahles von oben nach unten mit der Geschwindigkeit v_E in der Höhe aufgerollt ist. Auf der linken Seite des Kreises im Spiegel ist die Aufnahme auf den Wert $s + h = t(v_S + v_E)$ langgezogen, da sich dort die Geschwindigkeiten des Elektronenstrahles und der Drehung des Spiegels summieren (Abb. 41e). Auf der rechten Seite des Kreises dagegen sind die Geschwindigkeiten des Elektronenstrahles und der Spiegeldrehung entgegengesetzt gerichtet. Aus diesem Grunde können verschiedene Bilder erscheinen. Dort, wo die vertikale Geschwindigkeit des Strahles die vertikale Geschwindigkeit des Spiegels übertrifft (A und B in Abb. 40), ist die Abbildung von oben nach unten aufgerollt, d. h., es entsteht ein normales Bild mit dem „Kopf nach oben" (in den Punkten A und B dehnt der Spiegel die Abbildung hauptsächlich in der Horizontalen). Dort, wo die vertikalen Geschwindigkeiten des Strahles und des Spiegels gleich groß sind, ist das Bild, auf dem Bildschirm durch den Strahl aufgerollt, „zusammengerollt" gegen die Bewegungsrichtung des Spiegels (C und K in Abb. 40). Aber dort, wo die vertikale Geschwindigkeit des Spiegels die vertikale Geschwindigkeit des Strahles übertrifft (D, E, F, H), ist die Abbildung mit den „Beinen nach oben" gedreht: Die erste Zeile des Bildes (Abb. 41f) befindet sich unten, die letzte Zeile oben. Die Bildhöhe im Spiegel beträgt

$$s - h = t(v_S - v_E).$$

Ein Flugzeugpropeller im Film

A. Wir schauen uns mit einem Bekannten im Kino einen Film an. In einer Szene ist ein auf die Startbahn rollendes Flugzeug zu sehen, dessen zweiflügliger Propeller sich dreht. Das Flugzeug nimmt Anlauf für den Start.

– Der Propeller vollführt jetzt 11,5 Umdrehungen pro Sekunde –, mit dieser Aussage überrascht uns unser Bekannter. Wieso kann er das mit solcher Genauigkeit bestimmen? Vielleicht meint er, daß das sowieso nicht nachzuprüfen ist?

B. Unser Bekannter konnte die Umdrehungszahl des Propellers ausrechnen. Das können wir auch, wenn wir uns vorher damit beschäftigt haben, wie ein Propeller aussieht, der N Umdrehun-

gen pro Sekunde vollführt, die gleich der Anzahl der Filmaufnahmen pro Sekunde sind. Um es etwas zu vereinfachen, beginnen wir mit einem einflügligen Propeller (in der Luftschiffahrt existieren solche Propeller natürlich nicht, die Zentrifugalkraft wäre nicht ausgeglichen, und die Welle würde sich verbiegen). Als Hinweis: Filmaufnahmen werden gewöhnlich mit 24 Bildern pro Sekunde gemacht.
Betrachten wir nun die verschiedenen Darstellungen eines einflügeligen Propellers, der $N = n + 1 = 25\,s^{-1}$ und $N = n - 1 = 23\,s^{-1}$ vollführt. Danach werden wir uns wohl selbst in diesen Erscheinungen zurechtfinden.
C. Stellen wir uns vor, daß die Filmaufnahme des Propellers mit äußerst kurzer Belichtungsdauer erfolgt und daß die Aufnahme des Propellers auf jedem Bild ungeachtet der schnellen Drehung scharf ist. Auf dem ersten Bild z. B. hat das Propellerblatt eine senkrechte Stellung. Infolge $N = n$ befindet sich das Propellerblatt im Moment der zweiten Aufnahme nach einer ganzen Umdrehung ($\alpha_1 = 360°$ auf Abb. 42a) erneut in senkrechter Stellung. Alle Zwischenstellungen werden nicht aufgenommen, da diese bei geschlossener Blende durchlaufen wurden. Das gleiche ge-

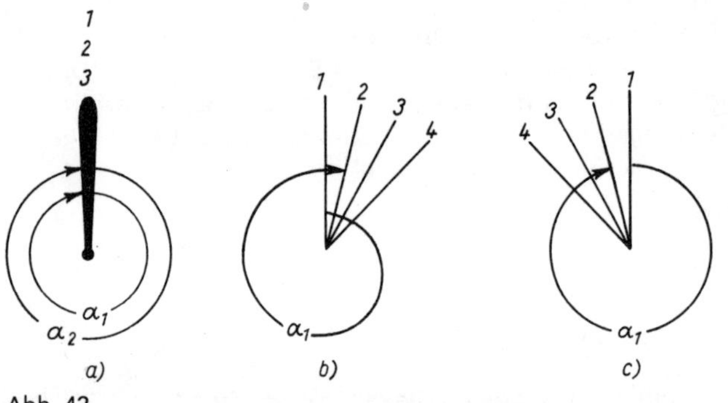

Abb. 42

schieht bei der dritten (α_2) und allen nachfolgenden Aufnahmen. Im Endergebnis sieht der Betrachter im Kino den Propeller auf allen Aufnahmen in ein und derselben Stellung und wird ihn folglich für unbeweglich halten. Bei aufmerksamer Verfolgung des Geschehens auf der Leinwand hätte er aber sehen müssen, daß der Propeller anfangs in Bewegung gesetzt worden ist und immer mehr an Geschwindigkeit gewann. Somit müßte er sich jetzt in Wirklichkeit mit $N = n = 24$ Umdrehungen pro Sekunde bewegen.

Betrachten wir die Abbildung des Propellers bei $N = 25\,s^{-1}$ (der Propeller dreht sich nach wie vor in Uhrzeigerrichtung). Wenn er auf dem ersten Bild in senkrechter Stellung *1* abgebildet ist (Abb. 42b), vollführt er bis zum zweiten Bild (in $\frac{1}{24}$ s) $\frac{25}{24} = 1 \cdot \frac{1}{24}\,s^{-1}$ ($\alpha_1 = 375°$) und ist auf dem zweiten Bild mit einer Abweichung von 15° zur Vertikalen abgebildet (Gerade *2* auf Abb. 42b). Auf dem dritten Bild ist der Propeller noch weiter rechts zu sehen. Es ist einleuchtend, daß die Abbildung des Propellers, sich von Bild zu Bild um 15° drehend, nach 24 Bildern (d. h. nach 1 Sekunde) eine vollständige Drehung in Uhrzeigerrichtung vollführt. In der Zeit also, in der in Wirklichkeit der Propeller 25 Umdrehungen pro Sekunde vollführt, dreht sich die Abbildung des Propellers im Film $25 - 24 = 1$mal pro Sekunde um sich selbst. Das Verfolgen einer solch langsamen Drehbewegung und die Bestimmung seiner scheinbaren und daraus der wahren Geschwindigkeit ist einfach. Interessant ist der Fall, wenn der Propeller nur 23 Umdrehungen pro Sekunde vollführt. Der Betrachter sieht zwar den Propeller sich ebenfalls mit einer Geschwindigkeit von $1\,s^{-1}$ drehen, aber gegen den Uhrzeigersinn, d. h. in der der wahrhaftigen Drehrichtung entgegengesetzten Richtung (Abb. 42c). In Wirklichkeit dreht er sich zwischen den einzelnen Aufnahmen um $\frac{23}{24}$ Umdrehungen im Uhrzeigersinn. Aber der Beobachter wird getäuscht. Er sieht, daß sich in der zweiten Aufnahme der Propeller um $\frac{1}{24}$ Umdrehungen zur ersten Aufnahme, in der dritten wieder um $\frac{1}{24}$ Umdrehungen zur zweiten Aufnahme usw. nach rechts bewegt hat. Das menschliche Auge nimmt diese in äußerst kurzen Abständen aufeinanderfolgenden Bilder als langsame Drehung gegen den Uhrzeigersinn wahr.
Verfolgen wir nun die Abbildungen des Propellers in der Zeit, während der dieser seine Geschwindigkeit von 0 bis $24\,s^{-1}$ erhöht. Zuerst wird der unbewegliche Propeller auch unbeweglich dargestellt. Bei geringen Umdrehungszahlen (1 bis 5) kann der Betrachter die Darstellung noch verfolgen. Mit weiterer Zunahme der Umdrehungszahl wird die Wahrnehmung der Propellerbewegung unmöglich, obwohl die Darstellung die Bewegung richtig widergibt. Diese Übereinstimmung wird bei $N = \frac{h}{2} = 125\,s^{-1}$ gestört. In diesem Moment bewegt sich der Propeller zwischen den einzelnen Aufnahmen genau um eine halbe Umdrehung, und an Hand der Filmaufnahmen ist nicht festzustellen, nach welcher Seite die halbe Umdrehung vollführt wird. Bei $24 > N > 12$ vollführt der Propeller zwischen den Aufnahmen

mehr als eine halbe Umdrehung und wird als in entgegengesetzte Richtung drehend wahrgenommen. Hierbei verringert sich die scheinbare Umdrehungszahl mit Zunahme der tatsächlichen. Bei $N = 24$ schließlich ist die scheinbare Umdrehungszahl $N' = 0$. Der Propeller erscheint unbeweglich. Die Abhängigkeit zwischen N und N' ist auf Abb. 43 durch die gebrochene Linie OAB dargestellt.

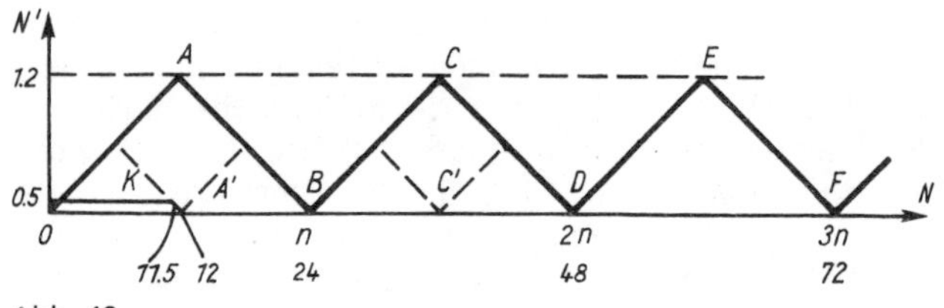

Abb. 43

Wie geht es weiter? Weiter wiederholt sich die gebrochene Linie periodisch: Bei $N = 2n$ vollführt der Propeller zwischen den Aufnahmen genau zwei Umdrehungen und erscheint also wieder unbeweglich ($N' = 0$, Punkt D). Das gleiche tritt bei $N = 3n$, $4n$ usw. ein. Die Situation F von der Situation B kann nur bei genauester Verfolgung des Darstellungsverlaufes von Anfang an und bei Berechnung der Anzahl des Übergangs der Darstellung durch den bewegungslosen Zustand unterschieden werden. Der dritte bewegungslose Zustand bedeutet, daß die tatsächliche Umdrehungszahl pro Sekunde gleich $3n = 3 \cdot 24 = 72$ ist. Da während der Aufnahme die Blende eine endliche Zeit geöffnet ist, erscheint der Propeller auf dem Bild in der Praxis etwas verschwommen. Die Abbildung des Propellers bei $N = 3n$ unterscheidet sich von der Abbildung bei $N = n$ dadurch, daß der Propeller um das Dreifache unschärfer ist. Ein zweiflügliger Propeller wird bei $N = \frac{n}{2}, n, 3\frac{n}{2}, 2n, \ldots$ (Punkte A', B, C', ... der punktierten gebrochenen Linie auf Abb. 43) unbeweglich erscheinen, da dieser zwischen den Aufnahmen nur eine halbe Umdrehung benötigt, um zwei benachbarte Aufnahmen nicht mehr unterscheiden zu können. Wenn natürlich die Propellerflügel verschieden gefärbt sind, hat die erste gebrochene Linie weiterhin Gültigkeit. Unser Bekannter sah den Propeller sich mit der Geschwindigkeit eine Umdrehung in zwei Sekunden entgegengesetzt der tatsächlichen Richtung drehen (Punkt K auf Abb. 43), als er erklärte, daß die Umdrehungszahl 11,5 s^{-1} beträgt.

Abschließend sei bemerkt, daß diese Erscheinung und die Graphik *OABCDE* der Abb. 43 nicht nur für die Filmaufnahme- und Lichttechnik (Aufgabe „Lichter im Spiegel"), sondern auch für jeden beliebigen Fall, bei dem eine kontinuierliche Schwingung mit Unterbrechung beobachtet wird, Bedeutung besitzt. Wenn z. B. in den Eingang einer Fernmeldelinie eine Sinusschwingung der Frequenz N eintritt, aber in der Fernmeldelinie nur ihre einzelnen (diskreten) Werte mit der Frequenz n übertragen werden (d. h. n kurze Impulse in der Sekunde, deren Amplituden dem entsprechenden augenblicklichen Wert der kontinuierlichen Schwingung gleich sind), so kann an Hand dieser einzelnen Werte fehlerlos und vollständig am Empfangsende der Linie die kontinuierliche Schwingung wieder hergestellt werden. Bedingung dafür ist $N < \frac{n}{2}$, d. h., auf jede Periode der Sinusschwingung entfallen nicht weniger als zwei übermittelte Werte. Hierin liegt der Gedanke (hier etwas vereinfacht) eines der fundamentalen Theoreme der Informationstheorie – des Theorems von Kotelnikow.

Auf der Abb. 44a ist ein elektrisches Signal dargestellt (Abhängigkeit der Spannung U von der Zeit t), das übertragen werden soll. Es besteht aus sinusförmigen Schwingungen und der konstanten Spannungskomponente U_0. Angenommen, auf der Fernmeldelinie werden nur die Werte des Signales übermittelt, die als Punkte dargestellt sind (jeweils sechs Werte einer Periode). Oder anders ausgedrückt, es werden die auf der Abb. 44b dargestellten Impulse übermittelt. Nach deren Empfang und entsprechender Demodulation erhalten wir die auf Abb. 44c dargestellte Kurve, die genau dem ursprünglichen ununterbrochenen Signal entspricht. Bei Nichtbeachtung der Forderung des Theorems von Kotelnikow kann das Signal ungestört nicht mehr erzeugt werden.

Auf Abb. 44d ist ein Fall dargestellt, in dem jeweils ein Impuls während einer Signalperiode übermittelt wird ($n = N$, Punkt *B* auf Abb. 43). Am Linienausgang werden Impulse mit konstanter Amplitude (Abb. 44e) empfangen, deren Kurve (unterbochen gezeichnet) keinesfalls dem übermittelten Signal entspricht.

Führen wir diese Beobachtung weiter und nehmen $n < N$, so erscheint als Impulskurve wieder eine Sinuskuve (auf Abb. 44f unterbrochen gezeichnet), deren Frequenz jedoch nicht mit der Anfangsfrequenz übereinstimmt (volle Kurve auf Abb. 44f). Diese Frequenz kann nach der Graphik der Abb. 42 bestimmt werden.

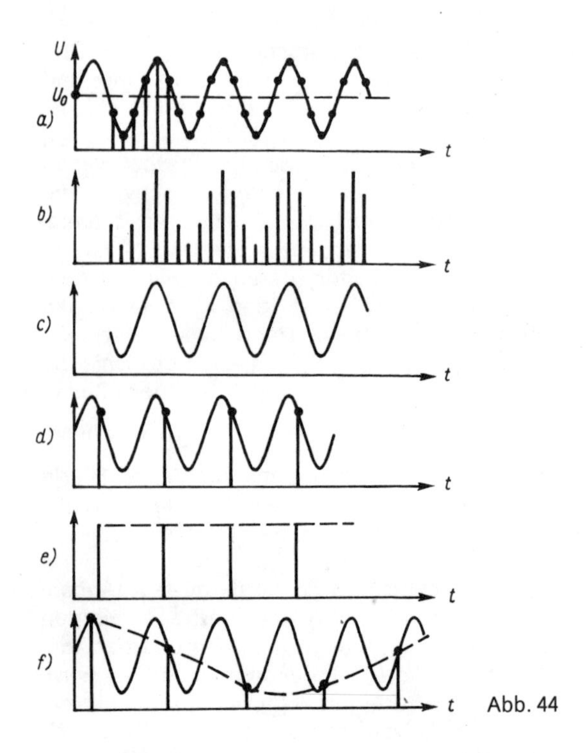

Abb. 44

Die Informationstheorie hat ein breites praktisches Anwendungsgebiet: Draht- und drahtlose Nachrichtenverbindung, Fernmeßtechnik, Radarnavigation, Radarortung, Unterwasserortung, Fernsehen, Kino, Rechentechnik usw. Dabei müssen für eine unveränderte Übertragung oder Bearbeitung von Informationen die Forderungen des Kotelnikowschen Theorems beachtet werden.

Ordnung inmitten von Unordnung

A. Vor uns sehen wir die Fotografie einer Scheibe mit gleichmäßigen schwarzen Kreisen (Abb. 45). Wir haben den Eindruck, daß diese Kreise vollkommen unregelmäßig auf der Scheibe verteilt sind. In Wirklichkeit jedoch sind einige Kreise gleichmäßig kreisförmig auf der Scheibe verteilt. Diese Ordnung inmitten der Unordnung ist zu finden.

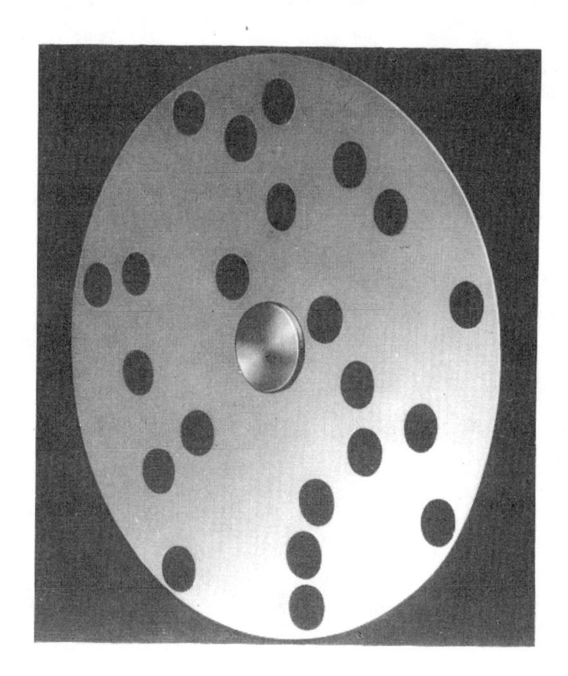

Abb. 45

B. Wenn wir die Lösung der Aufgabe dadurch finden wollen, daß wir mit einem Zirkel konzentrische Kreise zeichnen, werden wir bald die Lust verlieren. Darum sei an dieser Stelle ein Hinweis gegeben: Betrachten wir die Abb. 46. Auf dieser Fotografie ist die gleiche Scheibe zu sehen, auf der sich deutlich sechs geordnete Kreise („Signale") vom Untergrund („Störung") abheben. Wie entstand diese Fotografie? Wir nehmen dabei an, daß beide Fotos nicht das Positiv, sondern das Negativ der Scheibe darstellen.

C. Wir werden wie Sherlock Holmes auf der Scheibe die Beweise suchen, die uns die Erscheinung erklären können. Aus dem Umstand, daß sechs geordnete Kreise tiefschwarz erscheinen, aber die übrigen blaßgrau, kann geschlußfolgert werden, daß bei der Aufnahme der zuerst genannten Kreise die Belichtungsdauer größer war als bei den übrigen. Aber es ist unmöglich, für die einen Kreise die Blende länger offen zu lassen, für die anderen kürzer, um so mehr, da momentan unbekannt ist,

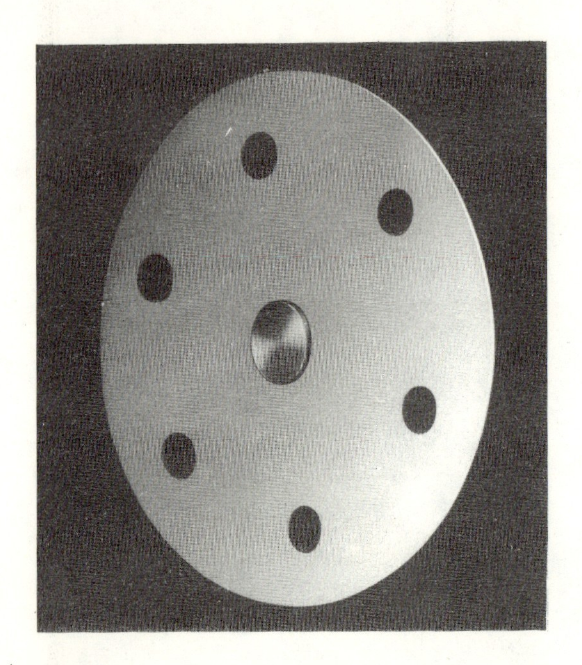

Abb. 46

für welche Kreise das notwendig ist. Offensichtlich haben die Kreise die Belichtungsdauer auf irgendeine Art selbst geregelt. Es sei vermerkt, daß die grauen Kreise auf Abb. 46 um einige Male größer erscheinen als auf Abb. 45. Das ist nur möglich, wenn die Kreise auf ein und demselben Bild in mehreren Stellungen belichtet worden sind. Somit wird klar, daß sich die Scheibe während der Aufnahme gedreht haben muß.
Das ist aber noch keine Antwort. Wenn sich die Scheibe bei geöffneter Blende gedreht hätte, würde jeder Kreis auf dem Bild zu einem Bogen verwischt sein, wie das in Aufgabe „Und sie bewegt sich doch" mit den Sternen geschehen ist. Offensichtlich wurde während der Aufnahme die Blende mehrere Male kurzzeitig geöffnet. Der Fotograf nahm die Scheibe also auf einem Bild 6mal auf, indem er sie nach jeder Aufnahme jeweils um 60° drehte. Somit wurden alle in einem Abstand von 60° angeordneten Kreise 6mal genau am Platz des vorhergehenden Kreises belichtet und sind so deutlich wahrnehmbar (auf dem Negativ tief-

schwarz). Die wahllos angeordneten Kreise wurden jedesmal auf einem neuen Platz belichtet und sind um das Sechsfache undeutlicher (auf dem Negativ blaßgrau). Außerdem versechsfachte sich dadurch die Anzahl der Kreise auf dem Bild.
Aber so einfach ist es nun auch wieder nicht. An dieser Stelle muß dem Fotografen ein großes Lob ausgesprochen werden. Wenn vor uns das fertige Ergebnis – das zweite Foto – liegt, ist es leicht, die 60°-Drehung herauszufinden. Aber woher wußte der Fotograf, daß die Scheibe zwischen den einzelnen Aufnahmen um 60° gedreht werden muß? Dafür muß doch die Anzahl der geordneten Kreise – eben sechs und nicht vier oder fünf – bekannt sein. Nun gut, nachdem wir uns gemeinsam schon länger ergebnislos an dieser Aufgabe versucht haben, soll nun die Lösung dargelegt werden.
Die Scheibe hat sich tatsächlich gedreht. Aber außerdem wurde sie während der Aufnahmen mit intermittierendem Licht bestrahlt. (Intermittierendes Licht kann auch von einer kontinuierlichen Lichtquelle erzeugt werden, z. B. kann in die Sonnenstrahlen ein sich drehendes Rad mit nichtdurchscheinenden Flügeln gestellt werden.) Während einer Umdrehung wurde die Scheibe sechsmal mit kurzen, fast momentanen Lichtblitzen beleuchtet; die Blende selbst aber war während der vollständigen Umdrehung geöffnet, was dem von uns gedachten periodischen sechsmaligen Öffnen der Blende entspricht.
Aber wie erfuhr der Fotograf, daß die Frequenz der Kurzzeitbeleuchtung genau sechsmal größer als die der Scheibendrehung ist? Er hat ganz einfach alle Varianten durchprobiert. Einfach? Ja, einfach, wenn die Variantenwahl mechanisiert werden kann. Es muß die Drehfrequenz des Flügelrades von Null an bei konstanter Drehfrequenz der Scheibe verändert werden. Dabei wird die Scheibe einmal sich drehend sichtbar, wenn die Frequenzen nicht teilbar sind, ein anderes Mal unbeweglich sichtbar, wenn sie teilbar sind (genauere Erklärungen sind in Aufgabe „Ein Flugzeugpropeller im Film" zu finden). Insbesondere bei Frequenzgleichheit erscheint die Scheibe unbeweglich in ihrem tatsächlichen Aussehen wie auf Abb. 45 (erste blinde Geschwindigkeit), d. h., alle Kreise sind gleichmäßig schwarz.
Bei Vergrößerung der Frequenz des Flügelrades (Stroboskop) um das Doppelte stellen wir fest, daß sechs Kreise schärfer als die anderen sind, die übrigen haben sich geteilt und sind um das Doppelte blasser geworden; bei dreiteiligem Verhältnis der Frequenzen sind wiederum sechs Kreise sichtbar, die übrigen sind dreimal blasser, und ihre Anzahl hat sich verdreifacht: Bei vier-

bis fünfteiligem Verhältnis der Frequenzen ist das Bild weniger hell. Erst bei sechsteiligem Verhältnis wird eine maximale Bildhelligkeit erreicht – ein sechsfacher Kontrast. Eine Verringerung der Störung um mehr als das Sechsfache (ohne Verringerung des Signals) ist nicht möglich. Ein 12-, 18-, 24teiliges Verhältnis ergibt den gleichen Kontrast. Doch kehren wir zurück zum sechsteiligen Verhältnis. Wir versetzen die Scheibe in gleichförmige Drehung und fotografieren sie. Dabei erhalten wir folgendes Ergebnis: Die periodische Struktur ist auf dem Hintergrund der zufälligen Störungen sichtbar.

Diese Erscheinung findet eine außerordentlich breite praktische Anwendung bei Kino, Fernsehen, Nachrichtenübermittlung, Radartechnik. Wir möchten mit dem anschaulichsten Beispiel beginnen, obwohl hier dieses Prinzip nur begrenzte Anwendung findet. Stellen wir uns vor, daß Archäologen einen antiken Teller gefunden haben. Aber viele Kratzer und Flecken machen das Erkennen des Ornamentes unmöglich. Der Teller muß nun nur dem oben beschriebenen Experiment unterworfen werden (nur dreht man hierbei nicht den Teller, um den wertvollen Fund nicht zu zerstören, sondern dessen Fotografie). Ist das Ornament bezüglich des Zentrums symmetrisch, wird es sichtbar werden.

Nun ein Beispiel aus dem Kino. Nehmen wir an, daß wir nur für 1 s eine unbewegliche Landschaftsaufnahme sehen. Das bedeutet, daß die Abbildung (das Signal) auf allen 24 Bildern gleich ist. Aber außer der Abbildung sind auf jedem Bild bestimmte Schäden enthalten: Körnigkeit, Kratzer, anhaftende Staubteilchen. Alle diese Defekte auf jedem Bild sind individuell, zufällig. Auf der Leinwand sehen wir in der Sekunde 24mal die gleichen Signale und nur einmal jeden dieser Defekte, die ungleichartig sind und in Zeit und Ort divergieren. Das verbessert in bedeutendem Maße das Verhältnis des Signals zu Störungen. Die Abbildung im Kino scheint uns bedeutend sauberer als bei Betrachtung der einzelnen Aufnahmen. Wir können das selbst überprüfen bei einem Defekt des Vorführgerätes, wenn der Film nicht weiter transportiert werden kann und noch eine Aufnahme sichtbar ist.

Das gleiche gilt für das Fernsehen: Die Signale in benachbarten Bildern (für unbewegliche Objekte) sind gleich, aber die zufälligen „Schneeflocken" der Störungen unterschiedlich. Die Trägheit unseres Sehempfindens gestattet eine Häufung des Eindrucks vom Signal mehrerer Bilder. Das Signal ist somit besser sichtbar als die Störungen. Aber das ist nur ein sehr geringer Teil des Nutzens, der vom Fernsehen aus dem Anhäufungsprinzip gezogen wird. Umfassender wird die Anhäufung in der Fernsehaufnahmeröhre genutzt, wo das anfängliche kleine Verhältnis von Signal zu Störung infolge Anhäufung ungefähr um eine Million Mal verbessert wird.

Schließlich ein Beispiel aus der Radartechnik. Beschäftigen wir uns damit etwas gründlicher, da dieses Verfahren universellen Charakter trägt und große Bedeutung für alle technischen Gebiete, die mit Informationstheorie verbunden sind, besitzt.

Nehmen wir an, ein Radargerät strahlt vier Impulse aus (Abb. 47a), deren Abstand gleicht T ist. Vom bestrahlten Objekt kehren vier reflektierte Impulse zurück (Abb. 47b), die ebenfalls den Abstand T haben, jedoch bezüglich der Sendeimpulse um die Zeit t_R verzögert sind. Durch Messung der Verzögerung erhalten wir die Entfernung bis zum reflektierenden Objekt.

Stellen wir uns nun vor, daß wir an Stelle der Signale ein Gemisch von Signalen und Störungen empfangen haben

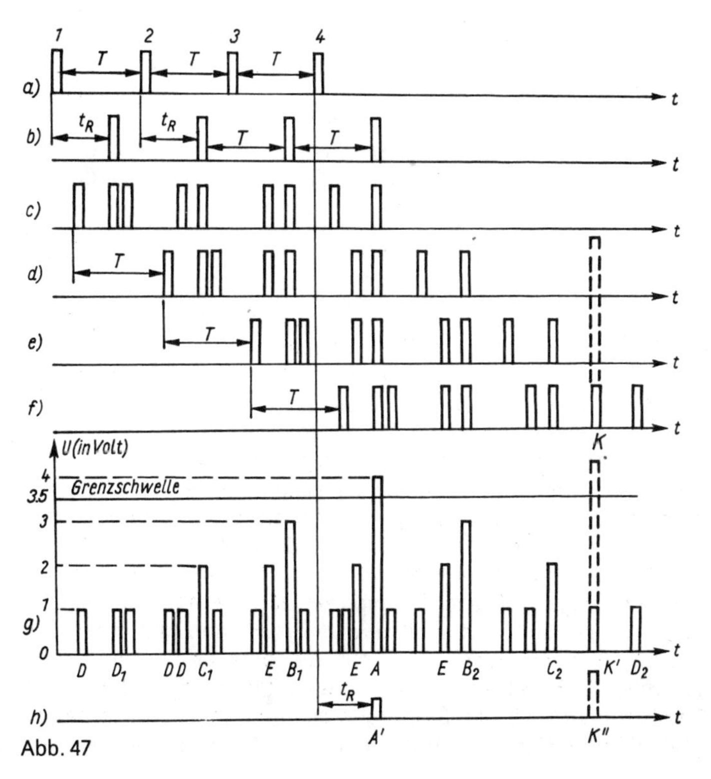

Abb. 47

(Abb. 47c). Die Durchführung der Messungen wäre außerordentlich schwierig: Alle Impulse sind gleich; welches nutzbare Signale und welches Störungen sind, kann unmittelbar nicht unterschieden werden.

Versuchen wir das von uns soeben behandelte Speicherprinzip anzuwenden. Wir nehmen die Empfangssignale c auf vier Magnettonbändern (c, d, e, f) auf und verschieben sie gegenseitig um den Abstand, der der Wiederholungszeit T entspricht. (Diese Zeit ist uns bekannt, da wir sie durch Senden der Impulse selbst bestimmt haben.) Die Wahl der richtigen Verschiebung (bis zum Zusammenfall der Impulse) ist gleichbedeutend mit der Wahl der erforderlichen Umdrehungszahl der Scheibe am Anfang der Aufgabe. Danach addieren wir die Signale aller vier Tonbänder (übertragen alle vier verschobenen Bänder auf ein fünftes). Das Ergebnis der Addition ist auf der Abb. 47g dargestellt. In dem Falle, in dem der Impuls auf allen vier Bändern vorhanden ist, erhalten wir auf dem fünften Band einen Impuls A mit einer vierfachen Amplitude (z. B. 4 Volt). In dem Fall, in dem der Impuls nur auf drei Bändern vorhanden ist, erhalten wir auf dem fünften Band die Impulse B_1 und B_2 mit einer dreifachen Amplitude usw. Die Störungen sind auf allen Bändern aufgeschrieben worden, aber sie sind zufällig. Die Intervalle zwischen ihnen sind nicht gleich T, und deshalb fielen sie bei Verschiebung der Bänder um T nicht zusammen (das gleiche wie auf der Scheibe und bei den Filmaufnahmen) und addierten sich nicht (die Impulse D auf Abb. 47g mit der Amplitude 1 Volt). Im gegebenen Beispiel fiel eine Störung des Bandes c zufällig mit einer Störung des Bandes d zusammen und bildete auf dem Band g den Impuls E mit einer zweifachen Amplitude. (Der gleiche Vorgang war auch irgendwo mit den zufälligen Kreisen auf der Scheibe auf Abb. 46 zu beobachten.) Die Wahrscheinlichkeit eines solchen Zusammenfallens ist jedoch gering. Noch geringer ist die Wahrscheinlichkeit des Zusammenfallens der Störungen auf drei Bändern. Gänzlich unwahrscheinlich ist ihr Zusammenfallen auf allen Bändern (besonders bei einer großen Anzahl von Störungen, z. B. zwanzig). In diesem Falle zeugt das Zusammenfallen auf allen vier Bändern mit großer Wahrscheinlichkeit von einem Signal.

Vernachlässigen wir alle die Impulse, deren Amplitude weniger als 4 Volt beträgt, und speichern die restlichen (mit einer Torschaltung, einem Gerät, das nur die eine bestimmte Grenzschwelle, z. B. 3,5 Volt, überschreitenden Signale durchläßt). Damit sondern wir alle Störungen aus und behalten nur das Signal A' (Abb. 47h). Durch einen Vergleich seiner Lage auf der

Zeitachse mit der Lage des letzten sondierenden Impulses (*4* auf Abb. 47a) bestimmen wir die Verzögerung t_R (Abb. 47h) und hieraus die Entfernung.
Selbstverständlich werden Aufnahmen und Berechnungen in der Radartechnik ohne Unterbrechung automatisch durchgeführt und die Ergebnisse sofort angezeigt. Außerdem sei noch vermerkt, daß nur der Anschaulichkeit halber ein Magnettonband im Beispiel angeführt worden ist. Die Radartechnik verfügt selbstverständlich über bessere Mittel.
Und eine letzte Frage: Was geschieht, wenn eine viermal größere Störung als das Signal empfangen wird (Abb. 47f, der gestrichelt dargestellte Impuls *K*)? Dann erreicht diese die Grenzschwelle (*K'* auf Abb. 47g) und erscheint am Ausgang (*K''* auf Abb. 47h). Diese Frage ist auch auf die Scheibe anzuwenden: Was geschieht, wenn einer der zufälligen Kreise auf Abb. 45 sechsmal heller als alle übrigen wäre? Dann würde dieser Kreis bei der Drehung der Scheibe in Abb. 46 sechs Kreise ergeben, die dem Signal an Helligkeit gleichkämen und gleichmäßig auf der Scheibe verteilt sind.
Die Antwort ist einfach: Einen solchen Kreis würden wir schon auf der stillstehenden Scheibe entdecken und könnten ihn so retuschieren, daß er von den übrigen nicht absticht. Diese Antwort hat nun auch in der Radartechnik Gültigkeit: Man könnte mit einem Begrenzer die Amplituden aller Impulse der Abbildungen c, d, e, f noch vor der Addition einander annähern. Damit würde eine einzelne Störung keinen spürbaren Einfluß auf eine Messung ausüben können.

Schwimmer und Wellen

A. In Abb. 48 ist eine glatte Wasserfläche in der Draufsicht dargestellt. Die Punkte sind Schwimmer, die Kreise Wellen. In wel-

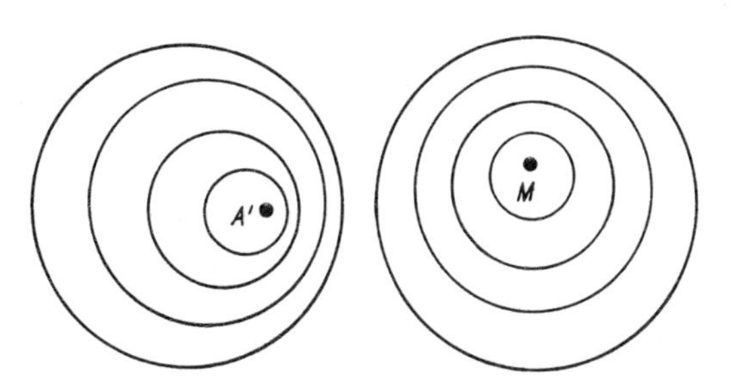

Abb. 48

che Richtung bewegen sich die Schwimmer? Welcher der Schwimmer schwimmt schneller? Wie groß ist die Geschwindigkeit der Schwimmer, wenn die der Wellen 0,5 m/s beträgt?

B. Zuerst soll der Startpunkt der Schwimmer gefunden werden. Wir wollen erst nachdenken, dann soll weiterlesen, wer zu keinem Ergebnis gekommen ist.

Die Geschwindigkeit einer Welle ist in allen Ausbreitungsrichtungen gleich groß. Deshalb erscheint eine Welle auch als Kreis: Vom Entstehungspunkt (Kreismittelpunkt) legt sie nach allen Richtungen die gleiche Entfernung zurück. Die erste Welle hat sich weiter als alle anderen ausbreiten können. Diese stellt also den Kreis mit dem größten Radius dar. Das Zentrum dieses Kreises ist auch der Startpunkt des Schwimmers. Nun ist es ein leichtes, auf die gestellte Frage zu antworten.

C. Jede Welle wird vom Schwimmer erregt. Somit ist ersichtlich, daß alle Kreismittelpunkte die aufeinanderfolgenden Positionen des Schwimmers darstellen. Der Mittelpunkt des größten Kreises O_1 (Abb. 49) stellt die Ausgangsposition des Schwimmers dar. Folglich bewegt sich der Schwimmer *A* nach rechts, der Schwimmer *M* vorwärts (auf der Abbildung nach oben). In der Zeit, in der der Schwimmer den Weg O_1A zurücklegt, durchläuft die Welle *1* die Entfernung $O_1B = O_1C = O_1D = O_1E$. Wie aus der Messung der Zeichnung folgt, ist die Entfernung O_1B dop-

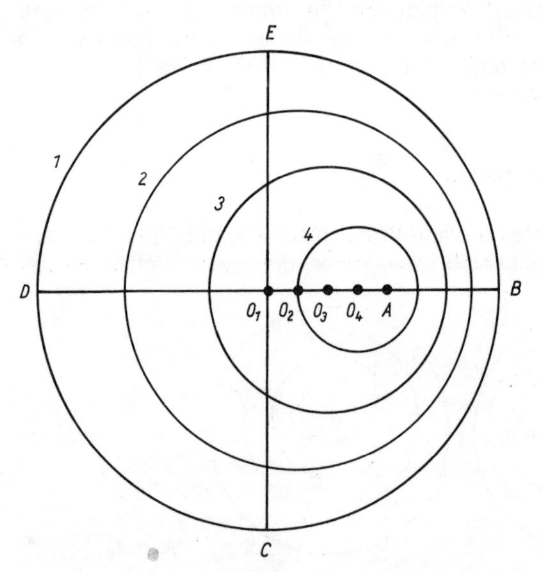

Abb. 49

pelt so groß wie die Entfernung O_1A. Somit ist die Geschwindigkeit des Schwimmers *A* nur halb so groß wie die Geschwindigkeit der Welle, d. h. gleich 0,25 m/s. Ähnlich messen wir die Geschwindigkeit des Schwimmers *M*. Sie ist noch geringer – 0,125 m/s.

Wir wollen nun in qualitativer Hinsicht das Bild der Wellen in Abhängigkeit von der Geschwindigkeit des Schwimmers betrachten. Bewegt er sich am Ort, erregt er konzentrische Kreiswellen. Bewegt er sich mit einer bestimmten Geschwindigkeit, verdichten sich die Wellen in Schwimmrichtung und lichten sich in entgegengesetzter Richtung. Die Verdichtung ist um so größer, je größer die Geschwindigkeit des Schwimmers ist. Das geschieht bis zu dem Punkt, in dem die Geschwindigkeit des Schwimmers gleich der der Wellen ist. In diesem Falle berühren sich alle Kreise in einem Punkt, eben in dem Punkt, in dem sich der Schwimmer befindet (Abb. 50a). Bewegt sich der Schwimmer schneller als die Wellen, ist das Bild schon schwieriger (Abb. 50b). Besonders auffallend ist in diesem Falle der Keil aus

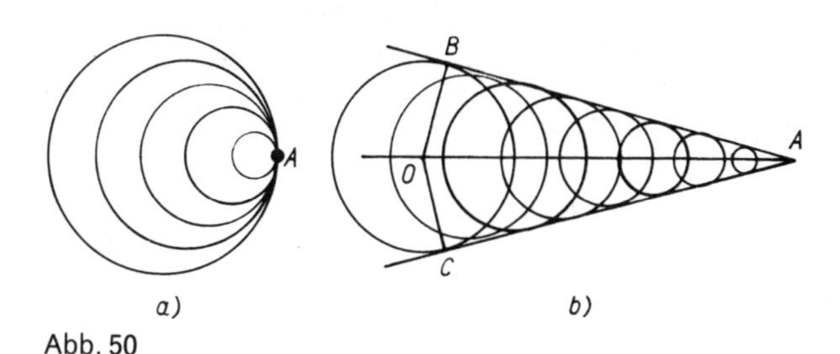

Abb. 50

zwei geraden Wellenfronten *AB* und *AC*, den gemeinsamen Tangenten an alle Kreiswellen. Innerhalb dieses Keiles überlagern sich an einzelnen Stellen die Wellenkämme und bilden somit höhere Wellenkämme, an anderen Stellen überlagern sich zwei Wellentäler, und an wieder anderen Stellen überlagern sich Wellenkämme und -täler. Lediglich entlang der Geraden *AB* und *AC* treffen wir ein einfaches Bild an: Entlang dieser Geraden haben wir die Kämme aller Kreiswellen.

Nach Verbindung des Startpunktes *O* mit *A* und *B* erhalten wir ein rechtwinkliges Dreieck *OAB*, dessen Hypotenuse *OA* den vom Schwimmer zurückgelegten Weg und dessen Kathete *OB* den von der Welle in der gleichen Zeit *t* zurückgelegten Weg darstellt.

Bezeichnen wir den Winkel *BAC* mit α, erhalten wir

$$\frac{OB}{OA} = \sin\frac{\alpha}{2}.$$

Durch Division von Zähler und Nenner des linken Teils der Gleichung mit t erhalten wir das Verhältnis der Geschwindigkeiten der Welle v_W und des Schwimmers v_S. Somit kann die Geschwindigkeit des Schwimmers nach der Formel

$$v_S = \frac{v_W}{\sin\frac{\alpha}{2}}$$

gefunden werden. Je spitzer der Keil (je geringer α) ist, um so größer ist die Geschwindigkeit des Schwimmers.
Es sei noch bemerkt, daß ein mit Überschallgeschwindigkeit fliegendes Flugzeug einen ähnlichen Keil der Schallwellen bildet. Dieser Keil (genauer, die Oberfläche des Konus, da sich in diesem Fall die Wellen in einem dreidimensionalen Medium ausbreiten) ruft bei seiner Bewegung zum Beobachter auf der Erde hin den Eindruck eines Knalles hervor. Erst danach, wenn sich das Flugzeug schon im Schallkonus befindet, nimmt er das Geräusch des Flugzeuges wahr.
Zu beachten ist, daß die oben angeführte Formel bei $v_S < v_W$

$$\sin\frac{\alpha}{2} = \frac{v_W}{v_S} > 1$$

ergibt, was nicht möglich ist. Die Formel wird dadurch nicht angezweifelt. Vielmehr wird darauf hingewiesen, daß sie die Grenze ihres Anwendungsbereiches erreicht hat. Bei $v_S < v_W$ ändert sich das Wellenbild nicht nur quantitativ, sondern auch qualitativ. Der Wellenkeil verschwindet, der Winkel α verliert seinen physikalischen Sinn, und das Wellenbild wird ähnlich dem in Abb. 48 gezeigten.

Wellen und Bojen

A. Diese Aufgabe ist als Fortsetzung der vorhergehenden zu betrachten. Angenommen, vor und hinter dem Schwimmer befinden sich Bojen, die auf den unter ihnen hinweglaufenden Wellen schaukeln. Wieviel Schwingungen vollführen die Bojen, wenn der Schwimmer 120 Wellen in der Minute erregt (120 Kraulbewegungen der Arme)? In welchem Maße verändert sich die Schwingungsfrequenz der Bojen, wenn der Schwimmer seine Geschwindigkeit verändert? Dabei nehmen wir an, daß die Kraulfrequenz der Arme konstant bleibt und der Schwimmer seine Geschwindigkeit ausschließlich durch die aufzuwendende Kraft der Kraulbewegungen ändert.

B. Aus Abb. 51 ist ersichtlich, daß die Wellenlänge λ_1 der sich in Richtung der Boje A_1 ausbreitenden Welle größer ist als die Wel-

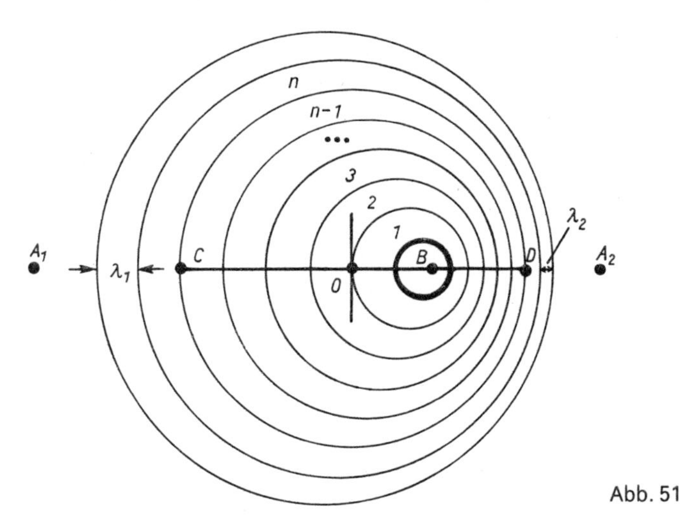

Abb. 51

lenlänge λ_2 der sich in Richtung der Boje A_2 ausbreitenden Welle. Vorteilhaft ist es, zunächst die Wellenlängen λ_1 und λ_2 zu bestimmen.

C. Folgende Bezeichnungen werden eingeführt: f_0 ist die durch den Schwimmer hervorgerufene Schwingungsfrequenz, v_S die Geschwindigkeit des Schwimmers und v_W die der Wellen. Zunächst sollen die Entfernungen BC und BD vom Schwimmer B zur n-ten Welle in Richtung der Bojen A_1 und A_2 gefunden werden. Der Punkt O ist der Mittelpunkt des die n-te Welle darstellenden Kreises, in dem sich der Schwimmer zusammen mit dieser Welle befand (im Moment der Erregung der Welle).

Aus der Zeichnung ist ersichtlich, daß

$$OC = OD = v_W t_n, \qquad OB = v_S t_n$$

ist, wobei t_n die Zeit ist, die seit dem Entstehen der Welle verging. Folglich ist

$$BC = OC + OB = (v_W + v_S)\, t_n,$$
$$BD = OD - OB = (v_W - v_S)\, t_n.$$

Andererseits ist

$$BC = n\lambda_1, \qquad BD = n\lambda_2.$$

Somit ergibt sich

$$n\lambda_1 = (v_W + v_S)\, t_n,$$
$$n\lambda_2 = (v_W - v_S)\, t_n.$$

Nach Teilung der beiden Seiten dieser Formeln durch n und unter Berücksichtigung von

$$\frac{n}{t_n} = f_0$$

erhalten wir

$$\lambda_1 = \frac{v_W + v_S}{f_0}, \qquad \lambda_2 = \frac{v_W - v_S}{f_0}.$$

Die Schwingungsfrequenz der Boje A_1 ist somit gleich

$$f_1 = \frac{v_W}{\lambda_1} = f_0 \frac{v_W}{v_W + v_S}$$

und die der Boje A_2

$$f_2 = \frac{v_W}{\lambda_2} = f_0 \frac{v_W}{v_W - v_S}.$$

Die Perioden ihrer Schwingungen sind entsprechend gleich

$$T_1 = \frac{1}{f_1} = \frac{1}{f_0}\, \frac{v_W + v_S}{v_W} = T_0\left(1 + \frac{v_S}{v_W}\right),$$

$$T_2 = \frac{1}{f_2} = \frac{1}{f_0}\, \frac{v_W - v_S}{v_W} = T_0\left(1 - \frac{v_S}{v_W}\right).$$

Der Schwimmer erregt 120 Wellen in einer Minute oder 2 Wellen in einer Sekunde, d. h., $f_0 = 2\,\text{Hz}$. Wenn $v_W = 0{,}5\,\text{m/s}$ und $v_S = 0{,}25\,\text{m/s}$, so ist

$$\lambda_1 = \frac{0{,}5 + 0{,}25}{2} = 0{,}375\,\text{m} = 37{,}5\,\text{cm};$$

$$\lambda_2 = \frac{0{,}5 - 0{,}25}{2} = 0{,}125\,\text{m} = 12{,}5\,\text{cm};$$

$$f_1 = 2\frac{0{,}5}{0{,}5 + 0{,}25} = 1{,}33\,\text{Hz (80 Schwingungen/min)},$$

$$f_2 = 2\frac{0{,}5}{0{,}5 - 0{,}25} = 4\,\text{Hz (240 Schwingungen/min)}.$$

Man kann nun folgende Schlußfolgerungen ziehen: Die von der Boje A_1 aufgenommene Schwingungsfrequenz, von der sich die Schwingungsquelle (Schwimmer) entfernt, ist niedriger als die Schwingungsfrequenz f_0 der Quelle selbst. Die Schwingungsfrequenz f_2 der Boje A_2, der sich die Schwingungsquelle nähert, ist höher als die der Quelle selbst. Diese Erscheinung beruht auf dem aus anderen Gebieten der Physik bekannten Dopplereffekt. Von Doppler selbst wurde er auf dem Gebiet der Akustik entdeckt: Der Ton eines sich dem Beobachter nähernden Lokomotivensignals wird immer höher, sinkt aber plötzlich beim Passieren des Beobachters und mit weiterer Entfernung von diesem wieder ab.
Auf der Wasseroberfläche wird das Wellenbild dadurch kompliziert, weil die Geschwindigkeit der Wellen in bestimmtem Maße von der Größe der Wasseroberfläche abhängt. Daraus erklären sich auch die ungenauen Kreise um den Schwimmer.

Briefe von unterwegs

A. Vor einer Reise von Leningrad nach Wladiwostok versprechen wir unserem Freund, aller zwei Stunden von unterwegs einen Brief zu schicken. Unser Versprechen halten wir genau ein. Die Post arbeitet geradezu ideal: Aller zwei Stunden fliegt ein Postflugzeug vor dem Fenster unseres Waggons vorbei, nimmt den Brief mit und wirft ihn in Leningrad durch das Fenster unseres Freundes. Trotzdem beschwert sich unser Freund, daß wir unser Versprechen nicht gehalten hätten. Wie ist das zu erklären?

B. Ein Hinweis: Zur Erklärung kann die Relativitätstheorie nicht herangezogen werden. Im Zeitalter der kosmischen Geschwindigkeiten ist allen bekannt, daß in einem sich bewegenden Objekt die Zeit langsamer vergeht als in einem unbeweglichen. Aber dieser Effekt tritt erst bei Geschwindigkeiten nahe der Lichtgeschwindigkeit auf. Die Geschwindigkeit eines Zuges ist nun auch nicht im entferntesten mit der Lichtgeschwindigkeit zu vergleichen, und somit ist recht unwahrscheinlich, daß unser Freund eine Verlangsamung des Briefwechsels bemerkt, sogar auch dann nicht, wenn er über die besten Meßgeräte verfügt.
Wer noch nicht erraten hat, worum es geht, sei auf folgenden Fakt aufmerksam gemacht: Wenn wir gleichzeitig (mit zwei verschiedenen Flugzeugen) Briefe nach Leningrad und Wladiwostok schicken, würde uns unser Freund in Wladiwostok mitteilen, daß wir unser Versprechen übererfüllt hätten.
C. Wir beginnen am besten mit einem Zahlenbeispiel. Angenommen, die Geschwindigkeit des Zuges beträgt $v_Z = 100$ km/h, die Geschwindigkeit des Postflugzeuges $v_F = 500$ km/h. Den ersten Brief schicken wir zwei Stunden nach Abfahrt ab, d. h. nach 200 km Fahrt. Das Flugzeug stellt diesen Brief in 200/500 h, d. h. in 24 min unserem Freund zu. Somit erhält er ihn nach 2 h 24 min. Den zweiten Brief erhält er nach 4 h 48 min usw. Wir senden unsere Briefe aller zwei Stunden ab, aber unser Freund erhält sie periodisch in einem Abstand von 2 h 24 min.
Bezeichnen wir die Periode zwischen zwei abgeschickten Briefen mit T_0. In dieser Zeit entfernen wir uns von unserem Freund um $v_Z T_0$. Das Flugzeug benötigt $\frac{v_Z T_0}{v_F}$ Stunden für das Zurücklegen dieses zusätzlichen Weges. Somit ist die Periode zwischen zwei Briefzustellungen gleich

$$T_1 = T_0 + \frac{T_0 v_Z}{v_F} = T_0\left(1 + \frac{v_Z}{v_F}\right).$$

Vergleichen wir diese Formel mit der in der vorhergehenden Aufgabe erhaltenen Formel. Sie sind identisch, da auch die Aufgabenstellungen faktisch gleich sind, wenn zwischen Briefen und Wellen, dem sich von der Boje entfernenden Schwimmer und dem sich von Leningrad entfernenden Zug nicht unterschieden wird. Die Geschwindigkeit des Schwimmers wird hierbei durch die Geschwindigkeit des Zuges und die Geschwindigkeit der Wellen durch die Geschwindigkeit des Flugzeuges ersetzt. Eine vor dem Schwimmer befindliche Boje durchläuft öfter Wel-

len, als der Schwimmer sie erregt. Genauso erhält unser Freund in Wladiwostok öfter Briefe, als wir sie ihm schicken. Wir erkennen also auch hier den Dopplereffekt.
Der Dopplereffekt stellt sich in beliebigen Fällen unter den Bedingungen ein, daß sich sowohl eine Quelle periodischer Signale als auch ein Empfänger relativ zueinander bewegen: in der Akustik, bei Wasserwellen und bei der Frequenz der Briefzustellung. Die breiteste praktische Anwendung des Dopplereffektes ist in der Optik und Radiotechnik zu finden. Aus der Verschiebung der Spektrallinien beim Dopplereffekt bestimmen die Astronomen die Bewegungsgeschwindigkeit der Sterne und interstellarer Wasserstoffwolken. Die Funker bestimmen nach der Veränderung der Signalfrequenz eines Sputniksenders nach dem Dopplereffekt seine Geschwindigkeit, Flugrichtung und -höhe. Ein von einem Radargerät auf ein Flugzeug gerichtetes Signal wird von letzterem reflektiert und kehrt mit durch den Dopplereffekt verdoppelter Frequenzverschiebung zum Radargerät zurück. (Die Frequenz verschiebt sich auf dem Weg zum Ziel und zurück: Als Vergleich kann der Fall herangezogen werden, in dem wir einen Brief aus dem Zug schicken, und unser Freund in Leningrad schickt uns sofort einen Antwortbrief.) Durch Vergleich der Frequenzen des gesendeten Signals und des empfangenen reflektierten wird die Geschwindigkeit des Flugzeuges bestimmt. Ebenso kann sich ein Radargerät an Bord eines Flugzeuges befinden und die Erdoberfläche bestrahlen. Damit kann nach der Verschiebung des reflektierten Signals nach dem Dopplereffekt im Flugzeug die Eigengeschwindigkeit bezüglich der Erdoberfläche bestimmt werden.

Schneller als der Schall

A. Ein Flugzeug fliegt mit Überschallgeschwindigkeit. Der Pilot befindet sich in der Rumpfspitze A (Abb. 52), die Triebwerke an den Tragflächen in den Punkten B und C. Kann der Pilot das Geräusch der Triebwerke seines Flugzeuges hören?
B. Nein, wird das einstimmige Urteil aller sein, die diese Aufgabe zu lösen haben. Aus der Aufgabe über Schwimmer und Wellen ist uns ja bekannt, daß bei einem Flug mit Überschallgeschwindigkeit das Geräusch der Triebwerke nur innerhalb des Konus zu vernehmen ist, dessen Spitze das Triebwerk selbst darstellt. Die beiden Triebwerke des Flugzeuges erzeugen zwei Schallkegel (B_1BB_2 und C_1CC_2 in Abb. 52). Da sich der Pilot nicht

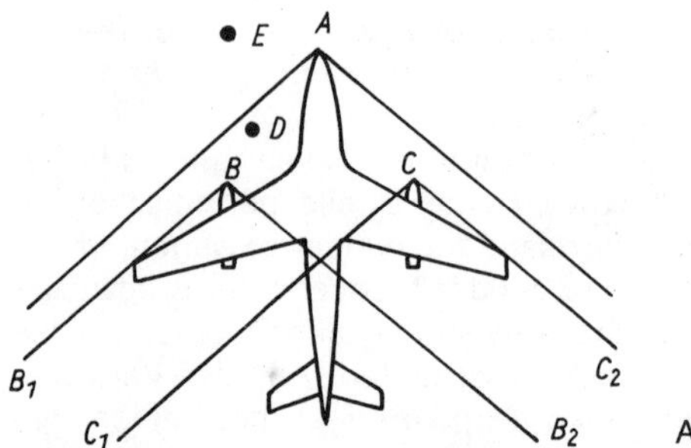

Abb. 52

innerhalb dieses Kegels befindet, kann er folglich das Geräusch der Triebwerke nicht wahrnehmen.
Fragen wir doch selbst einmal einen Piloten eines Überschallflugzeuges. Er wird uns antworten, daß er das Geräusch der Triebwerke sehr gut hören kann. Fragen wir ihn nicht weshalb, sondern versuchen wir, selbst eine Erklärung zu finden.
C. Der Schall breitet sich nicht nur in der Luft aus, sondern auch im Flugzeugrumpf. In der Luft beträgt die Schallgeschwindigkeit ungefähr 300 m/s, in einer Duraluminiumhülle ungefähr 5 000 m/s. Daraus sollte man nun aber keinesfalls voreilige Schlüsse ziehen! Der Pilot hört das Geräusch nicht deshalb, weil die Geschwindigkeit des Flugzeuges geringer ist als die Schallgeschwindigkeit im Duraluminium! Selbst wenn die Geschwindigkeit des Flugzeuges größer als 5 000 m/s wäre, würde das Triebwerkgeräusch zu hören sein.
Die Ursache besteht darin, daß zwischen der Luft als Medium, in dem sich der Schall ausbreitet, und dem Flugzeugrumpf ein wesentlicher Unterschied besteht. Die bezüglich der Erde unbewegliche Luft bewegt sich bezüglich der Schallquelle (Triebwerke) und dem Schallempfänger (Pilot); der Flugzeugrumpf dagegen ist bezüglich Schallquelle und -empfänger unbeweglich. Deshalb wird der sich in der Luft ausbreitende Schall zusammen mit der Luft zurückgetragen und gelangt somit nicht bis zum Piloten; der sich im Flugzeugrumpf ausbreitende Schall dagegen gelangt bei beliebiger Geschwindigkeit des Flugzeuges immer bis zum Piloten. Da nun das Flugzeug selbst mit Luft angefüllt ist, die sich zusammen mit dem Flugzeug bewegt, kann der Schall ebenfalls in dieser inneren, bezüglich des Flugzeuges unbeweglichen Luftmasse die Pilotenkanzel erreichen. Hieraus folgt, daß sogar in einem Raumschiff, das mit einer bedeutend größeren Geschwindigkeit als der der Ausbreitung des Schalls in

Luft und in Duraluminium fliegt, der Schall alle Sektionen einschließlich der Rumpfspitze erreicht.
Anders ist es, wenn zwei Überschallflugzeuge nebeneinander fliegen. Das einzige akustische Medium, das sie verbindet, ist die nach rückwärts getragene Luft. In diesem Fall ist das Geräusch des benachbarten Flugzeuges nicht zu hören. Dazu müßte man sich im Schallkegel des anderen Flugzeuges befinden.
Nach dem oben Angeführten mag nun der Fakt sehr kurios erscheinen, daß derjenige das Geräusch der Triebwerke hören könnte, der mit der gleichen Geschwindigkeit des Flugzeuges vor dem Triebwerk im Punkt *D* fliegen könnte, obwohl sich dieser Punkt außerhalb des Schallkegels der Triebwerke befindet. Wiederum ist das einzige akustische Medium, das diesen Punkt mit dem Flugzeug verbindet, die mit Überschallgeschwindigkeit zurückgetragene Luft. Die Erklärung besteht darin, daß, wie schon oben geschildert, das Geräusch der Triebwerke in der Verkleidung des Flugzeuges bis zur Rumpfspitze gelangt. Die Flugzeugnase aber erscheint in diesem Falle als Sekundärquelle und gibt erneut einen geringen Teil der Schallenergie des Triebwerkes an die Luft ab. Somit besteht ein zusätzlicher Schallkegel, dessen Spitze die Flugzeugnase darstellt. Der Punkt *D* befindet sich ja innerhalb dieses Kegels. Im Punkt *E* dagegen ist das Geräusch des Triebwerkes absolut nicht zu hören.

Ein Motorboot auf einem Kanal

A. Angenommen, wir wohnen am Ufer eines geraden Kanals mit akkuraten Steinmolen (z. B. in Leningrad). Wir sehen aus dem Fenster und entdecken, daß die ruhige Wasserfläche zwischen den Uferwänden durch Wellen gestört wird, die zusammen- und wieder auseinanderlaufen und dabei ein interessantes bewegtes Ornament bilden. Die hauptsächlichsten Wellen dieses Musters sind auf Abb. 53 dargestellt. Die durch gestrichelte Linien dargestellten Wellen laufen von der Wand *AB* zur Wand *CD*, die

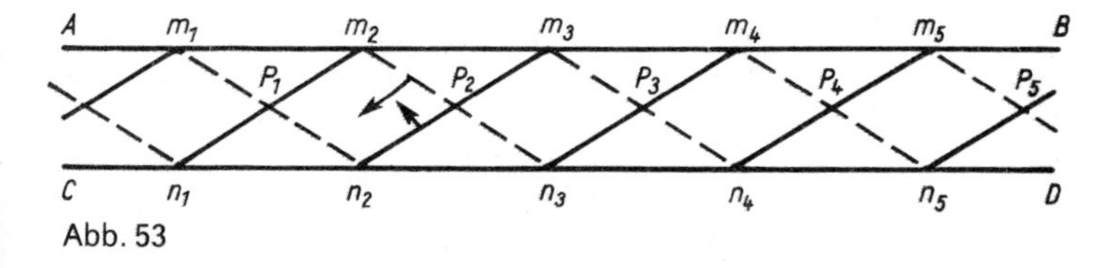

Abb. 53

durch voll ausgezogene Linien dargestellten Wellen in umgekehrter Richtung. Vor kurzem muß den Kanal ein Motorboot passiert haben. Es soll bestimmt werden, nach welcher Seite das Motorboot gefahren ist und wie groß seine Geschwindigkeit war. Wir nehmen dabei an, daß sich die Wellen im Kanal mit einer Geschwindigkeit von 1 m/s ausbreiten.

B. In gewisser Hinsicht hilft uns die Aufgabe „Schwimmer und Wellen" bei der Lösung. Aus ihr können wir entnehmen, daß von einem Schwimmer, dessen Geschwindigkeit größer ist als die der Wellen, zwei keilförmige Wellen ausgehen. Mit Hilfe des Winkels α, der von diesen beiden Wellen eingeschlossen wird, kann die Geschwindigkeit des Motorbootes bestimmt werden:

$$v_M = \frac{v_W}{\sin\frac{\alpha}{2}}.$$

In Abb. 54 sind Motorboot und Keil der Wellen OA und OC dargestellt. Bei Nichtbehinderung durch die Uferwände könnten sich die Wellen entlang der gestrichelten Linien AA' und CC' weiter ausbreiten. Diese zuletzt genannten Linien sollen entsprechend den Bedingungen der Aufgabe aufgezeichnet werden. Das Reflexionsgesetz wird dabei als bekannt vorausgesetzt.

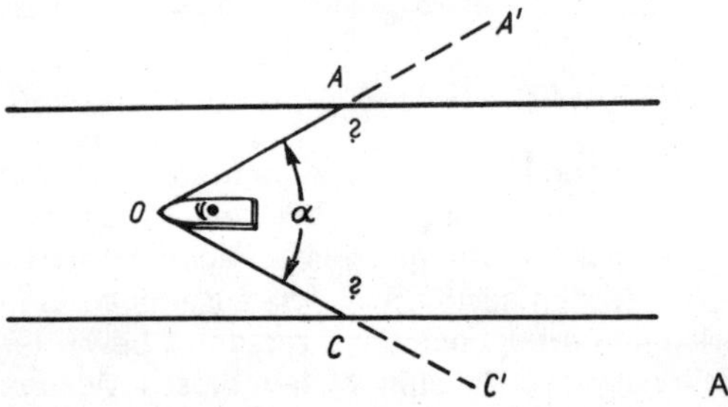

Abb. 54

C. Angenommen, im gegebenen Moment befindet sich der Bug des Bootes in Punkt a (Abb. 55) und eine von ihm erregte Welle auf der Geraden $abcdefg$. Nach einer bestimmten Zeit t befindet sich der Bug des Bootes im Punkt a' und die ihn begleitende Welle auf der Geraden $a'a_1b_1c_1$. Alle Wellenpunkte bewegen sich mit gleicher Geschwindigkeit, die senkrecht zur Wellenfront gerichtet ist. Deshalb durchlaufen sie alle in der Zeit t gleiche Entfernungen aa_1, bb_1, cc_1. Der Wellenpunkt d muß den

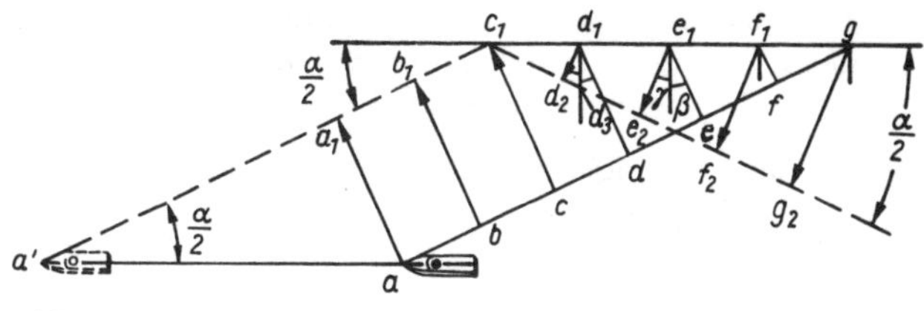

Abb. 55

gleichen Weg zurücklegen, aber auf seinem Weg nach Punkt d_1 trifft er auf die Uferwand, wird dort unter dem Einfallswinkel wieder reflektiert ($\gamma = \beta$) und legt den zusätzlichen Weg d_1d_2 zurück. Der Gesamtweg des Punktes d während der Zeit t ist also unterbrochen, aber seine Länge ist gleich der Weglänge eines beliebigen Wellenpunktes:

$$dd_1d_2 = cc_1 = bb_1 = aa_1 .$$

Die übrigen Wellenpunkte werden ähnlich reflektiert:

$$ee_1e_2 = ff_1f_2 = gg_2 = aa_1 .$$

Als Ergebnis bilden die Punkte der reflektierten Welle die Gerade $c_1d_2e_2f_2g_2$, die unter dem Winkel $\frac{\alpha}{2}$ zur Uferwand geneigt ist, unter dem gleichen Winkel also, unter dem die einfallende Welle $a'a_1b_1c_1$ zur Wand geneigt ist. Die reflektierte Welle bewegt sich in Richtung d_1d_2 (oder auch e_1e_2, f_1f_2) zur gegenüberliegenden Uferwand. Die Dreiecke $c_1d_1d_2$ und $c_1d_1d_3$ sind ähnlich: d_3d_1 ist senkrecht zu c_1d_1, und d_1d_2 ist senkrecht zu c_1d_2, d. h., beide Dreiecke sind rechtwinklig, den zweiten Winkel $\frac{\alpha}{2}$ haben sie gemeinsam. Deshalb sind auch die dritten Winkel gleich. Folglich ist $\frac{\alpha}{2} = \gamma$. An der gegenüberliegenden Uferwand verläuft die Reflexion in gleicher Weise. Infolge der mehrfachen Reflexion der Wellen wird der Kanal auf einer relativ großen Länge von zwei Serien schräger Wellen durchzogen, die sich ohne jegliche Störung untereinander kreuzen.
Es ist ersichtlich, daß sich der Punkt c_1, in dem die Welle $a'c_1g_2$ bei der Reflexion gebrochen wurde, entlang der Uferwand mit einer Geschwindigkeit gleich der des Bootes nach links bewegt.

In der Tat, wäre die Geschwindigkeit des Punktes c_1 geringer als die des Bootes a', würde er mehr und mehr hinter dem Boot zurückbleiben. Die Gerade $a'c_1$ würde sich dann immer mehr einer Waagerechten (in der Abbildung) nähern, d. h., der Winkel $\frac{\alpha}{2}$ würde sich immer mehr verkleinern. Es ist aber

$$\frac{\alpha}{2} = \arcsin \frac{v_W}{v_B};$$

damit hängt α nur von den Konstanten v_B (Geschwindigkeit des Bootes) und v_W (Geschwindigkeit der Wellen) ab. Daraus kann gefolgert werden, daß der Winkel $\frac{\alpha}{2}$ ebenfalls konstant ist und sich die Gerade $a'c_1$ parallel zu sich selbst bewegen wird. Das wiederum ist nur möglich, wenn sich c_1 mit der gleichen Geschwindigkeit wie a' bewegt.
Genauso wird bewiesen, daß sich auch die übrigen Brechungspunkte der Wellen am Ufer (die Punkte m_1, m_2, m_3, ...; n_1, n_2, n_3, ... in Abb. 53) mit der Geschwindigkeit des Bootes bewegen. Die Punkte p_1, p_2, p_3, ..., in denen sich die Wellen in der Kanalmitte kreuzen, bewegen sich ebenfalls mit dieser Geschwindigkeit nach der gleichen Seite. Daraus geht hervor, daß zur Bestimmung der Geschwindigkeit des Motorbootes die Geschwindigkeit der Wellen nicht erforderlich ist; es muß nur die Bewegungsgeschwindigkeit eines der Punkte m_1, m_2, n_1, p_1 usw. gemessen werden. Das gesamte Wellenbild läuft dem Boot mit dessen Geschwindigkeit nach, obwohl sich jede einzelne der Wellen, sich senkrecht zu ihrer Front ausbreitend, recht träge bewegt.
In welche Richtung fuhr nun das Motorboot in Abb. 53? Die Welle n_1m_1, durch eine voll ausgezogene Gerade dargestellt, läuft zum Ufer *AB*, die Welle m_3n_3 zum Ufer *CD*. Ihr Treffpunkt m_2 bewegt sich nach links. Demzufolge bewegen sich auch alle übrigen Punkte so wie das Boot nach links.
Die Geschwindigkeit des Bootes wird durch Messen des Schnittwinkels der Wellen $\alpha = \sphericalangle\, m_2p_1n_2$ bestimmt. In diesem Beispiel soll $\alpha = 60°$ sein. Somit ergibt sich für die Geschwindigkeit des Bootes

$$v_B = \frac{v_W}{\sin \frac{\alpha}{2}} = \frac{1\,\text{m/s}}{\sin 30°} = 2\,\text{m/s}.$$

Donner und Blitz

A. Der Blitz ist eine kurzzeitige Lichterscheinung und dauert weniger als $\frac{1}{100}$ s. Der durch ihn hervorgerufene Donner dauert dagegen mehrere Sekunden. Das ist nicht verwunderlich: Das durch den Blitz entstehende Geräusch gelangt nicht nur auf geradem Wege zu uns, sondern auch auf Umwegen, indem es noch an Wolken und der Erde reflektiert wird. Wir vernehmen natürlich zuerst das auf geradem Wege zu uns gelangende Geräusch und danach noch längere Zeit das Rollen des Donners, der einzelnen Geräusche, die auf längerem gebrochenem Weg zu uns gelangen. Seltsam ist aber, daß das stärkste Geräusch nicht immer am Anfang des Donnerrollens zu hören ist. Sehr oft vernehmen wir es erst wenige Sekunden später. Wie ist das zu erklären? Sollte das reflektierte Geräusch stärker sein als das direkt zu uns gelangende?

B. Im allgemeinen kann ein reflektiertes Geräusch stärker sein als das direkte. Nehmen wir an, die Schallquelle befindet sich im Punkt *A* (Abb. 56) und der Beobachter im Punkt *E*. Es kann nun

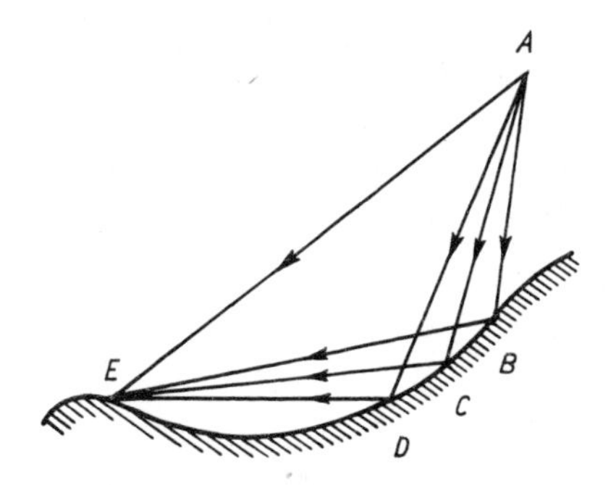

Abb. 56

der Fall eintreten, daß ein bestimmter Geländeabschnitt *BCD* ähnlich einem Hohlspiegel die von Punkt *A* gesendeten Schallstrahlen im Brennpunkt *E* sammelt. Voraussetzung dafür ist, daß die gebrochenen Linien *ABE, ACE, ADE* entweder gleich sind oder aber sich um eine ganze Zahl von den Schallwellen unterscheiden. Die vom Beobachter *E* auf dem gebrochenen Wege wahrgenommenen Geräusche addieren sich und lassen ein stärkeres Geräusch entstehen als das, das auf der Geraden *AE* zum Beobachter gelangt. Jedoch ist eine solche Geländeform unter natürlichen Bedingungen für die Entstehung einer solchen Erscheinung wenig wahrscheinlich.

Aber es gibt noch eine andere viel wesentlichere Ursache: Der Blitz zeichnet sich im Unterschied zu anderen Schallquellen durch eine große räumliche Ausdehnung aus. Überlegen wir, wie diese Tatsache zum oben beschriebenen Effekt führen kann.

C. Fast alle Töne – Lokomotivensignal, Ruf eines Menschen, Motorendröhnen – stammen von Schallquellen mit äußerst geringer Flächenausdehnung. Schon in einer Entfernung von einigen zehn Metern kann eine solche Schallquelle als punktförmig angesehen werden. Die Länge eines Blitzes aber beträgt bis zu mehreren Kilometern, und dabei stellt er auf seiner gesamten Länge eine Schallquelle dar. Das Geräusch des Blitzes – der Donner – ist das Ergebnis einer plötzlichen Ausdehnung der Luft, die vom Blitz gespalten wird. Wie wir selbst mehrere Male sehen konnten, ist der Blitz ein recht unregelmäßiges Gebilde: An einzelnen Stellen ist er sehr grell, an anderen wieder schwächer, und auf seiner gesamten Ausdehnung kann man viele Windungen und Verzweigungen beobachten (s. Foto Abb. 57). Des-

Abb. 57

halb ist auch die Schallstärke der einzelnen Blitzabschnitte unterschiedlich. Wenn also der Blitzabschnitt *A* (Abb. 58) ein Geräusch erzeugt, das um ein Vielfaches stärker ist als das des Abschnittes *B*, wird der Beobachter *C* den stärkeren Schall auf der

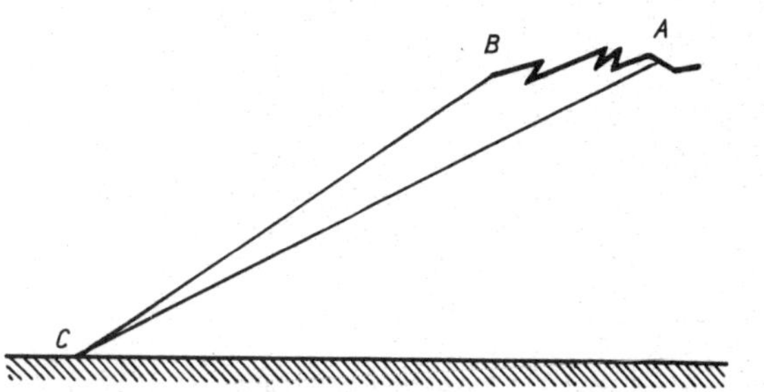

Abb. 58

Geraden AC später vernehmen als das schwächere Geräusch auf der Geraden BC.
Man kann nun entgegnen, daß die Entfernung AC größer ist als BC und der Schall von A auf seinem Weg stärker abgeschwächt wird und demzufolge kaum lauter sein kann als der Schall von B. Selbstverständlich muß auch das berücksichtigt werden. Aber betrachten wir ein Beispiel. Wir nehmen an, daß ein Blitz auf einer Entfernung von $BC = 5$ km eingeschlagen hat und seine Länge $AB = 1$ km beträgt. Weiter nehmen wir an, daß der Schall von A um mindestens das Doppelte stärker ist als der Schall von B. Da die Schallstärke ungefähr umgekehrt proportional dem Quadrat der Entfernung abnimmt, die Entfernung BC aber ungefähr $\frac{5}{6}$ der Entfernung AC beträgt, wird der Beobachter den Schall von A um $2\left(\frac{5}{6}\right)^2 = \frac{50}{36}$mal stärker hören als den Schall von B. Der Beobachter vernimmt somit in diesem Beispiel 3 s nach dem Beginn des Donners den Schall lauter als am Anfang (der Schall durchläuft einen Kilometer ungefähr in 3 s).
Es ist einleuchtend, daß eine solche Erscheinung um so wahrscheinlicher ist, je weiter entfernt der Blitz von uns ist. Beträgt z. B. $BC = 1$ km und $AB = 1$ km, ergibt sich für $AC \approx 2$ km, und der stärkere Schall von A wird nur mit der $2\left(\frac{1}{2}\right)^2 = \frac{1}{2}$fachen Schallintensität wahrgenommen, d. h. um das Doppelte schwächer als der schwächere Schall von B. Deshalb beginnt bei nahen Blitzen der Donner in der Regel mit dem stärksten Schall, um dann allmählich schwächer zu werden.

Ein Heimradargerät

A. Unser Wohnhaus befindet sich z. B. südlich von einem Fernsehsender. Aus irgendeinem Grund sind alle Bildobjekte auf der Bildröhre unseres Fernsehapparates verdoppelt: Um einen fünften Teil der horizontalen Abmessungen des Bildes ist neben dem Original dessen „Schatten" zu sehen. Es soll gesagt werden, wie groß die Entfernung bis zu dem südlich von unserem Wohnhaus stehenden Hochhaus ist.
B. Als Hinweis sei noch gegeben, daß der sowjetische Standard des Fernsehens mit 25 Bildern in der Sekunde und 625 Zeilen im Bild festgesetzt ist. Eine weitere Hilfestellung ist mit der Überschrift selbst gegeben.
C. Das Fernsehsignal tritt auf der Geraden *AB* (Abb. 59) – von

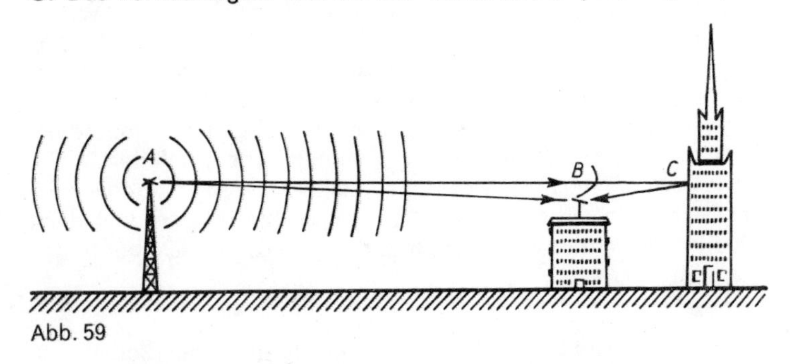

Abb. 59

der Sendeantenne *A* zur Empfangsantenne *B* – in den Fernsehempfänger ein. Hier stellt es auf dem Bildschirm ein wirkliches Bild dar. Es kann aber auch auf einem Umweg in den Empfänger gelangen: auf der gebrochenen Geraden *ACB*, die vom Hochhaus *C* reflektiert worden ist. Die Länge der gebrochenen Geraden *ACB* ist ungefähr um die doppelte Entfernung *CB* größer als die Gerade *AB*. Die Entfernung *CB* ist die von uns gesuchte und soll mit *R* bezeichnet werden:

$$ACB - AB \approx 2CB = 2R.$$

Das verspätete reflektierte Signal schafft auf dem Bildschirm die Doppeldarstellung. Auf diesem zeichnet der Elektronenstrahl die Zeilen von links nach rechts. Somit wird die verspätete reflektierte Abbildung rechts vom Original aufgezeichnet.
Das auf der gebrochenen Linie in den Empfänger tretende Signal

verspätet sich im Vergleich zur geraden Linie um die Zeit t. Diese ist gleich dem zusätzlichen Weg $2R$, geteilt durch die Geschwindigkeit der Radiowellen $c = 300\,000$ km/s:

$$t = \frac{2R}{c}.$$

Die Formel ist eine der wichtigsten in der Radartechnik. Durch Messen der Verspätung t des reflektierten Signals wird in der Radartechnik die Entfernung bis zum Reflektor bestimmt:

$$R = \frac{ct}{2}.$$

Können wir die Verspätung t messen? Ja, nach dem Verschiebungswert der Doppelabbildung zum Original. In den Aufgabenbedingungen heißt es, daß diese Verschiebung ein Fünftel der horizontalen Bildabmessung beträgt, d. h. ein Fünftel der Zeilenlänge. In der Sekunde werden $25 \cdot 625 = 15\,625$ Zeilen übertragen. Folglich wird eine Zeile in

$$t_Z = \frac{1}{15\,625}\,\text{s} = 64\,\mu\text{s}$$

und ein Zeilenfünftel in 12,8 µs übertragen. Das ist auch die Verspätungszeit des reflektierten Signals.
Die Entfernung bis zum Hochhaus beträgt

$$R = \frac{ct}{2} = \frac{300\,000}{2}\;\frac{1}{5 \cdot 15\,625} \approx 1{,}92\,\text{km}.$$

Die Aufgabe ist somit gelöst. Der Vollständigkeit halber seien noch einige von uns gemachten Vereinfachungen untersucht. Sie führten zu einer gewissen Ungenauigkeit. Die größte Ungenauigkeit rührt daher, daß die Zeit t_Z nicht nur für die Zeichnung der Zeilen verbraucht wird, sondern auch für den Rücklauf des Strahls in die äußerste linke Stellung, den Punkt, von dem aus der Strahl die nächste Zeile zeichnet. Dieser Zeitwert beträgt ungefähr 15% von t_Z. Folglich beträgt die beobachtete Verschiebung nur ein Fünftel von $0{,}85\,t_Z$. Unter Berücksichtigung dieser wesentlichen Berichtigung beträgt die Entfernung bis zum Hochhaus nur noch 1,64 km.
Eine andere Ursache der Ungenauigkeit kann die ungleichmä-

ßige Geschwindigkeit des Elektronenstrahles entlang der Zeilen sein. Der Grund hierfür besteht in der nicht exakten linearen Veränderungen des Stroms in der Zeilenablenkspule. Eine genaue Berücksichtigung dieses Fehlers ist nur möglich mit Hilfe spezieller Messungen der Formen des Ablenkstroms. In Fernsehgeräten beträgt dieser Fehler gewöhnlich 1 bis 5%.
Es gibt außerdem noch andere Fehlerquellen (z. B. die Unbeständigkeit der Ausbreitungsgeschwindigkeit der Radiowellen bei veränderten meteorologischen Bedingungen in der Atmosphäre), aber deren Bedeutung ist nur gering im Vergleich zu dem Fehler, mit dem wir die Verschiebung auf dem Bildschirm gemessen haben.
Wir bilden die Formel um nach

$$c = \frac{2R}{t}.$$

Bringt uns die Formel nicht auf den Gedanken, die Geschwindigkeit der Radiowellen selbst zu messen? Und tatsächlich, der Versuch, den im vergangenen Jahrhundert nur die besten Experimentalphysiker durchführen konnten, ist heute jedem Besitzer eines Fernsehapparates möglich. Man braucht nur die Entfernung R mit einem Bandmaß oder anderen bekannten trigonometrischen Methoden zu messen, die Verspätung der Doppelabbildung auf dem Bildschirm zu bestimmen, das erste durch das zweite zu teilen und erhält die Lichtgeschwindigkeit. Die Genauigkeit unserer Messungen wird dabei so groß sein, wie die von dem Astronomen Römer (1666) bei Erstmessungen erreichte, wofür er die Verfinsterung der Jupitermonde benutzte. Die Messung von Römer war von beachtlichem Wert. Damals nahm die Mehrzahl der Gelehrten an, daß sich das Licht augenblicklich ausbreitet. Ungeachtet des Fehlers von 25% war das von Römer erzielte Ergebnis eine hervorragende wissenschaftliche Leistung.
Zurück zu unserer Aufgabe, die noch viel Interessantes beinhaltet. Kann man z. B. mit der oben beschriebenen Methode die Entfernung zum Hochhaus messen, das sich auf der Verlängerung der Geraden Fernsehsender–Empfänger befindet? Können auch die Entfernungen gemessen werden, die sich nicht auf der verlängerten Geraden befinden? Auf Abb. 60 sind im Grundriß Antennen (Sendeantenne A und Empfangsantenne B) und Reflektoren (Hochhäuser, Tragmasten elektrischer Leitungen u. a.) dargestellt. Befindet sich der Reflektor C'' seitlich der Geraden

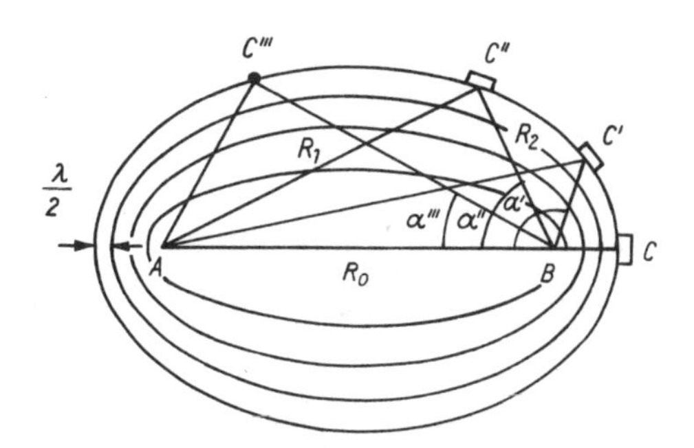

Abb. 60

AB, gelangt das reflektierte Signal auf der gebrochenen Geraden $AC''B$ zum Empfänger. Die Länge der Geraden $AC''B$ wird mit $R_1 + R_2$ bemessen und ist um den Wert

$$\Delta R = R_1 + R_2 - R_0$$

größer als die Gerade R_0. Die Verspätung auf dem Bildschirm beträgt somit

$$t = \frac{\Delta R}{c} = \frac{R_1 + R_2 - R_0}{c}.$$

Diese Gleichung mit den zwei Unbekannten kann gelöst werden. Vorerst müssen diese Unbekannten ermittelt werden. Vorteilhaft ist es, zu untersuchen, wie alle Reflektoren, die eine gleiche Verzögerung auf dem Bildschirm hervorrufen, im Gelände verteilt sein müssen. Die in die Formel eingehende Größe R_0 ist konstant (Fernsehsender und Wohnhaus sind gegeneinander unbeweglich). Daraus folgt, daß alle Reflektoren, für die $R_1 + R_2 = \text{const}$ ist, eine gleiche Verzögerung t hervorrufen. Die geometrische Figur der Punkte mit diesen Eigenschaften (d. h., für die die Summe der Abstände R_1 und R_2 bis zu den zwei Punkten A und B konstant ist) ist eine Ellipse; die Punkte A und B sind Brennpunkte der Ellipse. Ist die Entfernung R_0 bekannt (in der Radartechnik ist die Entfernung zwischen Sender und Empfänger i. allg. bekannt), wird für die Bestimmung der verbleibenden zwei Unbekannten R_1 und R_2 noch eine unabhängige Messung erforderlich. Gewöhnlich wird nun dazu der Winkel α gemessen (Abb. 60). Da alle Reflektoren C, C', C'', C''' den gleichen Summenabstand $R_1 + R_2$, aber verschiedene Winkel α, α', α'', α''' haben, kann, z. B. durch Messen von α'' und Konstruktion der

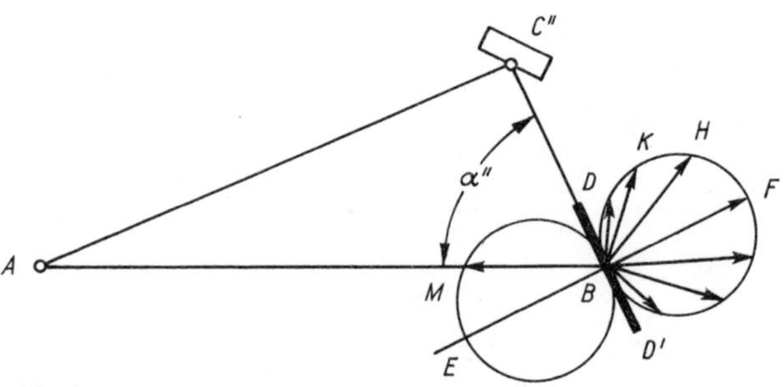

Abb. 61

Geraden BC'', die Lage des Objektes C'' als Schnittpunkt der Geraden BC'' mit der Ellipse, die der gegebenen Summe $R_1 + R_2$ entspricht, bestimmt werden.

Der Besitzer eines Fernsehapparates kann den Winkel α aber auch mit einer reinen radiotechnischen Methode messen, ohne zu Theodolit und Bussole greifen zu müssen.

Eine einfache Fernsehantenne – ein Halbwellendipol – besitzt eine ungleichmäßige Empfindlichkeit gegenüber aus verschiedenen Richtungen kommenden Signalen (Abb. 61). Die größte Empfindlichkeit besitzt er in Richtung *BF* und *BE*, also senkrecht zum Dipol *DD'* selbst. In anderen Richtungen (*BH, BK*) ist die Empfindlichkeit (genauer der Richtfaktor) der Antenne geringer, und in den Richtungen *BD* und *BD'* ist sie theoretisch gleich Null. Quantitativ wird der Richtfaktor durch die Vektorenlängen *BK, BH, BF* charakterisiert; die Hüllkurve dieser Vektoren *KHF* wird Richtcharakteristik genannt. Wir drehen unseren Dipol nun so lange, bis das Doppelbild auf dem Bildschirm verschwindet. Das bedeutet, daß wir ein Minimum der Richtcharakteristik auf den Reflektor C'' gerichtet haben, d. h. die Längsachse des Dipols *DD'*. Letztere zeigt somit die Richtung zum Reflektor C'' an.

Mit dieser Methode können wir ein störendes Signal ausschalten. Das direkte Signal des Fernsehsenders wird aber auf diese Weise um einen bestimmten Betrag schwächer empfangen: Die Länge des Vektors *BM* ist geringer als die maximal mögliche. Leider kann man mit dieser Methode nicht jeden störenden Reflektor ausschalten. Richten wir z. B. das Minimum der Richtcharakteristik auf den Reflektor *C* (s. Abb. 60), so richten wir damit gleichzeitig das diametral entgegengesetzte zweite Minimum der Richtcharakteristik auf den Fernsehsender, womit unser Empfang unterbrochen wäre. Ebenso unmöglich ist es, alle Re-

flektoren auszuschalten, deren Richtung unterschiedlich ist. In solchen Fällen muß zu komplizierten Antennen gegriffen werden, z. B. zu sog. Wellenkanälen (Abb. 62), die eine genügend spitze Richtcharakteristik besitzen. Durch deren Orientierung auf den Fernsehsender erzielen wir eine mehrfache Verstärkung des Nutzsignals und eine mehrfache Abschwächung der aus anderen Richtungen kommenden Störsignale.
In Abb. 62 ist die Richtcharakteristik etwas vereinfacht dargestellt – es ist nur die Hauptkeule, und es sind nicht die schwächeren Nebenkeulen eingezeichnet. Interessant ist die Beobachtung der Störungen auf dem Bildschirm. Ist deren Quelle ein sich bewegender Reflektor, z. B. ein Flugzeug, beginnt die Erscheinung in ihrer Helligkeit zu pulsieren und ändert sogar ihre Polarität. Sie ist einmal heller als der Bildhintergrund, dann wieder dunkler (einmal ein Positiv, danach ein Negativ). Diese Pulsation wird dadurch erklärt, daß sich die summare Entfernung $R_1 + R_2$ im Falle eines sich bewegenden Reflektors ständig ändert. Deshalb befinden sich die vom Flugzeug reflektierten hochfrequenten Schwingungen einmal in Phase mit dem direkten Signal des Fernsehsenders, ein anderes Mal in entgegengesetzter Phase (Interferenz). Durch Messen der Frequenz der Pulsation der Störerscheinung kann sogar die Geschwindigkeit des Flugzeugs bestimmt werden.
Dabei wird folgendermaßen vorgegangen: Eine volle Pulsationsperiode ist gleich der Zeit, in der sich die Summe $R_1 + R_2$ um eine Wellenlänge λ verkürzt (oder verlängert). Wenn die Ellipsen (im Raum Ellipsoiden) nun so konstruiert werden, daß sich zwischen zwei benachbarten Ellipsen die Summe $R_1 + R_2$ genau um λ unterscheidet (s. Abb. 60), wird die Pulsationsfrequenz des Störbildes auf dem Schirm gleich der von dem Flugzeug pro Sekunde geschnittenen Ellipsenanzahl. Das heißt, sie hängt (auf komplizierte Art und Weise) von der Geschwindigkeit ab.
Die Ausführungen wären unvollständig, wenn nicht darauf hingewiesen würde, daß manchmal störende Doppelbilder (weniger scharfe) auf dem Bildschirm auch infolge innerer Defekte des Gerätes selbst entstehen können (Verstimmung der Bild-

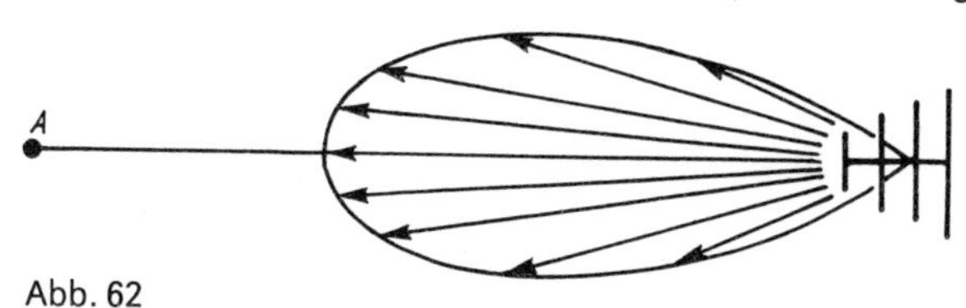

Abb. 62

schärfe u. a.). Über solche Mängel ist in der einschlägigen Fachliteratur nachzulesen.

Eine gebrochene Linie ist kürzer als eine direkte Gerade

A. Nun kann es aber vorkommen, daß sich das störende Doppelbild links vom Original, nicht rechts, wie in der vorhergehenden Aufgabe dargelegt wurde, befindet. In diesem Fall empfängt man das reflektierte Signal früher als das direkte. Eine gebrochene Gerade kann doch aber nicht kürzer sein als eine direkte. Das ist sehr seltsam. Wie ist das zu erklären?
B. Die mögliche Erklärung, daß im Fernsehapparat die Spulenenden der Zeilenabtastung vertauscht worden sind, der Elektronenstrahl die Zeile von rechts nach links zeichnet und das verspätete Signal noch weiter links gezeichnet wird, muß entkräftet werden. Die Anschlüsse sind nicht vertauscht worden. Im gegenteiligen Fall würde man das sofort feststellen können, da man nämlich die Bilder seitenverkehrt sehen würde. Es liegt also weder ein Defekt noch ein Irrtum in der Konstruktion des Fernsehapparates vor.
C. Das Doppelbild befindet sich immer rechts vom Original. Dadurch passiert es, daß es sich am nächsten Zeilenanfang links vom Original befindet. Für eine Zeilenaufzeichnung (mit Rücklauf) wird die Zeit $t_Z = 64\,\mu s$ (s. vorhergehende Aufgabe) benötigt. Wenn sich deshalb das auf Abb. 59 dargestellte Hochhaus um

$$R = \frac{ct_Z}{2} = \frac{300\,000 \cdot 64 \cdot 10^{-6}}{2} = 9{,}6\ \text{km}$$

südlich von unserer Antenne befindet, wird sich das von ihm reflektierte Signal um genau eine Zeile verzögern. Das Doppelbild wird sich somit ohne Verschiebung rechts oder links vom Original lagern (aber mit einer Verschiebung von einer Zeile nach unten, die praktisch jedoch kaum bemerkbar ist). Beträgt aber die Entfernung bis zum Reflektor nur etwas weniger als 9,6 km, wird das Signal links vom Original aufgezeichnet werden.
Der geometrische Grundsatz konnte also nicht ins Wanken gebracht werden: Eine gebrochene Linie ist immer noch länger als eine direkte Linie.
Beträgt die Entfernung bis zum Reflektor mehr als 9,6 km, wird sich das Doppelbild um mehr als eine Zeile verschieben, und un-

sere Methode der Entfernungsmessung würde versagen. Wäre z. B. die Entfernung gleich 11 km, würde die auf dem Bildschirm beobachtete Verschiebung nach rechts der Entfernung 11 km – 9,6 km = 1,4 km entsprechen. Das ist natürlich ein großer Irrtum. In der Radartechnik muß mit der Möglichkeit solcher Fehler (Nichtübereinstimmung) gerechnet werden. Wenn ein Radargerät im gegebenen Moment den Impuls *1* sendet (Abb. 63), kann der nächste Impuls *2* erst dann gesendet wer-

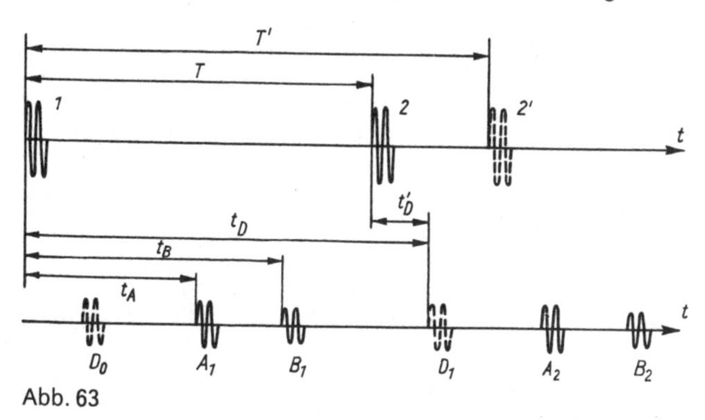

Abb. 63

den, wenn alle reflektierten Impulse, z. B. der Impuls A_1 vom Objekt A und der Impuls B_1 vom Objekt B, zurückgekehrt sind. Dabei werden die Entfernungen bis zu den Objekten A und B richtig gemessen nach den Verzögerungen t_A und t_B der reflektierten Signale bezüglich des gesendeten. Nach T Sekunden wird der zweite Impuls *2* gesendet, und der oben beschriebene Ablauf wiederholt sich (s. reflektierte Impulse A_2 und B_2). Wenn aber ein noch weiter entfernter Reflektor D existieren würde, von dem sich das Signal um die Zeit $t_D > T$ verspäten würde, so wäre es nicht möglich, diese Verzögerung zu bestimmen: Es kann unmöglich die Aussage gemacht werden, welcher der beiden Werte t_D oder t'_D richtig ist. Mit anderen Worten, es kann nicht festgestellt werden, auf welchen der beiden gesendeten Impulse (*1* oder *2*) das reflektierte Signal D_1 zurückzuführen ist (ebenso wie D_0, das auf einen noch früheren Sendeimpuls zurückzuführen ist). Um diese Unbestimmtheit auszuschalten, müßte die Periode der Wiederholungsimpulse bis zum Wert $T' > t_D$ vergrößert werden. Da sich aber mit Entfernungszunahme die Größe des reflektierten Signals sehr schnell verringert (umgekehrt proportional der vierten Potenz der Entfer-

nung), ist bei richtig gewähltem T die Erscheinung eines um $t_D > T$ verzögerten Signals sehr unwahrscheinlich.
Wir werden nun ohne Schwierigkeiten erklären können, warum bei einer Radioübertragung einer Tonbandaufnahme manchmal nicht nur ein verzögertes „Echo", sondern auch ein vorauseilendes „Echo" eines einzelnen lauten Tons zu vernehmen ist. Während der Lagerung des Tonbandes können sich die benachbarten Wicklungen berühren. Eine stark magnetisierte Stelle, die dem letzten Ton entspricht, kann nun die sie berührenden Stellen der benachbarten Wicklungen magnetisieren, also sowohl die nachfolgende als auch die vorhergehende. Das ist die Ursache, warum wir manchmal während einer Radiosendung zwei bezüglich ihrer Primärquelle zeitsymmetrische „Echos" hören.

Die Uhr mißt die Zeit ...

A. – Die Uhr mißt die Zeit, und die Zeit mißt das menschliche Leben; aber womit mißt man die Tiefe des Stillen Ozeans? – Diese tiefen Gedanken von Kosma Pruktow kann man als Epigraph zu dieser Aufgabe betrachten. Kann nun aber dieses Epigraph als Aufgabe angesehen werden? Können wir diese Aufgabe lösen?
B. Zu Lebzeiten Pruktows wurden geringe Tiefen (bis zu 4 m) mit einem Pegel, größere Tiefen (bis 500 m) mit einem Lot gemessen. Damals gab es aber noch nicht so ein Lot, mit dem man den Grund des Stillen Ozeans erreichen konnte. Erst im darauffolgenden Jahrhundert wurde eine Erfindung gemacht, der die Anwendung der Uhr zu ozeanographischen Tiefenmessungen zugrunde lag. Was war das für eine Erfindung?
C. Das war das Echolot. Von der Wasseroberfläche wird ein Schallimpuls in die Tiefe gesendet und dessen vom Meeresboden reflektiertes Echo empfangen. Die Uhr wird dabei bei der Signalsendung und beim Echoempfang entsprechend ein- bzw. ausgeschaltet. Die Tiefe wird dann nach der Verzögerung des Echos bestimmt:

$$h = \frac{ct}{2},$$

wobei c die Schallgeschwindigkeit in Meerwasser und t die Verzögerungszeit ist. Die Zwei im Nenner berücksichtigt den vom Signal zurückgelegten doppelten Weg (Hin- und Rückweg). Da-

mit wäre das Prinzip der Unterwasserschallotung in aller Kürze beschrieben.
Die Geschwindigkeit des Schalles in Meerwasser beträgt im Mittel 1530 m/s. Wurde z. B. die Zeit t mit 10 s gemessen, so erhält man für die Wassertiefe

$$h = \frac{1530 \cdot 10}{2} \text{ m} = 7650 \text{ m}.$$

Im allgemeinen hängt die Meßgenauigkeit einmal von der genauen Kenntnis der Geschwindigkeit der Schallwellen im Meerwasser und zum anderen von der Meßgenauigkeit der Verspätung des Signals ab. Eine gewöhnliche Stoppuhr besitzt eine Meßgenauigkeit von wenigen Zehntelsekunden. Das heißt, daß die Tiefe mit einer Genauigkeit von wenigen hundert Metern bestimmt werden kann. Für geforderte größere Genauigkeit werden elektronische Uhren (Oszillographen u. a.) angewendet.

Im Luftmeer

A. Hoch am Himmel sehen wir ein Flugzeug. Sollte es nicht möglich sein, dessen Flughöhe mit einer Uhr zu bestimmen? Das soll keineswegs eine einfache Wiederholung der vorhergehenden Aufgabe sein. Es seien deshalb noch einige zusätzliche Bedingungen gemacht. Wir haben kein Schall-, Funk- oder Lichtortungsgerät – nur eine Uhr zur Verfügung.
B. Eine Uhr allein ist für die Messung unzureichend: Gutes Seh- und Hörvermögen und Auffassungsgabe gehören auch dazu. Ganz richtig: Das Lichtsignal benutzen wir zum Einschalten der Stoppuhr und das Tonsignal zum Ausschalten. So wird auch die Entfernung bis zu einem Blitz gemessen: nach der Verzögerung des Donners bezüglich des Aufleuchtens des Blitzes. Würde nun auch vom Flugzeug ein Lichtblitz (z. B. Schuß aus der Bordkanone) erzeugt, so könnte man diesen zusammen mit dem Abschußknall leicht für die durchzuführende Messung benutzen. In unserer Aufgabe aber wird diese Möglichkeit ausgeschlossen. Uns stehen nur die Wahrnehmungen des Fluges und des damit verbundenen Geräusches für die Messung zur Verfügung. Wie kann nun das ununterbrochene akustische und optische Signal für die Wahl des richtigen Momentes des Ein- und Ausschaltens der Stoppuhr benutzt werden?
C. Nehmen wir zuerst an, daß das Flugzeug uns im Zenit über-

fliegt. Wir schalten die Stoppuhr in dem Moment ein, in dem wir das Flugzeug über uns im Zenit sehen. In dem gleichen Moment nehmen wir das Flugzeuggeräusch von einem anderen Himmelspunkt wahr. Erst nach einer bestimmten Zeit fällt dieser Punkt mit dem Zenit zusammen. In diesem Moment müssen wir die Stoppuhr ausschalten. Die zwischen diesen Momenten gemessene Zeit, in denen wir sowohl das optische als auch das akustische Signal aus dem Zenit empfingen, ist gleich der Zeit, während der der Schall die Entfernung h (die Flughöhe) zurücklegte. Demzufolge ist $h = ct$, wobei c die Schallgeschwindigkeit in Luft bedeutet.

Genaugenommen muß von der Zeit t die Zeit abgezogen werden, die das optische Signal für die Überwindung der Entfernung bis zu uns benötigte. Da diese Zeit aber nur ein Millionstel von t beträgt, kann sie vernachlässigt werden. Ein bedeutend größerer Fehler entsteht durch die Ungenauigkeit der Schallgeschwindigkeit. Letztere hängt in bedeutendem Maße von der Temperatur und der chemischen Zusammensetzung der Luft ab, die sich außerdem beide mit der Höhe ändern und somit schwierig berechnen lassen.

Näherungsweise nehmen wir $c = 330$ m/s an (für eine mittlere Temperatur auf dem gesamten Schallweg von 0 °C). Bei $t = 15$ s erhalten wir $h = 4\,950$ m ≈ 5 km.

Selbstverständlich hängt die Meßgenauigkeit in bedeutendem Maße davon ab, wie genau die Momente des Durchgangs durch den Zenit sowohl des Flugzeuges als auch der scheinbaren Schallquelle gemessen werden. Das gelingt mit genügender Genauigkeit (bis zu wenigen Bruchteilen eines Grades, wenn man ein kleines Gewicht an einem Faden aufhängt und sich so darunter legt, daß das Auge in Verlängerung des Fadens blickt). Die zweite Messung ist schon wesentlich schwieriger durchzuführen, da der menschliche Hörapparat bei einer Richtungsbestimmung einen Fehler bis zu mehreren Graden einschließen kann. Mit elektroakustischen Peilgeräten erzielen wir eine bedeutend höhere Genauigkeit. Aber auch die Meßgenauigkeit eines Peilgerätes ist von vielen Faktoren abhängig: Wind, Schallreflexion an ungleichartigen atmosphärischen Schichten u. a.

Aber wenn das Flugzeug nicht durch den Zenit fliegt? Dann messen wir nicht nach dieser Methode die Höhe, sondern die schräge Entfernung bis zu dem Punkt der Flugbahn, der von der Beobachtung erfaßt ist. Für die Umrechnung in die Höhe muß die gemessene Entfernung mit dem Kosinus des Winkels, der von den Richtungen zum Zenit und zum Beobachtungspunkt ge-

bildet wird, multipliziert werden. Also muß zunächst dieser Winkel gemessen werden.
Als vereinfachter Winkelmesser kann ein an einem Karton befestigtes Lot dienen (Abb. 64). Sind die Geraden *DC* und *OB* einan-

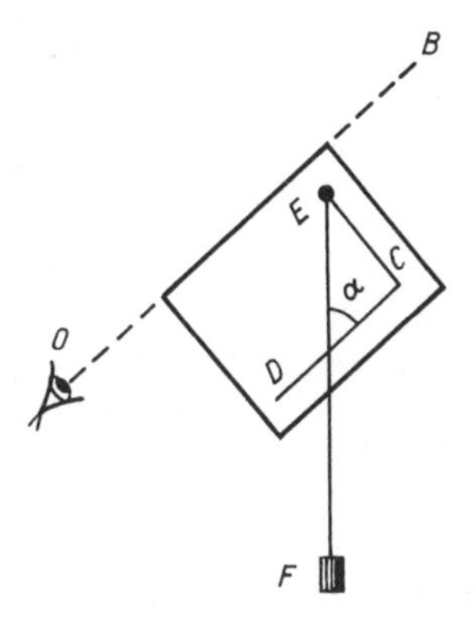

Abb. 64

der parallel, so ist der Winkel α zwischen den Geraden *DC* und *EF* gleich dem von der Zenitrichtung und der Peilrichtung *OB* eingeschlossenen Winkel (*O* Auge des Beobachters). Einer muß die Linie *OB* ständig auf das Flugzeug richten. Ein Zweiter muß im gegebenen Moment die Stoppuhr einschalten und gleichzeitig das Kommando „Stop" geben. Der erste beendet die Anpeilung des Flugzeuges und drückt den Karton an den Faden *EF*. Nun kann der Winkel α abgelesen werden.
Aber auch die Geschwindigkeit des Flugzeuges kann bestimmt werden. Interessant ist dabei, daß zur Höhenbestimmung eine Richtung und zwei unterschiedliche Momente benutzt werden müssen (Zenit und die Momente des Empfangs des optischen und akustischen Signals). Für die Bestimmung der Geschwindigkeit müssen umgekehrt ein Moment und zwei unterschiedliche Richtungen benutzt werden. Der Winkel zwischen den Richtungen auf das optische und akustische Signal wird durch das Verhältnis der Geschwindigkeiten zwischen Schall und Flugzeug bestimmt (d. h., für die Messung der Geschwindigkeit ist eine Uhr nicht erforderlich). Weitere Einzelheiten müssen dazu nicht erläutert werden.

Zwei Wecker

A. Vor uns stehen zwei Wecker, von denen der eine genau geht, der andere jedoch nachgeht. Es soll bestimmt werden, um wieviel letzterer am Tag nachgeht.

B. Es gibt selbstverständlich mehrere Methoden zur Lösung dieser Aufgabe. Man kann z. B. am nachgehenden Wecker genau die gleiche Zeit einstellen, die der richtiggehende Wecker anzeigt, und dann nach 24 h die Differenz der Zeitangabe ablesen. Aber diese Methode erfordert viel Zeit und ist außerdem ungenau. Da unsere Wecker keine Sekundenanzeiger haben, ist es nicht möglich, den einen Wecker mit einer Genauigkeit von 1 s nach dem zweiten zu stellen. Beim Einstellen nach der Minutenskala kann der Fehler bis zu ¼ min betragen. Nach Ablauf der Vergleichszeit kann uns beim Ablesen ein Fehler der gleichen Größe unterlaufen, so daß zusammengenommen unser Meßfehler ½ min betragen kann. Wenn nun die Differenz der beiden Wecker am Tag 2 min beträgt, bedeutet das einen relativen Meßfehler von 25%. Dieser Fehler ist natürlich sehr groß.
Mit Sekundenzeiger können wir eine größere Genauigkeit erzielen. Aber der Sekundenzeiger bewegt sich relativ schnell. Bei einem Vergleich der Stellung der beiden Sekundenzeiger verändert sich deren Stellung in der kurzen Zeit, in der wir unseren Blick vom ersten auf den zweiten richten. Das erschwert natürlich die Aufgabe, und wir können so niemals die Genauigkeit erzielen, die wir bei einer theoretischen Berechnung erreichen.
Wäre es nicht möglich, die Differenz der Wecker nach deren Ticken zu bestimmen? Hierbei ist ja eine „Übertragung des Hörens" von einem Wecker auf den anderen nicht nötig. Man kann ja in gewissem Maße das Ticken des Weckers mit einem Sekundenzeiger vergleichen. Wie können nun die Geräusche der beiden Wecker zur Messung benutzt werden? Kann die Messung durchgeführt werden, ohne jemals auf die Uhren zu schauen? Muß die Periode des Tickens, d. h. die Zeit von einem Ton zum nächsten, bekannt sein? Wie lange wird dieser Versuch dauern?

C. Sind die Wecker von gleichem Typ, aber mit einer Gangdifferenz behaftet, so wird ihr periodisches Ticken unterschiedlich sein. Einmal wird es zusammenfallen, dann wieder auseinanderlaufen, um dann nach einer bestimmten Zeit wiederum zusammenzufallen. Wir beginnen unser Experiment in dem Moment, in dem das Ticken beider Uhren zusammenfällt, und zählen die Schläge des richtiggehenden Weckers von einer Übereinstim-

mung bis zur nächsten. Um die Schläge genau unterscheiden zu können, stellen wir die Wecker so auf, daß das Ticken aus verschiedenen Richtungen zu uns gelangt. Nehmen wir an, daß wir von einer Übereinstimmung bis zur nächsten 72 Schläge des richtiggehenden Weckers gezählt haben. Das bedeutet, daß der nachgehende Wecker sich in dieser Zeit um genau einen Schlag verzögert hat. Mit anderen Worten, letzterer machte 71 Schläge, und dieser 71. Schlag fiel mit dem 72. Schlag der richtiggehenden Uhr zusammen. Somit geht diese Uhr um $\frac{1}{72}$ Teil, also 20 min pro Tag nach.
Zur näheren Erläuterung dient die nachstehende Zeichnung. Auf Abb. 65 stellt die obere Skala die Schläge der richtiggehenden

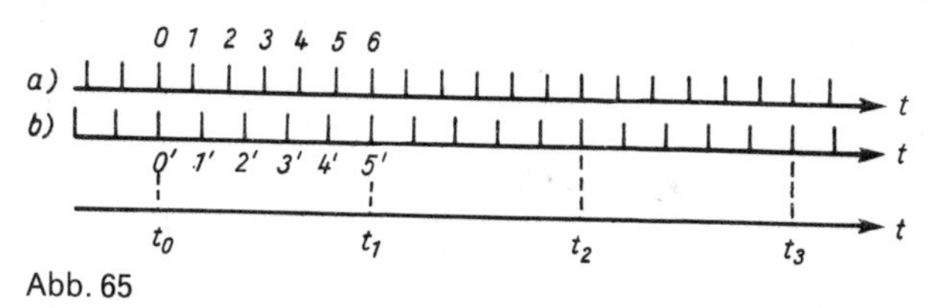

Abb. 65

Uhr und die untere die Schläge der nachgehenden Uhr dar. Im Moment t_0 fielen die Schläge beider Uhren zusammen. Im weiteren Verlauf bleiben die Schläge der nachgehenden Uhr immer mehr hinter denen der richtiggehenden Uhr zurück (vergleiche die Schläge *1* und *1'*; *2* und *2'*; *3* und *3'*), bis sie um eine ganze Periode zurückbleiben. In der Abbildung geschieht das beim sechsten Schlag: Der fünfte Schlag der nachgehenden Uhr fällt mit dem sechsten Schlag der genauen Uhr (eine solche Uhr geht in 6 h um 1 h nach, an einem Tag um 4 h) zusammen. Im weiteren Verlauf ist eine periodische Wiederholung zu vermerken (vergleiche die Zeitpunkte t_1, t_2, t_3 usw.).
Je geringer der Gangunterschied zweier Uhren ist, um so größer ist die Zahl der Schläge von einer Koinzidenz (Übereinstimmung) zur nächsten. Geht z. B. eine Uhr am Tag 1 min nach, so liegen zwischen den Koinzidenzen $24 \cdot 60 = 1\,440$ Schläge.
Ein in der Abbildung gezeigter Fall ist natürlich relativ selten. In diesem Beispiel ist das Verhältnis der Perioden zweier Uhren ein Verhältnis ganzer Zahlen. Es ist natürlich auch der Fall möglich, daß der 54. Schlag der zweiten Uhr noch vor dem 55. Schlag der ersten Uhr erfolgt, aber der 55. Schlag der zweiten Uhr schon hinter dem 56. Schlag der ersten Uhr zurückbleibt. Die Überein-

stimmung geschah also zwischen dem 55. und 56. Schlag der genauen Uhr und kann demzufolge nicht exakt gemessen werden. Wenn dieses Verhältnis ein Verhältnis rationaler Zahlen ist, muß die Übereinstimmung irgendwann einmal genau erfolgen. Ist z. B. eine Übereinstimmung genau in der Mitte zwischen dem 55. und 56. Schlag der genauen Uhr zu erwarten (also in der Mitte zwischen dem 54. und 55. Schlag der nachgehenden Uhr) und somit das Verhältnis 55,5:54,5, so erfolgt die nächste genaue Übereinstimmung beim 111. Schlag der genauen Uhr (55,5 · 2 = 111) und beim 109. Schlag der ungenauen Uhr (eine Differenz von 2 Schlägen). In diesem Fall beträgt der Gangunterschied nicht $\frac{1}{111}$, sondern $\frac{2}{111} = \frac{1}{55{,}5}$.

War im Moment t_0 eine genaue Gangübereinstimmung zu verzeichnen, aber das Verhältnis der Periode ist eine irrationale Zahl, so kann theoretisch eine zweite genaue Übereinstimmung nie eintreten. In der Praxis jedoch geht eine Uhr immer um einen geringen Prozentteil im Verhältnis zu anderen nach. Das Nachbleiben nimmt deshalb langsam zu, und somit wird sich in der Vielzahl von Schlägen immer einer finden, bei dem der Gang der Uhren mit hoher Genauigkeit zusammenfällt. Das menschliche Gehör (besonders das musikalisch trainierte) zeichnet sich durch eine gute Rhythmusempfindung aus, und es vermerkt sehr genau eine Übereinstimmung. Bei einem Rhythmusverhältnis von 100:99 kann man das Moment der Deckung mit einer Genauigkeit bis zu einem Schlag bestimmen. (Das heißt, im günstigsten Falle geschieht die Deckung nach unserem Gehör nicht nach dem 100., sondern nach dem 101. Schlag, was einem Meßfehler von nur 1% entspricht.) Außerdem kann der Meßfehler reduziert werden, indem der Versuch wiederholt und das arithmetische Mittel aus der Versuchsanzahl errechnet wird. Ebenfalls ist eine Verlängerung der Zählung von der ersten Dekkung bis zu einer n-ten Deckung (z. B. bis zur 5. Deckung) mit nachfolgender Teilung des Zählergebnisses durch n möglich.

Der Zeitaufwand ist für ein solches Experiment unbedeutend: Wenn aller halben Sekunden ein Schlag erfolgt, so können in 50 s hundert Schläge gezählt werden. Die Kenntnis der absoluten Dauer der Perioden des Tickens ist dabei durchaus nicht erforderlich, denn nicht die Größe der Perioden selbst sind die Meßergebnisse, sondern nur deren Verhältnis, aus dem auch unmittelbar der relative Fehler der Uhr bestimmt werden kann.

Es wäre noch zu bemerken, daß die Gangunregelmäßigkeit der

Uhr selbst im Laufe eines Tages unser oben beschriebenes Idealbild etwas beeinträchtigt und die Erzielung einer größeren Genauigkeit verhindert.
Die hier dargelegte Methode der Messung geringer Differenzen zweier Rhythmen kann als Zeitnonius bezeichnet werden, da dieser Methode das gleiche Prinzip zugrunde gelegt ist, nach dem auch die Längenmessung nach der Noniusmethode vorgenommen wird.
Interessant ist ein Vergleich oben ausgeführter Aufgabe mit einer radiotechnischen Aufgabe, z. B. dem Vergleich der Frequenzen zweier Sinusschwingungen. Auf den Abb. 66a und b sind zwei

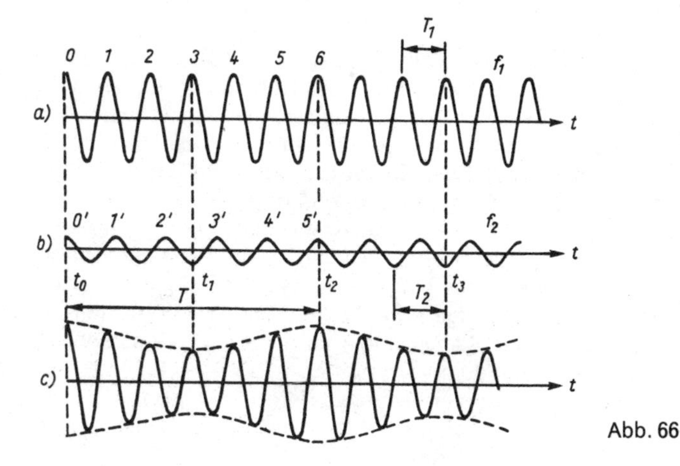

Abb. 66

Sinusschwingungen mit den Frequenzen f_1 und f_2 dargestellt (wobei $f_1 > f_2$) oder, was das gleiche ist, mit den Perioden

$$T_1 = \frac{1}{f_1} < \frac{1}{f_2} = T_2 .$$

Auf 6 Perioden T_1 kommen 5 Perioden T_2 (vergleiche mit Abb. 65). Nach Addition der Schwingungen erhalten wir eine resultierende amplitudenmodulierte Schwingung (Abb. 66c). Die Maxima der Hüllkurve treten zu dem Zeitpunkt auf, in dem beide Sinuskurven in der Phase übereinstimmen (Moment t_0 – Übereinstimmung *0* und *0'*; Moment t_2 – Übereinstimmung der sechsten Welle der ersten Sinuskurve mit der fünften Welle der zweiten Sinuskurve usw.). Die Minima entsprechen den Momenten t_1, t_3, ..., wenn sich beide Sinuskurven in entgegengesetzter Phase befinden. Die Periode der modulierten Schwingung

$$T = 6T_1 = 5T_2$$

ist gleich der Zeit, in der die zwei Ausgangsschwingungen sich um eine Welle unterscheiden $(6 - 5 = 1)$. In der Sekunde unterscheiden sie sich um $f_1 - f_2$ Wellen. Das ist auch die Schwingungszahl der Hüllkurve in der Sekunde, d. h., die Frequenz der Hüllkurve f ist

$$f = f_1 - f_2.$$

Somit kann zusammengefaßt werden: Die Pulsationsfrequenz der resultierenden Schwingung entspricht der Frequenzdifferenz der Ausgangsschwingungen. Diese wird auch Schwebungsfrequenz genannt. Mit einem Gleichrichter oder einem anderen Gerät kann man diese Frequenz aussondern und die Ausgangsfrequenz abtrennen. Diese Aussonderung der Frequenzdifferenz findet in der Radiotechnik breite Anwendung. In einem Rundfunkempfänger in „Superhet-Schaltung" wird bei einer Überlagerung der Frequenz des Eingangssignals und des Empfänger-Oszillators nach Überlagerung die mittlere Frequenzdifferenz ausgesondert. In der Radartechnik wird bei der Verschiebung des Sendesignals mit dem vom sich bewegenden Objekt reflektierten Signal die Dopplerfrequenzdifferenz ausgesondert, die der Radialgeschwindigkeit des Objektes proportional ist (s. Aufgabe „Briefe von unterwegs").

Licht und Schatten

Stern und Streichholz

A. Kann man mit einem in der ausgestreckten Hand gehaltenen Streichholz einen Stern verdecken?
B. – Warum nicht? Natürlich! Obwohl das Streichholz zwar klein ist, befindet es sich relativ nah vor unseren Augen. Der relativ kleine, aber dafür uns nahe Mond bedeckt ja auch während einer totalen Sonnenfinsternis die große, aber weit entfernte Sonne. Warum? Weil die Winkelabmessungen des Mondes größer als die der Sonne sind. Die Sterne sind so weit von uns entfernt, daß sie ungeachtet ihrer gewaltigen Ausmaße sogar im Teleskop nur als punktförmige Gebilde zu sehen sind. Oder anders gesagt, ihre Winkelmaße sind äußerst klein. Daraus schlußfolgern wir, daß, ganz gleich, wie klein die Winkelabmaße des Streichholzes sind, sie doch noch immer größer als die der Sterne sein müssen.
So etwa haben alle Befragten diese Aufgabe zu lösen versucht. Aber führen wir doch einmal dieses Experiment bei klarem Abendhimmel durch. Es wird uns nicht gelingen, einen beliebigen Stern mit dem Streichholz zu verdecken, auch wenn wir unser zweites Auge verdecken.
Nachfolgende Fakten sollen uns bei der Lösung der Aufgabe helfen. Erstens: Würden wir das Experiment am Tage wiederholen, gelänge es uns, den Stern mit dem Streichholz zu verdecken. Selbstverständlich kann dieser Versuch nicht an einem Stern durchgeführt werden. Wir können aber dafür einen beliebigen weit entfernten Gegenstand wählen, der sich sehr wenig von einem Punkt unterscheidet. Zweitens: Ein auf Papier gezeichneter Punkt kann mit einem Streichholz ohne Schwierigkeiten verdeckt werden. Das gelingt uns natürlich nur unter der Bedingung, daß wir das Streichholz nah an den Punkt und nicht nah an das Auge halten. Bei Tage gelingt uns das in jedem Falle.
Bei genauer Untersuchung der Fakten ist die Antwort leicht zu finden.
C. Grundsätzlich können wir einen Stern als eine punktförmige, unendlich weit entfernte Lichtquelle betrachten. Unter dieser Bedingung sind demzufolge alle vom Stern in unser Auge fallenden Lichtstrahlen parallel. Die Pupille des Auges dagegen kann in dieser Aufgabe nicht als Punkt betrachtet werden. Diese Festle-

gung gilt um so mehr, da wir das Experiment ja nachts durchführen. Die Pupille paßt sich dem Helligkeitsunterschied an. Der vom Stern gebildete Schatten des Streichholzes verdeckt in diesem Fall die Pupille nicht vollständig. Demzufolge gelangt bei jeder beliebigen Stellung des Streichholzes *C* (Abb. 67a und b) ein

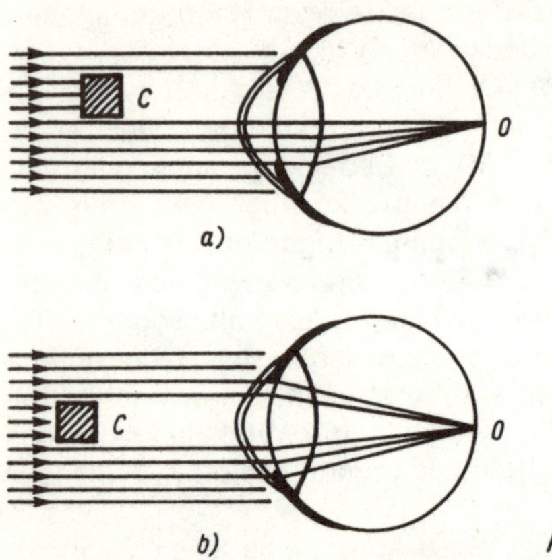

Abb. 67

Teil der Lichtstrahlen des Sterns in die Pupille und ruft auf der Netzhaut des Auges im Punkt *O* die Abbildung des Sterns hervor. Wir empfinden dabei, daß der Stern durch das Streichholz scheint, jedoch mit geringerer Leuchtkraft, da ein Teil der Lichtstrahlen vom Streichholz abgeschirmt wird.
Am Tag paßt sich die Pupille dem hellen Licht an und verengt sich dabei so, daß ihr Durchmesser kleiner wird als der des Streichholzes. Infolgedessen kann ein kleiner weit entfernter Gegenstand vom Streichholz vollständig verdeckt werden.

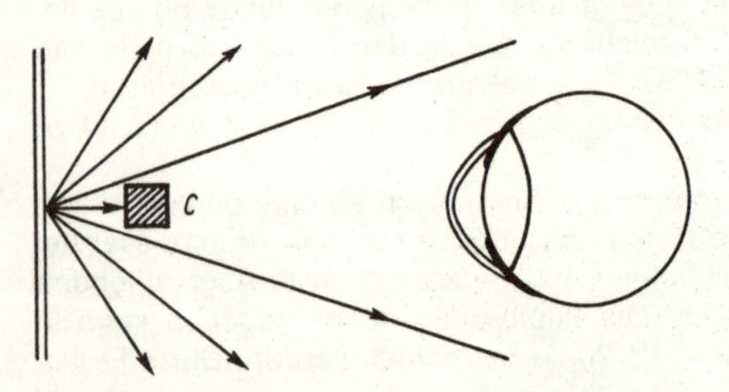

Abb. 68

Anders verhält es sich mit einem auf Papier gezeichneten Punkt. Ein solcher Punkt ist nicht weit entfernt. Folglich sind auch die von ihm reflektierten Lichtstrahlen nicht parallel. Je näher sich das Streichholz am Punkt befindet, um so mehr Lichtstrahlen wird es abschirmen. Es kann nun ein solcher Fall eintreten, in dem sich die Pupille vollständig im „Schatten" des Streichholzes befindet (Abb. 68). Das geschieht in dem Fall, in dem die Winkelabmessungen des Streichholzes, vom Punkte aus gesehen, größer sind als die der Pupille.

Vollmond

A. Wer hat jemals den Vollmond gesehen?
B. – Das ist eine seltsame Frage! Selbstverständlich hat jeder ihn gesehen. Wer ihn bisher noch nicht gesehen hat, kann im Verlauf des nächsten Monats diese Bildungslücke schließen, denn Vollmond ist jeden Monat einmal.
Hier das Gegenteil zu behaupten ist gar nicht so einfach. Aber haben wir wirklich in dem Moment, in dem man den Erdtrabanten als Vollmond bezeichnet, diesen in seiner vollen Größe gesehen? Unter welchen Bedingungen kann man den Mond als absolut voll betrachten?
C. Von einem Vollmond sollte man nur dann sprechen, wenn die ganze, dem Beobachter zugewandte Seite vollständig von direkten Sonnenstrahlen beleuchtet ist. Dazu ist notwendig, daß sich der Beobachter auf der die Sonne und den Mond miteinander verbindenden Geraden befindet. Befindet sich der Beobachter auf der Erde, so kann er nur *zusammen mit der Erde* auf diese Gerade gelangen. In diesem Falle aber fällt der Erdschatten auf den Mond, und somit haben wir eine Mondfinsternis. Dabei wird der Mond nicht von der Sonne beleuchtet. (Genauer gesagt, ist er in nur geringem Maße mit rotem Licht der Sonnenstrahlen beleuchtet, die infolge der Zerstreuung in der irdischen Atmosphäre die Erde umlaufen.)
Nun kann aber der Mond, der vollständig in den Erdschatten eingehüllt ist, nicht als Vollmond bezeichnet werden. Wiederum ist bei jeder beliebigen Stellung von Sonne, Erde, Mond keine Vollmondstellung möglich.
Im umfassenden Sinne kann ein Beobachter einen Vollmond nur dann sehen, wenn er allein, ohne Erde, auf diese Gerade Sonne–Mond gelangt. Ein solcher Beobachter kann natürlich

nur ein Kosmonaut sein. Der Schatten des Raumschiffes kann selbstverständlich vernachlässigt werden.
Aus den obigen Darlegungen soll natürlich nicht geschlußfolgert werden, daß das Wort „Vollmond“ durch ein anderes ersetzt werden muß. Man ist übereingekommen, die Vollphase des Mondes im Laufe eines Monats als Vollmond zu bezeichnen. Unter Beachtung dieser Festlegung kann die Bezeichnung „Vollmond“ keine Irrtümer mehr entstehen lassen.
Beim Lesen kann nun die Frage auftauchen, welches der Grund für die Unvollständigkeit des Vollmondes ist und warum nicht jeder Vollmond von einer Mondfinsternis begleitet wird. Abb. 69

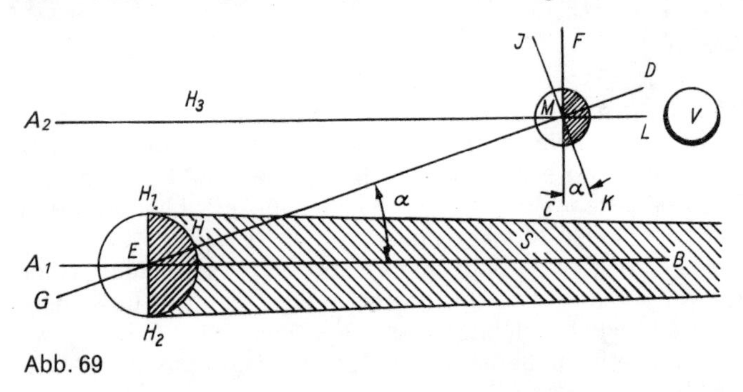

Abb. 69

gibt Antwort auf diese Frage. Hier ist mit *E* die Erde und mit *M* der Mond bezeichnet. Die Gerade A_1B zeigt die Richtung zur Sonne an, der schraffierte Bereich *S* stellt den Erdschatten dar. Wenn der Mond die Erde in der gleichen Fläche umlaufen würde wie die Erde die Sonne, d. h., wenn die Geraden *GD* und A_1B zusammenfallen würden, so käme der Mond monatlich in den Bereich des Erdschattens so wie umgekehrt die Erde in den Mondschatten. So würden wir monatlich zwei Finsternisse sehen: zur Vollmondphase eine Mondfinsternis und zur Neumondphase eine Sonnenfinsternis.
Die Umlauffläche des Mondes (auf der Abbildung ist diese Fläche von der Seite zu sehen – die Gerade *GD*) ist aber zur Ekliptikfläche (Gerade A_1B) um den Winkel $\alpha \approx 5°$ geneigt. Deshalb steht der Mond zur Vollmondphase über (wie der Fall auf der Abbildung) oder unter dem Erdschatten. (Letzteres wird nach einem halben Jahr geschehen, wenn sich die Sonne rechts von der Erde in Richtung *B*, die Erde weiter links und der Mond auf der Verlängerung der Geraden *EG* befindet.) Der auf der Abbildung dargestellte Vollmond wird vom Beobachter *H* so gesehen

wie das Mondbild *V* auf Abb. 69: Außer einer schmalen Sichel am unteren Rand ist fast die gesamte sichtbare Mondhälfte beleuchtet. Tatsächlich befindet sich die Sonne relativ zum Mond auf der Verlängerung der Geraden MA_2 (im Schnittpunkt der fast parallelen Geraden EA_1 und MA_2) und beleuchtet die Mondhälfte, die sich links von der Fläche *FC* (senkrecht zur Geraden MA_2) befindet. Der Erdbeobachter *H* aber sieht die Mondhälfte, die sich links von der Fläche *JK* (senkrecht zur Geraden *MH*) befindet, einschließlich der kleinen Scheibe *CMK* der unbeleuchteten Mondhälfte. Das ist der Grund für die Unvollständigkeit des Vollmondes. Der von dieser „Scheibe" eingeschlossene Winkel α beträgt etwa 5°. (Für verschiedene Beobachter kann dieser Winkel unterschiedlich sein: Für den Beobachter H_1 ist er um 1° kleiner, für den Beobachter H_2 um den gleichen Betrag größer; außerdem verringert sich dieser Winkel etwas infolge der endlichen Winkelmaße von Sonne und Mond.) Einen Vollmond kann nur der Beobachter H_3 sehen, der sich auf der Geraden MA_2, d. h. außerhalb der Erde in einer Höhe von ungefähr 30 000 km über dem Nordpolgebiet befindet.
Unter welchen Bedingungen eine Mondfinsternis möglich ist? Unter der Bedingung, daß die Vollmondphase zu der Zeit eintritt, zu der sich der Mond in großer Nähe der Geraden befindet, in der sich die Mondumlaufbahn und die Ekliptikfläche schneiden. Das ist z. B. ungefähr nach einem Vierteljahr nach dem auf unserer Zeichnung dargestellten Moment möglich. Wenn wir die Erde als unbeweglich annehmen, wird sich die Sonne in dieser Zeit über der Zeichenebene befinden, und der Erdschatten wird senkrecht auf die Zeichenebene fallen. Ist nun eine gerade Anzahl von Monaten und ein Viertelmonat vergangen, befindet sich der Mond auf der gleichen Geraden, nur unter der Zeichenebene, und gelangt somit in den Erdschatten.

Leicht bewölkt

A. Draußen scheint die Sonne. Auf dem Fußboden des Zimmers ist die helle viereckige Fläche des Fensters zu sehen, die wiederum durch den Fensterrahmen in kleine Rechtecke unterteilt ist. Da zieht eine kleine Wolke vor der Sonne vorbei, und wir müssen feststellen, daß das helle Rechteck nicht verschwindet, sondern sich willkürlich nach allen Richtungen bewegt. Wie ist das zu erklären?
B. Bei genauer Betrachtung der Wolke sehen wir, daß diese aus mehreren kleinen Fetzen besteht.

C. Die Erscheinung wird dadurch erklärt, daß die Sonne keine punktförmige Lichtquelle und die Wolke zerrissen ist. Diese Kombination einer Lichtquelle und einem sich bewegenden Schirm ist einer sich bewegenden Lichtquelle gleichzusetzen. Auf Abb. 70 sind die Sonne und ein Wolkenteil in zwei verschie-

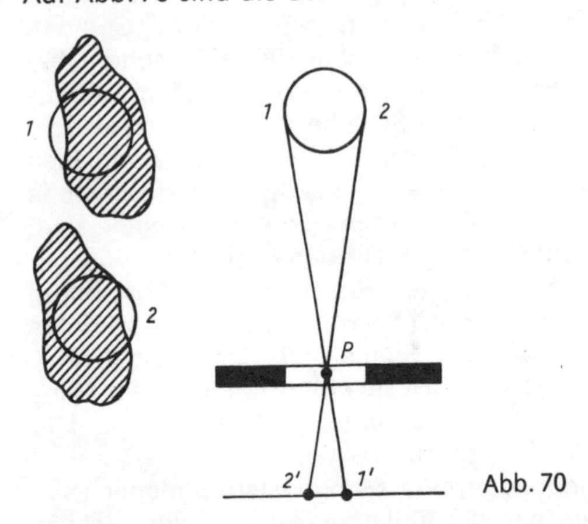

Abb. 70

denen Phasen dargestellt. In der Phase *1* ist der linke Sonnenrand, in Phase *2* der rechte Sonnenrand sichtbar. Der unbedeckte Sonnenrand stellt die Lichtquelle dar, die die Abbildung auf dem Fußboden hervorruft. Wie aus der Abbildung ersichtlich wird, wirft der linke Sonnenrand *1* den Schatten des Rahmens *P* in Punkt *1'* und der rechte Sonnenrand *2* in Punkt *2'*. Ist die Wolke stark zerrissen und bewegt sich relativ schnell am Himmel, so wird sich der Schatten des Fensterrahmens schnell und willkürlich in den Grenzen zwischen *1'* und *2'* bewegen. Diese Grenzen kann man errechnen. Angenommen, die Entfernung von einem willkürlichen Punkt des Fensterrahmens bis zu seinem Schatten auf dem Fußboden beträgt r. Da der Winkeldurchmesser der Sonne 0,5° beträgt ($\approx$ 0,01Radiant), wird die Schwingungsweite Δl mit

$$\Delta l \approx 0{,}01\, r$$

berechnet. Ist z. B. $r = 5$ m, erhalten wir für $\Delta l = 5$ cm.
Nach einer bestimmten Beobachtungszeit werden wir verwundert feststellen, daß der allgemeine Bewegungscharakter des Schattens in der Verschiebung in eine ganz bestimmte Richtung besteht. Besonders deutlich ist die Richtung festzustellen, wenn

vor der Sonne eine dichte Wolke mit einer kleinen Öffnung vorbeizieht. Wenn nun die Wolke in mehrere kleine Teile zerrissen ist, also viele Wolkenlöcher vor der Sonne vorbeiziehen, so sehen wir gleichzeitig mehrere Schatten unterschiedlicher Intensität von ein und demselben Rahmen.
Eine ähnliche Erscheinung können wir auch in dem Fall beobachten, wenn die Sonne von einem Baum verdeckt ist und unser Fenster durch die sich bewegenden Blätter beschienen wird. Nur ist in diesem Fall eine Gesetzmäßigkeit in den Bewegungen des Fensterschattens nicht feststellbar. Im Unterschied zu den Wolkenfetzen, die sich noch in einer bestimmten Ordnung bewegen (in Windrichtung), schwanken die Blätter völlig ungeordnet durcheinander.

Der Schatten einer Säule

A. Eine Säule mit der Höhe $h = 5$ m und einer Stärke $b = 10$ cm wirft einen langen Schatten auf den Erdboden: Die Sonne ist im Untergehen begriffen und steht nur um den Winkel $\varphi = 10°$ über dem Horizont. Wie lang ist der Schatten der Säule? Wie groß ist die Schattenlänge, wenn die Säulenhöhe um das Doppelte vergrößert wird?
B. Die Aufgabe ist nicht so einfach zu lösen, wie es auf den ersten Blick aussieht. Es ist z. B. nicht richtig, nach einer ähnlichen Zeichnung (Abb. 71) und der Formel

$$\tan \varphi = \frac{h}{l},$$

$$l_1 = h_1 \cot 10° \approx 5 \cdot 5{,}67 \text{ m} = 28{,}35 \text{ m}$$

die Schattenlänge ausrechnen zu wollen.

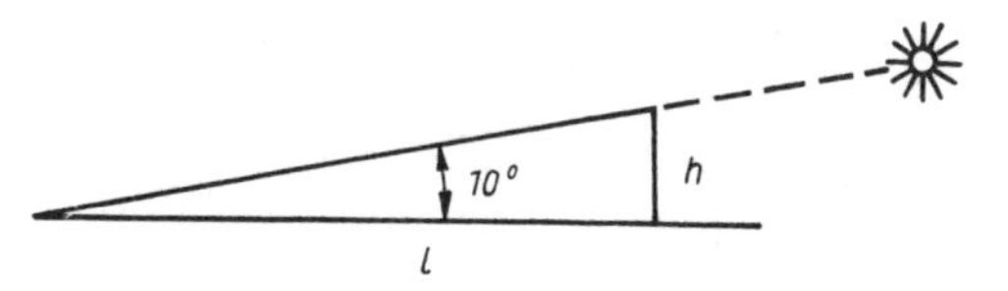

Abb. 71

Auch die Berechnung der Schattenlänge der größeren Säule

$$l_2 = 2 l_1 = 56{,}7 \text{ m}$$

ist falsch.

Der aufmerksame Leser aber wird feststellen, daß bei einer solchen Lösung eine in der Aufgabe gegebene Größe – die Stärke der Säule – gar nicht berücksichtigt worden ist. Der Leser, der die Frage stellt, inwieweit die Säulenstärke mit der Säulenlänge in Verbindung zu bringen ist, ist schon nahe an der richtigen Lösung.

C. Die oben angeführte Berechnungsmethode der Schattenlänge ist nur gültig für den Fall, wenn die Winkelmaße der Lichtquelle vernachlässigt werden können (also bei einer punktförmigen Lichtquelle). Die Sonne aber ist keine punktförmige Lichtquelle. Ihr Winkelmaß beträgt ungefähr $\alpha = 0{,}5°$ (genauer, es ändert sich im Verlaufe eines Jahres von 31′27″ bis 32′31″). Im gegebenen Punkt kann ein Schatten nur unter der Bedingung auftreten, wenn für diesen Punkt die Lichtquelle vollständig verdeckt ist. In unserem Beispiel wird die Lichtquelle nur durch eine relativ dünne Säule verdeckt. Man kann daher annehmen, daß an der Stelle, wo sich nach der oben erläuterten Berechnungsmethode die Schattenspitze befinden müßte, wahrscheinlich nur ein blasser, kaum oder gar nicht sichtbarer Halbschatten vorherrscht. Der Vollschatten wird nur in den Punkten zu finden sein, in denen die Winkelmaße der Säulenstärke α_2 größer als die der Sonne S sind, d. h.

$$\alpha_2 \geqq \alpha = 0{,}5°.$$

Der Abschnitt b = 10 cm ist aus der Entfernung r_1 (Abb. 72) unter

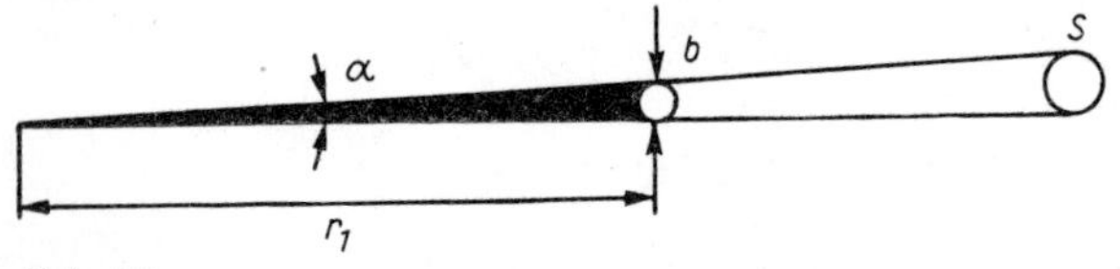

Abb. 72

dem Winkel α sichtbar. Die Entfernung r_1 kann aus der angenäherten Formel

$$\sin\alpha \approx \frac{b}{r_1}$$

ermittelt werden. Der Winkel α_2 ist gleich dem Winkel α, wenn

$$r_1 = \frac{b}{\sin\alpha} = \frac{10}{0{,}0087} = 1140\ \text{cm} = 11{,}4\ \text{m}.$$

Auf Abb. 73 ist eine Säule BO mit der Höhe h, deren Schatten A_1O mit der Länge l_1 und deren Halbschatten AA_1 dargestellt. Die Schattenlänge kann leicht aus dem Dreieck A_1B_1O berechnet

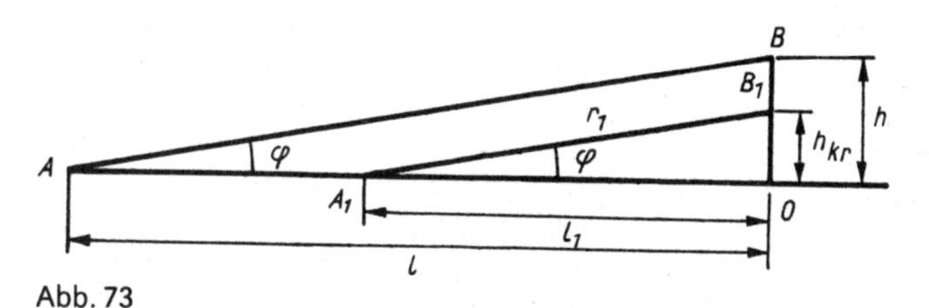

Abb. 73

werden, dessen Hypotenuse gleich dem errechneten Abstand r_1 ist:

$$l_1 = r_1 \cos 10° \approx 11{,}4\,\text{m} \cdot 0{,}985 \approx 11{,}2\,\text{m}.$$

Eine Berechnung der Schattenlänge der zweiten höheren Säule ist offensichtlich nicht notwendig. Denn bei gegebener Säulenstärke hängt die Schattenlänge nicht von der Säulenhöhe ab, wenn letztere eine kritische Länge

$$h_{kr} = r_1 \sin 10° \approx 11{,}4\,\text{m} \cdot 0{,}174 \approx 2\,\text{m}$$

nicht überschreitet. Ist aber $2\,\text{m} = h_{kr} > h$, dann ist die Schattenlänge proportional der Säulenhöhe.

Juliregen

A. Es hat geregnet. Schon eine halbe Stunde scheint wieder die Sonne über dem Wald. Und dort, wo ihre Strahlen hinfallen, ist das Gras schon getrocknet. Bei einer solchen Hitze ist es sehr angenehm, sich im Schatten ins Gras zu legen. Aber wie soll man einen solchen Schattenplatz finden, auf dem man sich niederlassen kann, ohne daß man befürchten muß, naß zu werden?

B. Man muß eine solche Schattenstelle finden, die vor einer halben Stunde noch nicht im Schatten lag.

C. Bewegt sich die Sonne nach Westen, wandert der Schatten eines jeden Gegenstandes nach Osten. Folglich war der östliche Teil des Schattens vor einem Augenblick noch kein Schatten.

Auf diesem Platz kann man sich nun ruhig niederlassen. Ob der Platz ausreicht? Das hängt von der Geschwindigkeit ab, mit der sich der von uns ausgesuchte Schatten auf dem Boden bewegt. Zum Beispiel bewegt sich der Schatten der Krone eines 2 m hohen Busches langsam, der Schatten eines Wipfels eines 20 m hohen Baumes aber 10mal schneller. In einer halben Stunde bewegt sich der Schatten des Wipfels des von uns ausgewählten Baumes um 3 bis 4 m. Das bedeutet, daß 1 bis 2 m des östlichen Schattenteils von der Sonne mindestens zwanzig Minuten beschienen und getrocknet wurde. Dieser Platz ist völlig ausreichend für eine Rast. Trotzdem sei geraten, vor dem Hinlegen zu überprüfen, ob der Liegeplatz in der letzten halben Stunde nicht von anderen Schatten bedeckt war. Dazu stellt man sich so auf, daß der Schatten unseres Kopfes auf den Lagerplatz fällt, und schaut in die Sonne. Dann überzeugt man sich, ob links von der Sonne in einem Abstand von sieben oder mehr Grad der Himmel nicht von Bäumen verdeckt ist. (Eben dort befand sich ja die Sonne vor einer halben Stunde.)
Abschließend sei bemerkt, daß es doch ratsam ist, das Gras mit der Hand zu prüfen. Der Autor kann sich nicht für die Qualität der Trocknung des Grases verbürgen.

Draht und Tautropfen

A. Beim Betrachten der Umgebung mit beiden Augen empfinden wir ganz deutlich die Tiefenperspektive. Richten wir z. B. unseren Blick auf ein 10 bis 15 m entferntes Gesträuch, so können wir ganz deutlich feststellen, welches Blatt sich uns am nächsten befindet und welches am weitesten entfernt ist und um welchen Abstand. Zu jeder Zeit bedienen wir uns des stereoskopischen Effektes.
Aber über dem erwähnten Gebüsch sehen wir horizontal gezogene Drähte einer Telefonleitung. Auch wenn wir uns noch so bemühen, können wir nicht feststellen, welcher Draht sich weiter und welcher sich näher von uns befindet. Wenden wir unseren Blick wieder dem Gebüsch zu, können wir wiederum deutlich im Blättergewirr einen Entfernungsunterschied feststellen. Welche Erklärung gibt es dafür? Warum lassen unsere Augen keine Entfernungsbestimmung im Fall der beiden Drähte zu?
B. Weitere Beobachtungen sollen uns bei der Auffindung der Lösung helfen.
Erstens: Bei zur Seite geneigtem Kopf empfinden wir ganz deut-

lich den Entfernungsunterschied der beiden Drähte. Zweitens: Richten wir unseren Blick von einem horizontalen Abschnitt der Drahtleitung in der Mitte zwischen zwei Masten auf einen Abschnitt nahe des Mastes (dieser Abschnitt ist infolge des Durchhängens des Drahtes geneigt), so beginnt sich unser stereoskopisches Sehvermögen wieder einzustellen. Drittens: Bei Betrachtung eines senkrecht hängenden Fadens (oder eines Stabes) ist unser plastisches Sehvermögen einwandfrei. Und schließlich sehen wir plastisch, wenn an einem horizontalen Draht ein Tautropfen hängt oder ein Vogel auf dem Draht sitzt.
An dieser Stelle sei an das Grundprinzip des Stereoeffektes erinnert: Es begründet sich auf das Sehen mit zwei mit einer bestimmten Entfernung zueinander liegenden Augen. Der Abstand A_1A_2 zwischen den Augenzentren wird stereoskopische Basis genannt (Abb. 74). Je näher der Gegenstand B ist, um so größer ist der Winkel α, unter dem die Basis aus dem Punkt B sichtbar ist, um so größer ist der Unterschied in der Drehung der Augen nach innen, und um so größer ist der Spannungsunterschied der zwei Augenmuskeln. Eben dieser Unterschied wird im Gehirn in Entfernungsempfinden umgewandelt.
C. Stellen wir uns vor, daß sich in unserem Blickfeld ein senkrecht hängender Faden B befindet (Abb. 74), aber wir schauen an ihm vorbei und betrachten den weiter entfernten Gegenstand C. In diesem Falle sind die Achsen beider Augen A_1C_1 und A_2C_2 parallel, wobei der Faden B mit dem linken Auge A_1 um den Winkel $\alpha/2$ rechts vom Gegenstand C und mit dem rechten Auge A_2 um den gleichen Winkel links vom Gegenstand C sichtbar ist. Anders ausgedrückt, bei der Betrachtung des entfernten Gegenstandes C sehen wir den nahen Faden B doppelt (Abb. 75a), wobei der Winkel zwischen den beiden Bildern des Fadens gleich $2\,\alpha/2 = \alpha$ ist.
Richten wir nun unseren Blick auf den Faden, fließen beide Bilder zu einem zusammen, beide Augen drehen sich um den Winkel $\alpha/2$ *nach verschiedenen Seiten*, was vom Gehirn als Entfernungsempfindung registriert wird. Wir empfinden, daß der Faden B näher als der Gegenstand C ist. Das Bild des Gegenstandes C verdoppelt sich dabei (Abb. 75b). Wir betrachten nun den entfernten Gegenstand C, indem wir an einem horizontalen Faden vorbeischauen. Der Faden verdoppelt sich von neuem (Abb. 75c), nur fallen jetzt ungeachtet der Verdoppelung die beiden Bilder in ihrer gesamten Länge mit Ausnahme der Enden zusammen. (In der Abbildung sind die beiden Bilder zum besseren Verständnis lediglich in der Höhe verschoben.) Nun richten wir

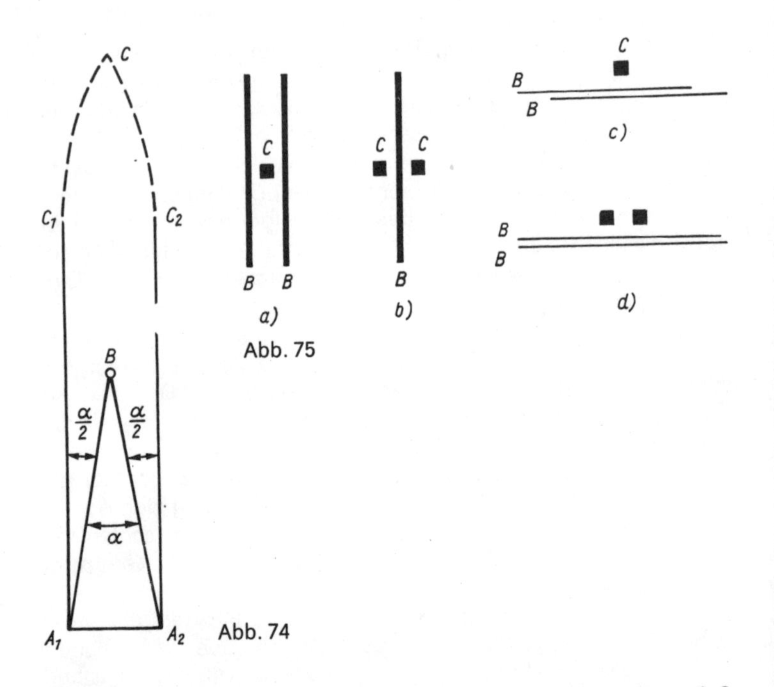

Abb. 75

Abb. 74

unseren Blick auf den Faden. Wir müssen dabei feststellen, daß all unsere Versuche, die Entfernung bis zum Faden zu bestimmen, erfolglos sind, da sich bei beliebigem Winkel α die zwei Bilder des Fadens immer wieder übereinanderlagern (s. Abb. 75c und d). Wir brauchen aber nur den Kopf nach der Seite zu neigen, dann verdoppeln sich die Bilder des Fadens in der Höhe, und wir können sie zusammenführen und infolgedessen die Entfernung bestimmen.
Zusammenfassend wird wiederholt, daß sich ein Bild immer in Richtung entlang der Basis verdoppelt. Ist die Basis dem Faden parallel, verdoppelt sich der Faden entlang sich selbst, und der stereoskopische Effekt verschwindet.
Wenn jedoch ein Vogel auf einer horizontalen Drahtleitung sitzt, d. h., es ist ein Punkt vorhanden, nach dem sich das Auge orientieren kann, so bleibt der stereoskopische Effekt bestehen. Das Auge bestimmt in diesem Fall die Entfernung bis zum Vogel, und das Gehirn bestimmt daraus durch logische Schlußfolgerungen, eben aus denen, daß der Vogel auf diesem Draht sitzt, die Entfernung bis zum Draht selbst.

Ein Blick durch die Wand

A. In unserer Umgebung suchen wir ein Muster aus gleichmäßig verteilten kleinen gleichartigen Details (auf Tapeten, Tischdekken, Gardinen usw.). Der das Muster begrenzende Rand darf sich nicht in unserem Blickfeld befinden. Der Abstand zwischen den einzelnen Details des Musters soll nicht mehr als 5 cm betragen. Wir wollen nun versuchen, aus einer Entfernung von 20 bis 100 cm durch das Muster in die Tiefe zu blicken, unseren Blick auf immer weitere Entfernungen zu richten. Mit einiger Geschicklichkeit und Geduld kann das ein jeder von uns, zumal wir das praktisch alle schon einmal getan haben. Wenn uns nun gelungen ist, „durch" das Muster zu schauen, stellen wir eine interessante Erscheinung fest: Anstelle des ersten realen Musters nehmen wir in der Tiefe ein zweites gleiches Muster, nur mit bedeutend größeren Abmessungen, wahr. Das erste reale Muster ist verschwunden, und an dessen Stelle erblicken wir eine Art gläserne Wand. Unter Umständen können wir hinter dem zweiten Muster sogar noch ein drittes scheinbares, noch größeres Muster entdecken. Diese seltsame Erscheinung soll nun erklärt werden.

B. Wem der Versuch schon gelang, empfehlen wir unter ständiger Beobachtung der scheinbaren Abbildung, sich dem Muster zu nähern und wieder zu entfernen. Wir bemerken außer der natürlichen Annäherung und Entfernung des realen Musters eine ungewöhnlich große Annäherung und Entfernung der scheinbaren Muster, die um so größer sind, je tiefer im Hintergrund wir das Muster erblicken. Bewegen wir uns nach rechts, so bewegt sich das Muster mit einer viel größeren Geschwindigkeit ebenfalls nach rechts. Neigen wir unseren Kopf langsam zur Seite, verdoppelt sich das Muster und verschwindet schließlich. Erst mit der Einnahme der Ausgangsstellung unseres Kopfes erscheint auch das Muster wieder.

Findet sich in unserem Zimmer kein geeignetes Muster, oder können wir kein scheinbares Muster feststellen, ist ein anderer Versuch durchzuführen. Am Außenfenster eines Doppelfensters bringen wir mit Tinte einen Punkt an und am Innenfenster eine horizontale Reihe von Punkten in einem Abstand von 3 cm. Nun hat man sich um einen Abstand gleich dem Zwischenraum zwischen beiden Fenstern zu entfernen und seinen Blick auf den einzelnen Punkt am Außenfenster zu richten. (Das ist der Blick durch die „Mauer", deren Funktion das Innenfenster spielen soll.) Uns erscheinen dabei die Punkte auf dem Innenfenster verdoppelt. Und nun muß man sich vorsichtig dem Fenster nähern (oder davon entfernen), ohne dabei den Blick vom Punkt auf dem Außenfenster zu wenden, bis sich die verdoppelten Punkte paarweise vereinigen. Wir meinen nun, daß sich die Punkte des Innenfensters auf dem Außenfenster befinden. Wir stellen also auch ein scheinbares Muster fest. Konzentrieren wir uns jetzt auf dieses Muster und gehen vom Fenster weg. Dabei bemerken wir, wie sich das Muster vom Fenster nach draußen in den Himmel fortbewegt.

C. Das Wesen dieser Erscheinung ist in Abb. 76 erläutert. Angenommen, der Abstand zwischen den Zentren der Pupillen unserer Augen O_1O_2 beträgt 6 cm und der Abstand zwischen den Einzelheiten des Musters $A_1, A_2, \ldots, A_Z$ ist gleich 1 cm. Konzentrieren wir unseren Blick auf das Detail A_1, sind die optischen Achsen der beiden Augen so auf das Detail gerichtet, daß sie sich unter dem Winkel α_1 schneiden. Dieser Winkel ist verhältnismäßig groß, so daß die die Augäpfel bewegenden Muskeln stark angespannt werden. Dadurch bildet sich im menschlichen Gehirn das Signal aus, daß der Gegenstand A_1 nah ist (s. auch letzte Aufgabe). Stellen wir uns nun vor, daß die optische Achse des einen Auges auf das Detail A_1, die andere auf A_2 gerichtet ist. Das ist genau das, was im Anfang der Aufgabe gefordert war: Sind die Augen so gerichtet, übertragen wir den Blick aus der Fläche A_1A_7 in die Tiefe auf den Punkt A_{12}. Da nun die Einzelheiten A_1 und A_2 des Musters identisch sind, registriert das Gehirn den Fehler nicht und nimmt die Abbildungen der verschiedenen Einzelheiten A_1 und A_2 auf der Netzhaut der verschiedenen Augen als Abbildung des einen Details A_{12} an, das in Wirklichkeit gar nicht existiert. Weil die Augen jetzt um den Winkel $\alpha_2 < \alpha_1$ verdreht sind, entscheidet das Gehirn, daß das Detail A_{12} sich in einer größeren Entfernung befindet als die Details A_1 oder A_2:

$$O_1A_{12} > O_1A_1,$$

$$O_2A_{12} > O_2A_1.$$

Wenn sich somit die Augen auf die erforderliche Tiefe eingestellt haben, werden die Abbildungen der Details A_2 und A_3 in unserem Bewußtsein als Abbildung des Details A_{23} empfunden, die Details A_3 und A_4 als A_{34} usw. Es entsteht der Eindruck, daß in der Fläche $A_{12}A_{67}$ ein gleiches Muster existiert wie in der Fläche A_1A_7. Zu bemerken ist noch, daß für einen erfolgreichen Versuch die Parallelität der Geraden O_1O_2 (Basis der Augen) und A_1A_2

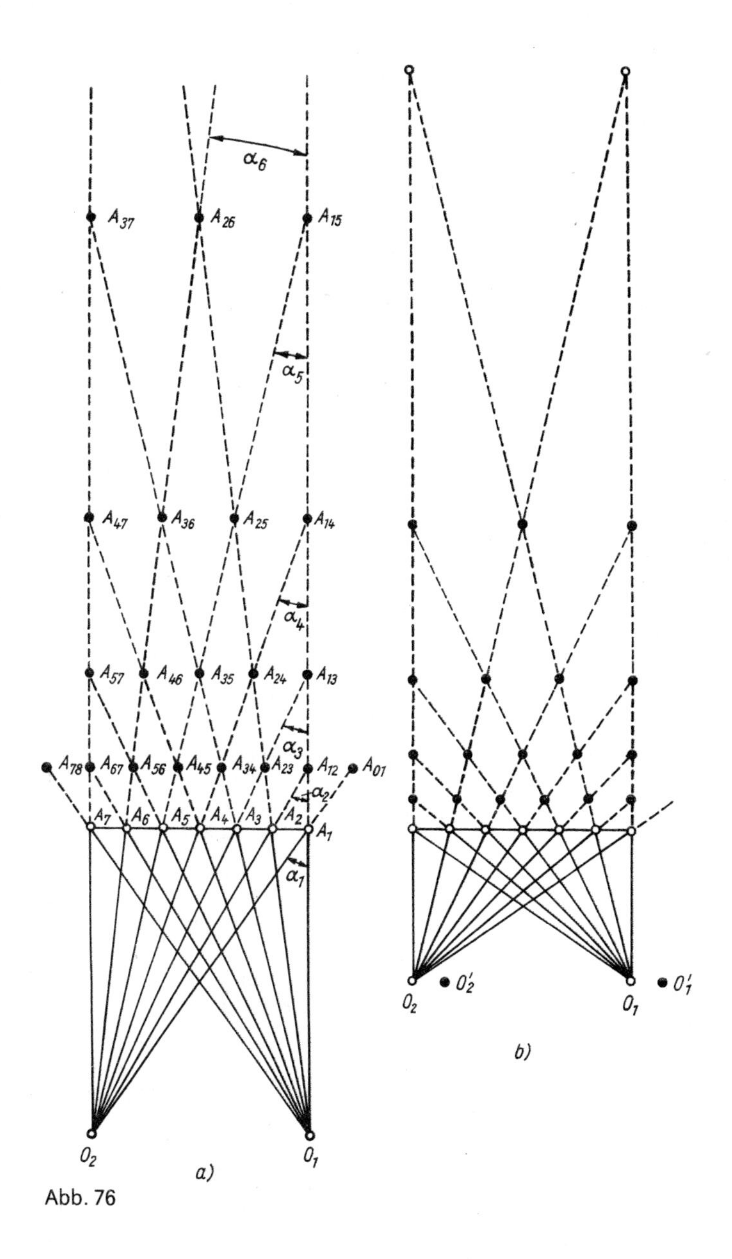

α_6
A_{37}
A_{26}
A_{15}
α_5
A_{47}
A_{36}
A_{25}
A_{14}
α_4
A_{57}
A_{46}
A_{35}
A_{24}
A_{13}
α_3
A_{78}
A_{67}
A_{56}
A_{45}
A_{34}
A_{23}
A_{12}
A_{01}
α_2
A_7
A_6
A_5
A_4
A_3
A_2
A_1
α_1
O_2
O_1
a)
O_2'
O_1'
O_2
O_1
b)

Abb. 76

(die die beiden Details verbindende Gerade) Bedingung ist. Andernfalls können die Augen zwei Details nicht zusammenführen. Es müßte sich dann schon das eine Auge auf die Stirn, das andere auf die Wange verlagern lassen. Hieraus erklärt sich auch, warum eine Seitwärtsbewegung des Kopfes eine Verdoppelung der Details des scheinbaren Mustes in der Höhe mit anschließendem Verschwinden des Effektes bewirkt.

Aus der Abbildung wird ersichtlich, daß das Detail A_{01} nur mit dem einen Auge O_2 sichtbar ist, da im Originalmuster kein für das Auge O_1 erforderliches Detail A_0 existiert. Das bedeutet, das Detail A_{01} (wie auch A_{78}) ergibt keinen stereoskopischen Effekt, was die Betrachtung des gesamten Bildes stark erschwert. Das geschieht aber nicht, wenn das Muster A_1A_7 sehr weit in beide Richtungen reicht (oder zumindest über die Grenzen des Blickfeldes). Das gleiche trifft bei Betrachtung einer Tapete aus geringer Entfernung zu.

Entsprechend der Zeichnung müssen die Details des scheinbaren Musters größer sein als die Details des wirklichen Musters:

$$A_{12}A_{23} > A_1A_2 .$$

Die durchgeführten Versuche beweisen das.

Aber warum? Das Intervall $A_{12}A_{23}$ nimmt auf der Netzhaut des Auges den gleichen Platz ein wie das Intervall A_1A_2. Auch die Winkelabmessungen der Details des scheinbaren Musters und die des wirklichen Musters sind gleich. Denn in Wirklichkeit befinden sich ja nur die gleichen Details des realen Musters vor unseren Augen, nichts anderes. Aber warum erscheinen sie uns jetzt größer? Deshalb, weil das scheinbare Muster als weit entfernt empfunden wird. Eine optische Täuschung zieht die andere nach sich. Das durch vieljährige Praxis geschulte Gehirn zieht den logischen Schluß, daß von zwei Gegenständen mit gleichen Winkelabmessungen der in großer Entfernung befindliche Gegenstand größere lineare Abmessungen aufweist.

Aus Abb. 76a ist zu sehen, daß das zweite, weiter im Hintergrund befindliche und größere scheinbare Muster dann entsteht, wenn die Augen um den Winkel α_3 gedreht sind. Im Gehirn werden die Eindrücke von den Details A_1 und A_3, A_2 und A_4, ... gewonnen, die relativ zueinander um zwei Intervalle verschoben sind. Analog dazu lassen sich ein drittes, viertes und fünftes scheinbares Muster beobachten. Das sechste in der Zeichnung abgebildete scheinbare Muster entspricht dem Winkel $\alpha_7 = 0$, d. h., die optischen Achsen sind parallel. Dieses Muster befindet sich in

unendlich weiter Entfernung. Betrachten wir den Charakter der scheinbaren Muster bei Bewegung der Augen. In Abb. 76b wird gezeigt, daß sich bei Annäherung an das wirkliche Muster alle scheinbaren Muster ebenfalls proportional ihm annähern. Verschiebt man den Kopf parallel zum wirklichen Muster um ein Detail (die Punkte O_1' und O_2'), so verschieben sich das wirkliche und folglich auch alle scheinbaren Muster in die entgegengesetzte Richtung ebenfalls um ein Detail. Weil jedoch die weiter entfernten Muster Details mit scheinbar größeren Abmessungen haben, ist auch die entsprechende Verschiebung größer.
Einige Worte zur „gläsernen Wand", die bei Betrachtung des scheinbaren Musters an der Stelle des wirklichen Musters verbleibt. In jedem Muster sind verschiedene Unreinheiten vorhanden – Härchen, Staubteilchen u. a. –, die im Unterschied zum Muster selbst ungleichmäßig und zufällig verteilt sind und sich deshalb im scheinbaren Muster nicht zu Paaren vereinigen können (vergleiche mit der Aufgabe „Ordnung inmitten von Unordnung"). Aus diesem Grunde fallen sie auch nicht in die Fläche des scheinbaren Musters. Sie sind nur so sichtbar wie Staubteilchen auf einer Spiegeloberfläche, wenn man sich in der Tiefe des Spiegels betrachtet.
Für denjenigen, der das zweite scheinbare Muster nicht entdeckt hat, wird auf Abb. 77 hingewiesen. Auf das Innenfenster

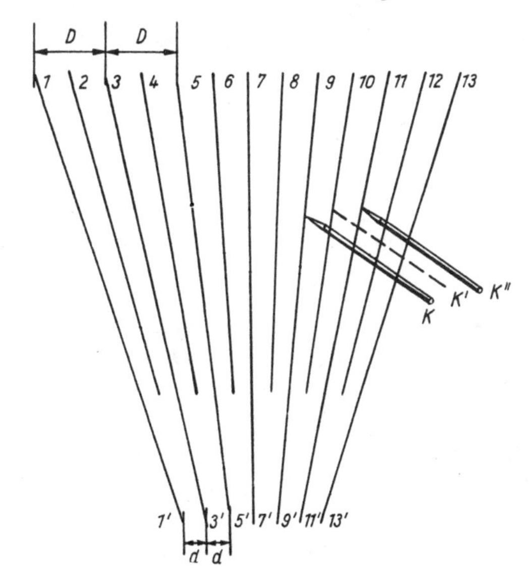

Abb. 77

ist ein Fächer von Geraden zu zeichnen. Der Abstand zwischen diesen beträgt unten $d = 3$ cm und oben $D = 6$ cm. Außerdem sind die Zwischengeraden *2, 4, 6,* ... einzuzeichnen, die nicht bis nach unten durchgezogen werden. Zur Einstellung nach den unteren Enden der Linien *1′, 3′, 5′,* ... (mit Hilfe des Punktes auf dem Außenfenster) auf das erste scheinbare Muster können die Geraden *1′1, 3′3, 5′5,* ... als Richtungsgebende zur Überführung des Blickes auf das obere Feld benutzt werden. Dort erscheint das scheinbare Muster infolge der Existenz der Zwischengeraden *2, 4, 6,* ... als zweites. Berühren wir eine der Linien mit dem Bleistift *K*, werden wir diesen doppelt wahrnehmen (*K* und *K″*). Er zeigt dabei auf die Linien, die um zwei Intervalle zurückliegen, womit bewiesen wird, daß wir nicht das erste scheinbare Muster, sondern das zweite sehen. Das Objekt scheint eine geneigte Fläche zu sein, deren oberes Ende in den Himmel zeigt. Beim Entspannen der Augenmuskeln, wobei die Sehweite unwillkürlich vom zweiten scheinbaren Muster zum wirklichen Muster zurückkehrt, wird gleichzeitig auch das erste scheinbare Muster entdeckt, bei dem *K* und *K′* (punktiert) um ein Intervall zurückbleiben. Das ist ebenfalls eine geneigte Fläche. Bei der Beobachtung des ersten scheinbaren Musters können wir schon nicht mehr den Blick auf den unteren Rand richten: Sind wir am Ende der Geraden *2, 4, 6,* ... angelangt, verschwindet der Effekt.
Interessant ist, daß man mit Hilfe auseinanderlaufender Richtungsweisender „im Unendlichen" (da die optischen Augenachsen parallel sind) und sogar „weiter als im Unendlichen" scheinbare Muster beobachten kann. Im letzten Fall schneiden sich die Achsen hinter dem Beobachter, d. h., das linke Auge ist nach links gedreht, aber das rechte nach rechts! Dazu müssen die auseinanderlaufenden Geraden *1, 3, 5,* ... nach oben verlängert werden, bis der Abstand D zwischen ihnen gleich der Basis unserer Augen D_0 ist. (Die Geraden *2, 4, 6,* ... sind dazu nicht erforderlich.)
Dem Autor ist folgendes Experiment gelungen: $D = 10$ cm bei einer Augenbasis $D_0 = 6{,}7$ cm und einem Abstand vom Muster $R = 50$ cm. Das bedeutet, daß die Augen zu dieser Zeit in verschiedene Richtungen unter dem Winkel

$$\alpha \approx \frac{D - D_0}{R} = \frac{10 - 6{,}7}{50} = \frac{3{,}3}{50} \text{ Radiant} \approx 4^\circ$$

schauten.

Der Erfolg ist nicht überwältigend und wird sogar teuer erkauft: Danach schmerzen den ganzen Tag die Augen. Ich möchte auf jeden Fall davon abraten, diesen Versuch nachzuahmen.

Das Geheimnis der Schönheit

A. Wir wählen uns ein Stück nicht sehr dichten, musterlosen durchscheinenden Stoffes aus (Kattun oder Seide) und halten es gegen das Licht. Wir sehen dabei ein kleines Gitter aus zueinander senkrecht stehenden Längs- und Querfäden, weiter nichts. Wir legen jetzt den Stoff doppelt und betrachten ihn wieder im Gegenlicht. Wer bisher dieses Wunder noch nicht bemerkt hat, wird von dem schönen Muster aus großen dunklen und hellen Streifen, die allmählich und koordiniert gebogen sind und, was besonders interessant ist, die ihre Form bei der geringsten Verschiebung der einen Hälfte des Stoffstückes schnell verändern, beeindruckt sein.
Wie sind diese Muster entstanden? Welches ist das Geheimnis dieses Effektes? Außer einem kleingewebten Gitter aus einzelnen Fäden enthält ja keine der Stoffhälften irgendein Muster.
B. Wer zu dieser Erscheinung selbständig eine Erklärung finden will, dem sei folgender Versuch vorgeschlagen. Auf zwei Blatt Pauspapier werden mit Tusche einige zehn parallele Linien gezeichnet. Linienbreite und Zwischenraum müssen gleich sein, z. B. 2 mm. Eine solche Kombination von Linien wird Parallelraster genannt, der Abstand zwischen zwei Linien (Summe der Streifenbreite und des Zwischenraumes) Rasterteilung. Die beiden Papierblätter sind jetzt so übereinanderzulegen, daß eine leichte Nichtparallelität der Linien der Pausblätter entsteht. Wir betrachten nun die Pausblätter aus unterschiedlichen Entfernungen, dabei ist der Schnittwinkel der Linien ständig zu ändern und die Veränderung des Musters zu beobachten. Die relativ große Linienstärke erleichtert uns die Erklärung der Entstehung von solchen hellen und dunklen Streifen des Musters.
Empfehlenswert ist die Anfertigung eines weiteren Transparentpapierblattes mit etwas größerer Breite der schwarzen und hellen Linien (z. B. 2,2 mm). Außerdem können noch Blätter mit fächerartig leicht auseinanderlaufenden Linien und mit konzentrischen Kreisen gezeichnet werden.
C. In Abb. 78a und b sind zwei parallele Raster mit gleicher Teilung übereinandergelegt. Infolge der geringen Nichtparallelität entsteht an einigen Stellen eine Überlagerung der Rasterlinien

(in Richtung *22'* und *44'* in Abb. 78b), an anderen Stellen füllen sie gegenseitig die Linienzwischenräume aus (in Richtung *11'*, *33'*, *55'*). Im letzteren Fall verringert sich der Zwischenraum, und längs der Richtungen *11'*, *33'*, *55'* entstehen breite dunkle Streifen eines Musters. Entlang den Richtungen *22'*, *44'* usw. bilden sich umgekehrt helle Streifen eines Musters. Im einfachsten Falle, wenn beide Raster gleich sind, d. h. eine gleiche Rasterteilung h aufweisen, und der Neigungswinkel α zwischen beiden Rastern sehr gering ist, beträgt der Abstand zwischen den hellen Streifen der Muster *22'* und *44'*

$$r = \frac{h}{\tan \alpha}.$$

Bei kleinen Winkeln α übertrifft folglich der Abstand zwischen den Streifen des Musters r die Rasterteilung h um ein Vielfaches. Für $\alpha = 5°$ erhalten wir z. B.

$$\tan \alpha = 0{,}0875, \qquad r = \frac{h}{0{,}0875} \approx 11{,}5\, h.$$

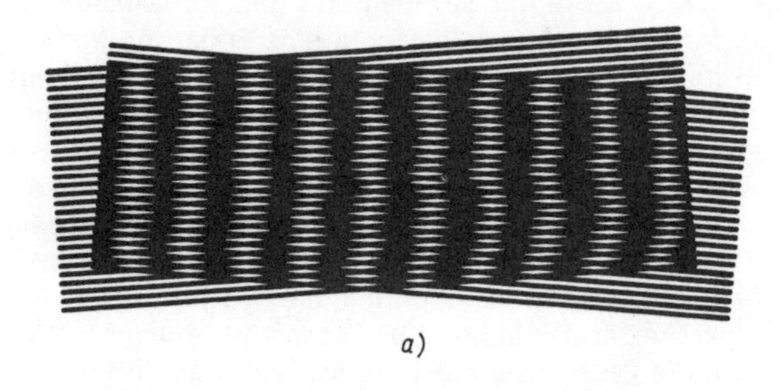

a)

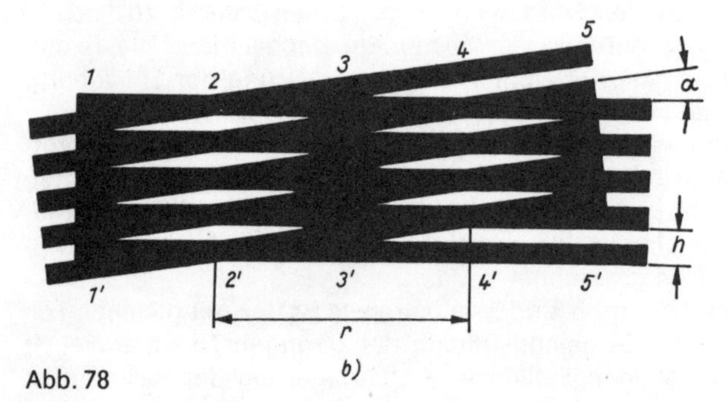

b)

Abb. 78

Aus dem gleichen Grunde verschieben sich die Musterstreifen bedeutend schneller als die Rasterlinien selbst. Bei einer Verschiebung des geneigten Rasters z. B. um h nach oben verschieben sich die Musterstreifen nach links um r, also um 11,5mal schneller. Das Entstehen eines Musters beim Übereinanderlagern zweier Raster mit fast gleicher Neigung oder fast gleicher Teilung wird Moiréeffekt, das Muster selbst Moiré genannt.
Betrachten wir ein weiteres Beispiel des Moiréeffektes, wenn zwei Raster parallel übereinandergelegt werden, aber ihre Teilung unterschiedlich ist. In Abb. 79 sind die Raster A (die Linien

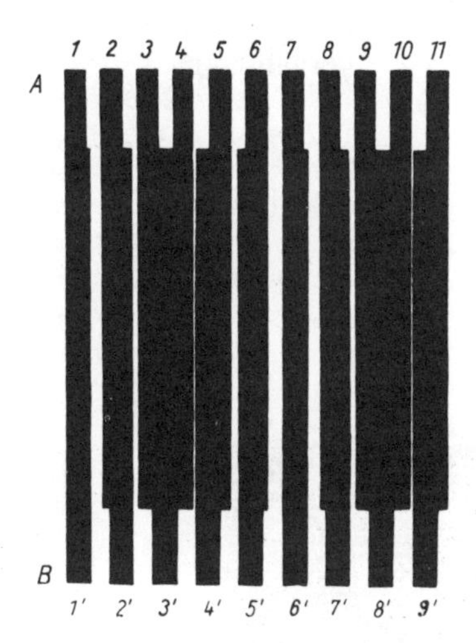

Abb. 79

1, 2, 3, ...) mit einer Stärke der Linien und Zwischenräume von je 2 mm (d. h. die Teilung $h = 4$ mm) und ein Raster B (*1', 2', 3', ...*) mit einer Teilung $h' = 4{,}8$ mm dargestellt. Bei paralleler Überlagerung fallen die Rasterlinien mit ungleicher Teilung einmal zusammen (*11', 76'*), zum anderen greifen sie gegenseitig in die Zwischenräume (*33'4, 98'10*), wodurch helle und dunkle Musterstreifen entstehen. Wenn ein erstes Zusammenfallen für die Linien *1* und *1'* erfolgte, ergibt sich das nächste dort, wo beide Raster um genau eine Teilung auseinanderliegen, d. h. dort, wo

$$(n + 1)h = nh'.$$

Nach Auflösung dieser Gleichung nach n erhalten wir

$$n = \frac{h}{h' - h}.$$

In unserem Beispiel beträgt $h = 4$ mm und $h' = 4{,}8$ mm. Somit ergibt sich für

$$n = \frac{4}{4{,}8 - 4} = \frac{4}{0{,}8} = 5.$$

Das nächste Zusammenfallen erfolgt also nach $n + 1 = 6$ Teilungen des Rasters *A* oder nach $n = 5$ Teilungen des Rasters *B* (Überlagerung der Linien *7* und *6'*). Bei geringfügiger Verschiebung des Rasters *B* um eine Teilung h' erfolgt eine größere Verschiebung der breiten Musterstreifen um $nh' = 5h'$ in die entgegengesetzte Richtung. Wird auf ein paralleles Raster ein Raster mit leicht auseinanderlaufenden Linien gelegt, entsteht ein äußerst originelles Bild (Abb. 80): Die hellen und dunklen Moiréstreifen sind wunderschön gebogen, eine geringste Drehung oder Verschiebung eines Rasters läßt das Muster sich stark verändern.

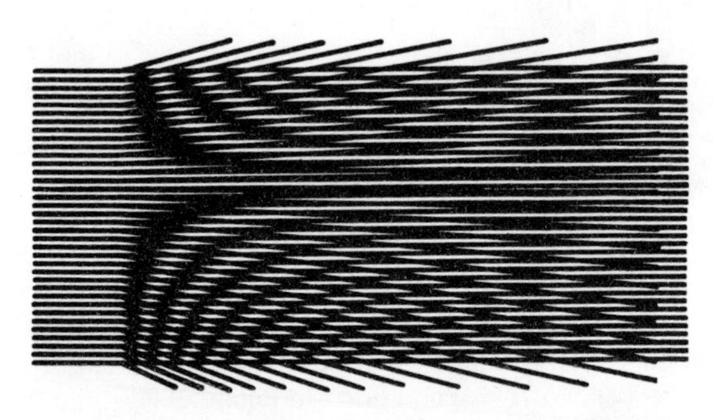

Abb. 80

In Abb. 81 liegt eine Serie konzentrischer Kreise auf einem parallelen Raster. Das Moiré fehlt dort, wo die Kreise senkrecht zu den Geraden stehen (rechts und links), und ist deutlich dort zu sehen, wo die Kreise parallel oder fast parallel zu den Geraden stehen (oben und unten).
Beim Übereinanderlegen zweier gleicher Stoffstücke treten nun all die oben beschriebenen Effekte auf. Die Fäden des einen Stoffstücks sind den Fäden des anderen Stoffstücks leicht nicht-

Abb. 81

parallel; das eine Stoffstück ist etwas weiter langgezogen als das andere, wodurch die Teilungen der Fäden in den Stoffstücken unterschiedlich sind. All das führt zu einem komplizierten Spiel des Moirémusters. Legen wir zwei verschiedene Stoffstücke mit stark unterschiedlicher Teilung aufeinander, bemerken wir fast gar kein Moirémuster, bzw. dessen Streifen sind sehr klein. Das folgt aus der oben angeführten Formel. Bei genauem Zusammenfallen der zwei Rasterteilungen wachsen die hellen und dunklen Streifen ins Unendliche: Entweder fallen die Linien beider Raster genau zusammen, und es entsteht ein heller Streifen, oder die Linien des einen Rasters geraten in die Zwischenräume des anderen Rasters, und es entsteht eine Verdunklung im ganzen Raster. Dieser Effekt wird bei der Gütekontrolle verschiedener Raster benutzt. (Das Auflegen eines hergestellten Rasters auf ein Vergleichsraster gestattet eine schnelle Bestimmung der Größe der Übereinstimmung nach dem Moirébild.)
Auch in der Textilindustrie wird der Moiréeffekt angewendet, z. B. für die Herstellung von fließenden Musterübergängen in Stoffen. Eine ähnliche Erscheinung können wir oft im Freien beobachten, z. B. wenn wir aus einem fahrenden Zug auf einen eingezäunten Garten sehen, dessen hinterer und vorderer Zaun gegen den Himmel zusammenfallen. Da die Latten des nächsten Zaunes unter größerem Blickwinkel sichtbar sind als der weiter entfernte, entsteht ein der Abb. 79 ähnliches Bild. Der vordere Zaun entspricht dem Raster *B* mit einer größeren Teilung. Infolge der Ungleichmäßigkeit der Teilungen beider Zäune beobachten wir breite helle und dunkle Streifen, die schnell in Fahrtrichtung laufen.
Ein weiteres Beispiel für den Moiréeffekt ist ein Muster, das bei

Übereinanderlegen eines parallelen Zeilenrasters und eines Rasters aus auseinanderlaufenden schwarzen Linien als Prüfbild für die Bildqualität des Fernsehapparates entsteht.
Schließlich war auch in der Aufgabe „Zwei Wecker" ein Moiréeffekt zu beobachten. Der Gangunterschied der beiden Uhren ist identisch mit zwei ungleichen Rasterteilungen. Die Schläge der Uhren laufen einmal synchron, einmal asynchron, um dann erneut zusammenzufallen, wenn das „Zeitraster" um genau eine Teilung verschoben ist. Wir haben es hier also nicht mit einem räumlichen, sondern mit einem zeitlichen Moiréeffekt zu tun. Beide unterliegen aber den gleichen Gesetzmäßigkeiten.

Betrachtungen durch einen Spalt

A. In dieser Aufgabe soll das Ergebnis eines Versuchs erklärt werden. Auf Abb. 82 ist ein Gitter aus vertikalen und horizontalen Linien dargestellt. In ein Stück Pappe ist mit einer Klinge ein dünner Schlitz zu schneiden. Durch diesen Spalt ist die Abb. 82

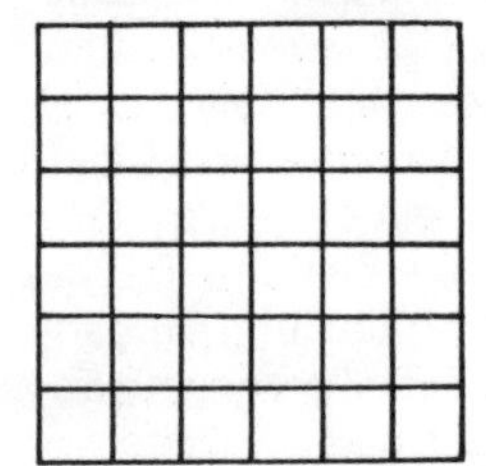

Abb. 82

mit einem Auge zu betrachten. Der Spalt soll dabei waagerecht vor das Auge gehalten werden. Beim Betrachten des Gitters stellen wir fest, daß die horizontalen Linien verschwunden sind. Was ist mit ihnen geschehen?
B. Der Versuch ist nicht gelungen? Wir sehen entweder das ganze Gitter oder überhaupt nichts? Im ersten Fall ist der Spalt zu breit und im zweiten Fall zu eng. Man sollte dann versuchen, die Spaltbreite durch Verbiegen der Pappe zu verändern. Am besten gelingt der Versuch, wenn das Gitter hell beleuchtet ist und die dem Auge zugewandte Kartonseite vollkommen im Dunkel liegt.
In Fortsetzung unseres Versuchs drehen wir jetzt den Spalt um 90° und sehen, daß die vertikalen Linien verschwunden sind und dafür die horizontalen Linien sichtbar werden. Zum besseren

Verständnis der Erscheinung sollten wir in der gleichen Art und Weise den auf Abb. 83a dargestellten Kreis betrachten. Bei einem senkrechten Spalt sehen wir die rechte und linke Seite

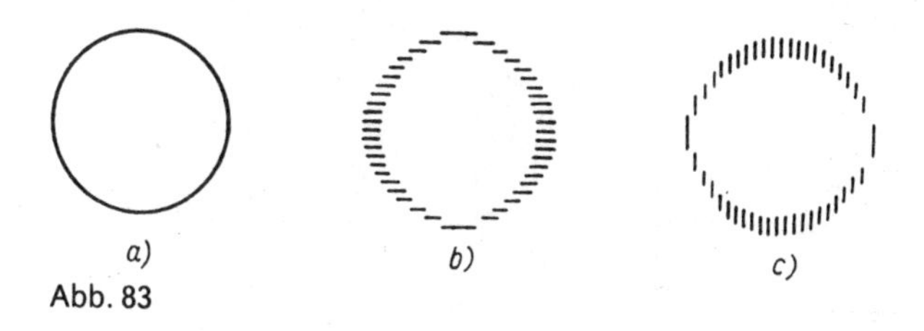

Abb. 83

des Kreises unscharf, bei einem waagerechten Spalt dagegen die obere und untere Seite (Abb. 83b und c). Der Versuch ist bei verschiedenen Spaltneigungen zu wiederholen. Es stellt sich dabei heraus, daß immer die Kreisteile unscharf sind, die längs des Spaltes verlaufen. Die Kreisteile, die quer zum Spalt stehen, bleiben unscharf.

C. Die Erklärung dieser Erscheinung ist in der Beugung des Lichts zu suchen. Bekanntlich ändert das Licht beim Auftreffen auf ein Hindernis seinen Weg, umläuft das Hindernis und gelangt dorthin, wo nach dem Gesetz der geradlinigen Lichtausbreitung Schatten sein müßte. Fällt ein paralleles Strahlenbündel auf einen Schirm mit einer kleinen Öffnung (Abb. 84a), ist es nach dem Durchgang durch die Öffnung nicht mehr parallel. Je kleiner diese Öffnung ist, um so größer ist die Divergenz der Strahlen. Bei einer sehr kleinen Öffnung entsteht der Eindruck, als ob sie eine punktförmige Lichtquelle wäre.

Beim Durchgang durch die große Öffnung wird der Hauptteil der Strahlen praktisch nicht abgelenkt. Nur die nahe des Öffnungsrandes laufenden Strahlen werden gebeugt (Abb. 84b). Der mit der Klinge geschnittene Spalt ist eine Öffnung mit sehr geringen Abmessungen in einer Richtung und sehr großen Abmessungen in der anderen. Der durch diesen Spalt fallende Lichtstrahl wird deshalb außerordentlich stark in der Ebene gebeugt, die senkrecht zum Spalt steht, und fast gar nicht in der zweiten Ebene. Eine räumliche Darstellung des Lichtstrahls nach Austritt aus dem Spalt ist in Abb. 84c gezeigt.

Angenommen, der Spalt ist den horizontalen Gitterlinien parallel. Die vom Gitter durch den Spalt ins Auge treffenden Lichtstrahlen werden dann bei Austritt aus dem Spalt fächerartig in der senkrechten Ebene verstreut. Infolgedessen wird jeder

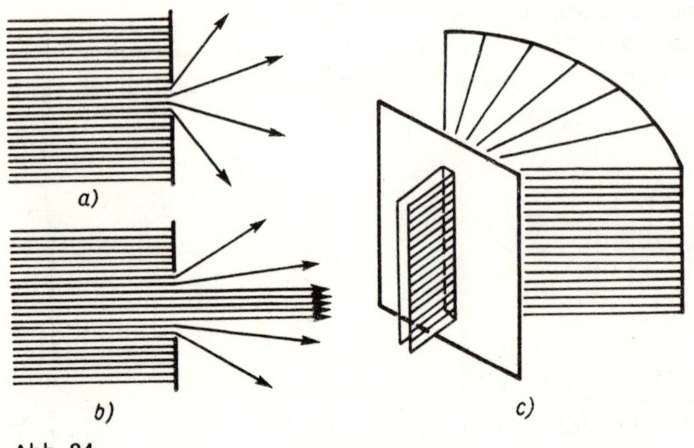

Abb. 84

Punkt in der Senkrechten verwischt, und die horizontale schwarze Linie wird sehr breit (Abb. 85a). Da nicht nur die horizontalen schwarzen Linien verwischt werden, sondern auch die weißen Zwischenräume, bilden die horizontalen Linien breite blaßgraue, mit dem Auge kaum wahrnehmbare Streifen.
Anders sehen die vertikalen schwarzen Linien aus. Selbstverständlich wird auch hier jeder ihrer Punkte in der senkrechten Ebene verwischt und nicht in der waagerechten. Aber alle verwischten Abbildungen der Punkte der vertikalen Linie überlagern sich entlang der vertikalen Linie. Diese Abbildungen der vertikalen Linie vermischen sich aber nicht mit dem Licht der verwischten weißen Punkte (diese werden ja ebenfalls nur in senkrechter Richtung verwischt). Im Ergebnis bleibt die vertikale Linie schwarz und ist auf dem grauen Hintergrund gut zu sehen.
Wird nun der Spalt um 90° gedreht, dreht sich gleichermaßen die Verwischung mit. Alle Punkte (schwarze und weiße) werden jetzt in waagerechter Richtung verwischt (Abb. 85b), und durch

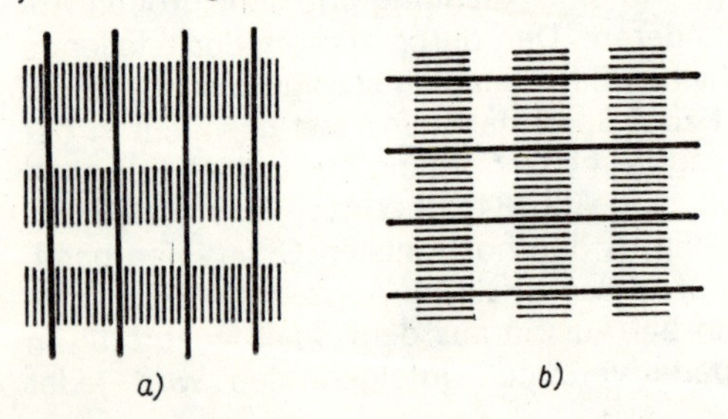

Abb. 85

deren Vermischung verblassen und verbreitern sich die vertikalen schwarzen Linien. Die horizontalen Linien dagegen, die nur entlang sich selbst verwischt werden, bleiben scharf.

Ein Blick durch einen Spalt

A. Noch eine Aufgabe mit einem Gitter, die äußerlich der vorhergehenden ähnelt, aber inhaltlich ganz anderer Art ist.
Am westlichen Horizont erblicken wir eine Wolkenansammlung. Die untergehende Sonne berührt eben den Horizont und senkt ihre letzten Strahlen durch einen Wolkenspalt und beleuchtet ein Gitter – einen vor einem Haus stehenden Gartenzaun. Warum fehlen in dem von dem Gitter an die Wand geworfenen Schatten die Schatten der senkrechten Pfähle? Die Stärke der waagerechten und senkrechten Latten ist gleich.
B. Wie in der vorhergehenden Aufgabe sind auch hier Gitter, Spalt und Strahlen vorhanden. Jedoch kann in diesem Fall die Beugung der Lichtstrahlen nicht zu Rate gezogen werden, da der Wolkenspalt in Kilometern gemessen wird und dieser Spalt somit nicht mit einem schmalen Spalt verglichen werden kann.
Für diejenigen Leser, die diese Erscheinung noch nicht in der Natur beobachtet haben, ist in Abb. 86 ein solches Bild demonstriert.
Als Hinweis soll noch dienen, daß unter obigen Umständen nie-

Abb. 86

mals eine umgekehrte Erscheinung beobachtet werden kann. So können niemals Schatten der senkrechten Pfähle ohne die Schatten der waagerechten Latten beobachtet werden.

C. Die Erscheinung wird sehr einfach erklärt: Die durch den Spalt scheinende Sonne ist mit einer Lichtquelle weiter horizontaler und enger vertikaler Abmessungen zu vergleichen. Je langgezogener die Lichtquelle ist, um so kürzer ist der Schattenkonus und um so breiter der Halbschatten. Die Tatsache, daß im gegebenen Fall die Lichtquelle in horizontaler Richtung gestreckt ist, führt zu einer Verwischung der Schatten in dieser Richtung. In der vertikalen Richtung dagegen wir der Schatten fast gar nicht verwischt (vergleiche Abb. 87a und b). Infolgedes-

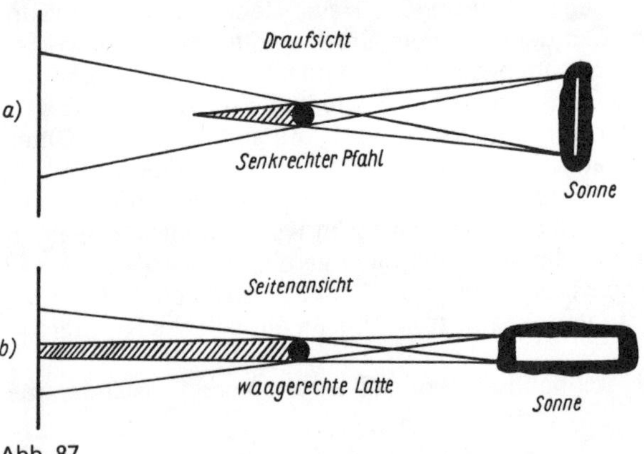

Abb. 87

sen wird der Schatten der waagerechten Latte seiner Länge nach verwischt und der Schatten des senkrechten Pfahles quer. Somit bleibt ersterer scharf, der zweite hingegen wird zu einem breiten blassen Halbschattenstreifen verwischt. Diese Erklärung erinnert auf den ersten Blick an eine Lichtbeugung. Aber nur äußerlich: Bei der Beugung ist die Abbildung der Pfähle oder Latten parallel zum Spalt, aber in diesem Fall senkrecht zum Spalt.

Ein aufmerksamer Leser wird hier den Einwand machen, warum denn keine umgekehrte Erscheinung möglich ist. Die Lage des Spaltes zwischen den Wolken ist doch rein zufällig. Wenn nun der Spalt senkrecht wäre, müßten doch die Schatten der waagerechten Latten verwischt werden und die der senkrechten Pfähle scharf bleiben. Das ist es ja eben! Ein Spalt inmitten weit entfernter Wolken ist immer horizontal sichtbar! Das ist kein Zufall. Angenommen, der „Spalt“ hat in Wirklichkeit die Form einer runden Öffnung. Befände sich der Spalt über uns im Zenit, würden wir ihn auch als runde Öffnung sehen. Befindet sich aber dieser Kreis am Horizont, so sehen wir ihn als stark in der Senkrechten gestauchte Ellipse (Abb. 88), da wir den Kreis sehr schräg sehen.

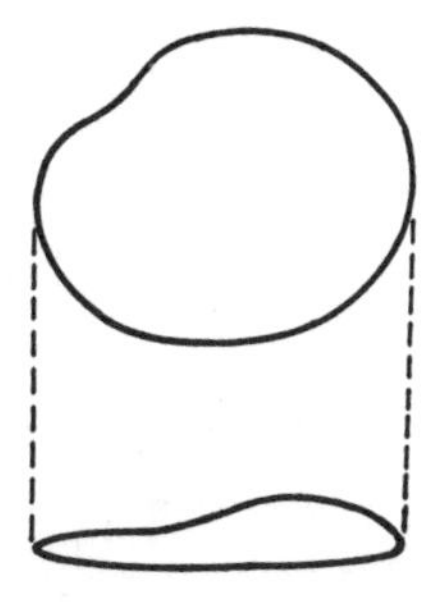

Abb. 88

Deshalb erscheinen uns alle am Horizont befindlichen Wolken und die Spalten zwischen ihnen immer langgezogen in horizontaler Richtung. Das führt zu der oben beschriebenen Erscheinung.

Die Kugel

A. Auf eine polierte Metallkugel fällt von links ein paralleles homogenes Lichtbündel. Wir nehmen an, daß die Kugel das Licht vollständig reflektiert. In welcher Richtung wird mehr Licht reflektiert: nach rechts oder nach links?

B. Anfänglich wird man stutzen: Können denn die Strahlen überhaupt nach rechts reflektiert werden, wenn sich dort die Kugel befindet? Für die Klärung dieses Zweifels ist Abb. 89 heranzuziehen, auf der zwei reflektierte Strahlen dargestellt sind. Der Strahl *AB* läuft nach der Reflexion nach links in Richtung *BC* und der Strahl *DE* nach rechts in Richtung *EF*. Die Konstruktion des reflektierten Strahles ist sehr einfach. Im Einfallspunkt wird die Senkrechte zur Spiegelfläche errichtet (*OBG* und *OEH*). Die Senkrechte zur Kugeloberfläche ist ja bekanntlich die Verlängerung des Kugelradius. Danach wird der Reflexionswinkel (*GBC* und *HEF*) konstruiert, der gleich dem Einfallswinkel (*ABG* und *DEH*) ist.
Somit reflektiert eine Kugel Lichtstrahlen tatsächlich nach rechts und nach links. Aber in welche Richtung noch? Diese Frage läßt sich leicht beantworten, wenn wir zu Beginn die Strahlen kon-

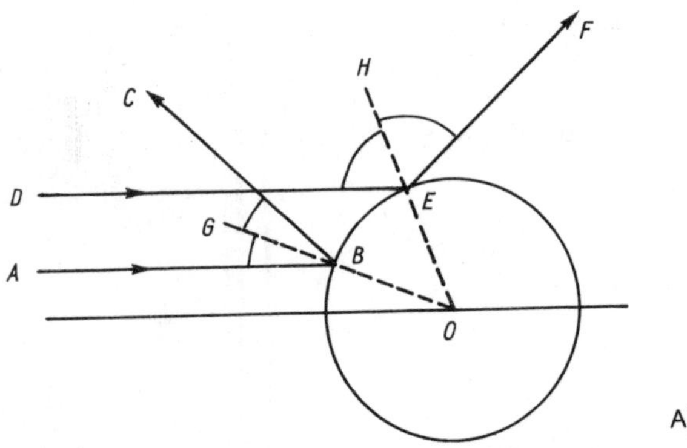

Abb. 89

struieren, die nicht nach rechts und links reflektiert werden, sondern nach oben und unten. Damit teilen wir das gesamt Lichtbündel in zwei Teile: Ein Teil wird nach rechts reflektiert, der andere nach links. Wir brauchen diese nur noch zu vergleichen.

C. In Abb. 90 ist die oben angeführte Konstruktion ausgeführt. Wir finden zuerst einen solchen Punkt *B*, in dem der einfallende Lichtstrahl *AB* genau nach oben reflektiert wird (*BC*). Der Winkel *ABC* beträgt genau 90°. Dieser Winkel stellt aber die Summe von Einfalls- und Reflexionswinkel dar. Da diese aber gleich groß sind, müssen sie 45° betragen. Das bedeutet, daß man den Punkt *B* als einen solchen Punkt finden kann, in dem der Winkel zwischen der auf der Kugeloberfläche stehenden Senkrechten und der Richtung der einfallenden Strahlen 45° beträgt. Diesen Bedingungen entspricht der Radius *OB*. Analog finden wir den Punkt *E*, in dem der Strahl nach unten reflektiert wird.

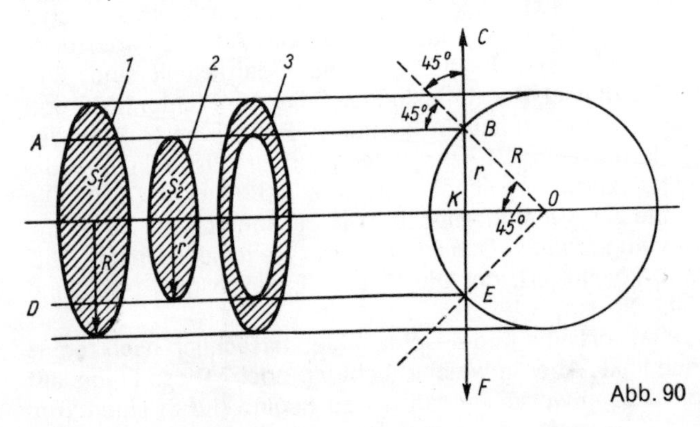

Abb. 90

Es ist ersichtlich, daß die durch die Punkte B und E laufende, senkrecht zur Richtung der einfallenden Strahlen stehende Fläche $CBKEF$ die Kugel in zwei Teile teilt. Die linke Hälfte reflektiert die Strahlen nach links, die rechte nach rechts.
Aber wieviel Strahlen fallen im einzelnen auf die rechte und linke Kugelhälfte? Insgesamt fallen auf die Kugel soviel Strahlen, wie durch den Kreis *1* laufen, dessen Radius dem der Kugel entspricht. Wir schneiden diesen Kreis in zwei Teile: in einen kleinen Kreis *2* mit dem Radius

$$r = BK = R \sin 45^\circ \frac{R}{\sqrt{2}}$$

und den Ring *3*. In diesem Fall ist die Menge der auf den linken Teil einfallenden Strahlen proportional der Fläche des Kreises *2* und die der auf den rechten Teil einfallenden Strahlen proportional der Fläche des Ringes *3*.
Die Fläche des Kreises *1* beträgt

$$S_1 = \pi R^2.$$

Die Fläche des Kreises *2* beträgt

$$S_2 = \pi r^2 = \pi \left(\frac{R}{\sqrt{2}}\right)^2 = \frac{\pi R^2}{2} = \frac{S_1}{2},$$

d. h., die Fläche des Kreises *2* ist halb so groß wie die des Kreises *1*. Daraus folgt, daß die Fläche des Ringes *3* der anderen Hälfte des Kreises *1* entspricht.
Somit wäre also geklärt, daß auf beide nach rechts und links reflektierende Kugelhälften gleich viel Licht fällt. Da nun das gesamte einfallende Licht reflektiert werden soll, ist die Reflexion der Kugel nach rechts und links gleich groß.
Man könnte noch beweisen, daß eine Kugel die interessante Eigenschaft besitzt, vollkommen gleichartig nach allen Richtungen zu reflektieren. Dieser Fakt wird besonders in der Radartechnik benutzt: Die von einer Kugel reflektierten Signale können aus jeder beliebigen Richtung in gleichem Maße empfangen werden, unabhängig davon, von welcher Seite die Kugel bestrahlt wird.
Man ist zur Zeit bestrebt, riesige künstliche Erdtrabanten in Form von Ballons mit metallischer Oberfläche zu bauen. Diese Sputniks sollen die von der Erde kommenden Fernsehsignale

gleichmäßig nach allen Richtungen reflektieren. Infolge der großen Höhe der Sputniks wird es möglich sein, die von ihnen reflektierten Signale auf riesigen Gebieten der Erdoberfläche empfangen zu können.

Interessantes über Spiegel

A. Jeder von uns kennt das rote „Katzenauge" an einem Fahrrad. Es hat die Eigenschaft, ohne Glühlampe in seinem Innern zu leuchten. Es leuchtet aber nicht immer und nicht nach allen Richtungen, sondern nur in solche Richtungen, in die es erforderlich ist. Holt im Dunkeln ein Fahrzeug ein anderes ein und beleuchtet es mit seinen Scheinwerfern, so reflektiert der Rückstrahler das Licht genau zum nachfolgenden Fahrzeug. Somit ist der Fahrer des nachfolgenden Fahrzeuges gewarnt.
Wie ist nun ein solcher Rückstrahler gebaut?
B. Bei aufmerksamer Betrachtung des Rückstrahlers (Abb. 91a)

a)

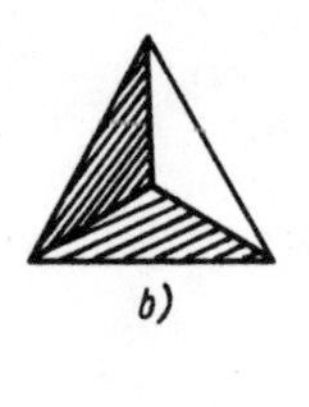

b)

Abb. 91

sehen wir, daß dieser aus vielen gleichseitigen Dreiecken besteht. Jedes dieser Dreiecke ist durch die Winkelhalbierenden nochmals in drei kleinere Dreiecke aufgeteilt (Abb. 91b). Außerdem sehen wir noch, daß das Dreieck in Wirklichkeit eine Pyramide ist. Jede Pyramide besteht aus drei senkrecht zueinander stehenden Spiegeln. Eine solche Spiegelanordnung wird Winkelreflektor genannt. Die vierte Pyramidenfläche – die Basis – ist dem Betrachter zugewandt und für rote Strahlen durchlässig.
Betrachten wir einen dieser Winkelreflektoren. Es soll bewiesen werden, daß dieser die Lichtstrahlen in die entgegengesetzte

Richtung lenkt, unabhängig davon, aus welcher Richtung das Licht einfällt. Ratsam ist es, den Beweis an einem einfachen Fall aus zwei senkrecht zueinander stehenden Spiegeln und einem senkrecht zu beiden Spiegeln einfallenden Strahl zu versuchen.

C. In Abb. 92 sind zwei senkrecht zueinander und senkrecht zur

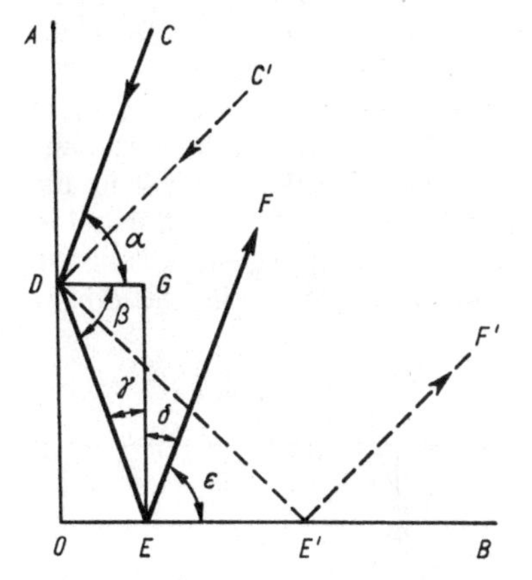

Abb. 92

Papierebene aufgestellte Spiegel *OA* und *OB* abgebildet. Der einfallende Strahl *CD* liegt in der Papierebene. Die Gerade *GD* steht senkrecht zum Spiegel *OA*, die Gerade *GE* senkrecht zum Spiegel *OB*. *ODGE* ist ein Rechteck, der Winkel *DGE* ist rechtwinklig, das Dreieck *DEG* ist ein rechtwinkliges Dreieck, die Summe seiner spitzen Winkel beträgt $\gamma + \beta = 90°$. Der Strahl fällt unter dem Winkel α auf den Spiegel *OA* und wird unter dem Winkel $\beta = \alpha$ reflektiert. Danach fällt er unter dem Winkel γ auf den Spiegel *OB* und wird dort unter dem Winkel $\delta = \gamma$ reflektiert. Weil $\varepsilon = 90° - \delta$ ist, folgt aus den obigen Gleichungen

$$\varepsilon = 90° - \delta = 90° - \gamma = \beta = \alpha,$$

d. h., es ist $\varepsilon = \alpha$. Da nun *DG* parallel zu *OB* ist, muß auch *CD* parallel zu *EF* sein, d. h., der doppelt reflektierte Strahl *EF* läuft genau in der seiner Einfallsrichtung entgegengesetzten Richtung. Auch der gestrichelt gezeichnete Strahl *C'D*, aus einer anderen Richtung (von einer anderen Lichtquelle) auf den Spiegel fallend, kehrt nach zweimaliger Reflexion auf der Geraden *E'F'* zu seinem Ausgangspunkt zurück.

Die Beweisführung für ein System von drei Spiegeln ist etwas schwieriger, da die Stereometrie komplizierter als die Planimetrie ist. In Abb. 93a und b ist ein aus drei quadratischen Spiegeln bestehender Winkelreflektor in zwei Projektionen dargestellt: a) ist die Frontansicht; die Spiegel *AC* stehen senkrecht zur Papierebene, der Spiegel *B* liegt in der Papierebene; b) ist die linke Seitenansicht; der Spiegel *C* liegt jetzt in der Papierebene, und die Spiegel *B* und *A* werden von der Seite gesehen. Zur Begünstigung des räumlichen Vorstellungsvermögens betrachten wir nur ein Photon des einfallenden Lichtstrahls. Wir erproben diese neue Beweismethode vorerst für den Wiederholungsfall, nämlich daß der dritte Spiegel nicht existiert. Das Photon fällt auf der Geraden *DE* mit der Geschwindigkeit *v* auf den Spiegel *B* (Abb. 93b) und wird, ähnlich einem zurückspringenden Ball, auf der Geraden *EF* reflektiert. Dadurch ändert sich seine Geschwin-

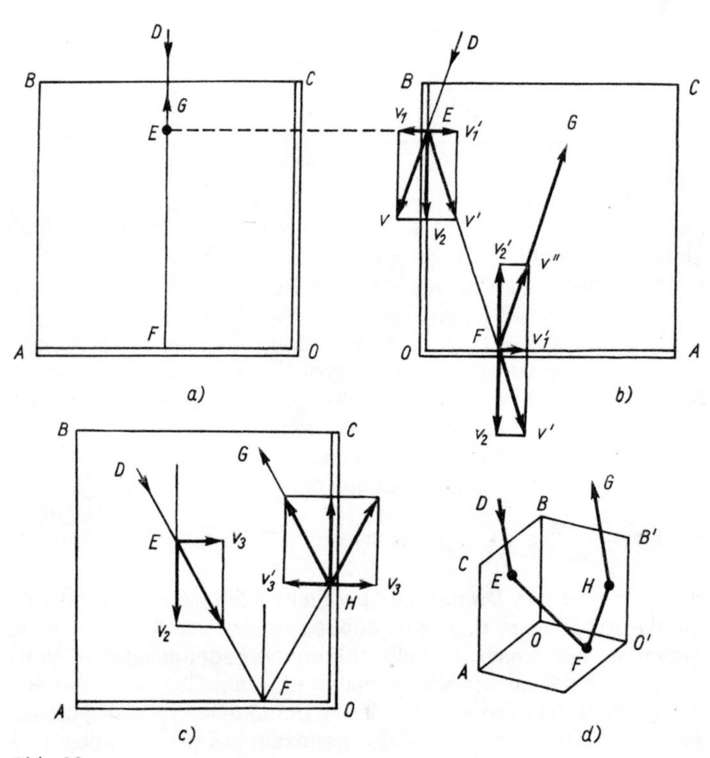

Abb. 93

digkeit in der Richtung. Nach Zerlegung der Geschwindigkeit v in die Komponenten v_1 und v_2, senkrecht bzw. parallel zum Spiegel, sehen wir, daß der Spiegel die Richtung der senkrechten Komponente v_1 in die entgegengesetzte Richtung (v_1') umwandelt. Die parallele Komponente v_2 bleibt unverändert.
Die Geschwindigkeit des reflektierten Photons v' entstand als Ergebnis der Addition der Konstanten v_2 und der Veränderlichen v_1'. Der zweite Spiegel ändert in Punkt F analog die Richtung der zweiten Komponente v_2 (die parallel dem ersten Spiegel, aber senkrecht zum zweiten war). Infolge der zweiten Reflexion änderten die beiden Komponenten v_1 und v_2 des Vektors v ihre Richtungen um 180°. Daher ändert auch der resultierende Vektor seine Richtung in die entgegengesetzte, und das Photon bewegt sich auf der Geraden FG weg, die parallel zum Einfallsweg DE verläuft. Die dritte Geschwindigkeitskomponente war in diesem Fall gleich Null. Wie aus der zweiten Projektion ersichtlich ist (Abb. 93a), bewegte sich das Photon auf dem Wege DE parallel zum Spiegel C, wurde dort im Punkt E reflektiert und bewegte sich zum Spiegel A (wiederum parallel zu C), wurde im Punkt F reflektiert und bewegte sich auf dem Wege FG zurück (wiederum parallel zu C).
Bei Vorhandensein einer dritten Geschwindigkeitskomponente v_3 senkrecht zum dritten Spiegel (Abb. 93c, die gleiche Projektion wie in Abb. 93a) jedoch würde das Photon in den Punkten E und F von zwei Spiegeln reflektiert werden und sich zum dritten Spiegel (Punkt H) bewegen. Dort würde die Richtung seiner Geschwindigkeitskomponente v_3 in die entgegengesetzte v_3' umgewandelt werden. Somit würden alle drei Reflexionen (E, F und H) eine Umkehrung der entsprechenden Komponente des Geschwindigkeitsvektors des Photons bewirken, und es würde sich in die genau entgegengesetzte Richtung bewegen. In Abb. 93d ist dieser Reflexionsvorgang an drei quadratischen Spiegeln eines Winkelreflektors dargestellt.
Man kann natürlich entgegnen, daß bei Beleuchtung eines Rückstrahlers nach den oben angeführten Gesetzmäßigkeiten der reflektierte Lichtstrahl genau zur Lichtquelle zurückkehren muß. Das wäre tatsächlich der Fall, wenn alle Winkelreflektoren ideal wären, d. h. alle drei Spiegel eines jeden Reflektors genau senkrecht zueinander stehen würden. Schon die kleinste Abweichung von der Senkrechten bewirkt eine gewisse Streuung des reflektierten Strahls, wodurch gewährleistet ist, daß das nachfolgende Fahrzeug den Rückstrahler wahrnimmt. Außerdem ist der Richtungsunterschied zwischen Rückstrahler und Scheinwerfer

einerseits und Rückstrahler und Fahrer des nachfolgenden Fahrzeugs andererseits bei großen Abständen zwischen zwei Fahrzeugen äußerst gering.
Diese Rückstrahler finden besonders im Verkehrswesen breite Anwendung. Aber eine nicht minder interessante Anwendung findet ein ähnliches Prinzip in der Radartechnik. Eine von einem Radargerät gesendete Welle wird an einem Winkelreflektor zum Sender zurückreflektiert, ohne daß sie sich zerstreut. Infolgedessen kann ein solches an einem Winkelreflektor reflektiertes Signal über eine große Entfernung empfangen werden. Man kann deshalb mit Winkelreflektoren charakteristische Geländepunkte markieren und nach ihnen die Funktion des Radargerätes überprüfen. Mit Winkelreflektoren können auch Fluß- und Meerestiefen gekennzeichnet werden. Aber Winkelreflektoren können auch gegen die Radarortung eingesetzt werden: Ein von einem Flugzeug abgeworfener Winkelreflektor ergibt ein stärkeres Reflexionssignal als das Flugzeug selbst, und das Radargerät beginnt dieses Ablenkungsziel zu beobachten, während in dieser Zeit das Flugzeug sich zu verbergen sucht.
Auch kosmische Raumschiffe können mit Winkelreflektoren ausgerüstet werden. Man kann die Bewegung des Raumschiffes über große Entfernungen gut verfolgen. So sind z. B. auch künstliche Mondtrabanten in der Form von Winkelreflektoren vorgesehen.
Noch interessanter ist das Projekt eines kosmischen Lichttelefons, dessen Wirkungsweise ebenfalls auf einem Winkelreflektor beruht. Von der Erde wird ein Laserstrahl zu einem Raumschiff gesendet. Durch ein durchscheinendes Bordfenster fällt der Strahl auf einen aus elastischen dünnen Spiegeln bestehenden Winkelreflektor, wird dort reflektiert und kehrt zur Sendequelle zurück. Schweigt der Kosmonaut, so hat der zur Erde zurückkehrende Strahl eine gleichmäßige Intensität. Spricht jedoch der Kosmonaut zum Winkelreflektor als Mikrophon, beginnen dessen elastische Spiegel zu schwingen. Im Takt mit dem zu übermittelnden Signal verändern sich die Winkel zwischen den Spiegeln leicht. Der Reflektor beginnt nun je nach Stellung der Spiegel einen mehr oder weniger zerstreuten breiten Lichtstrahl zurückzusenden. Die Lichtmenge wird dadurch in Richtung Empfangspunkt verringert. Der auf der Erde empfangene Lichtstrom ändert sich im Takt mit der Sprache des Kosmonauten (amplitudenmoduliert). Mit einem speziellen Gleichrichter können diese Schwingungen in elektrische umgewandelt, verstärkt und in einem Lautsprecher hörbar gemacht werden.

Während der Übertragung von der Erde bewirkt der mit der Intensität des zu übermittelnden Signals modulierte Laserstrahl durch seinen Lichtdruck eine Schwingung des Reflektors, und der Kosmonaut braucht nur das Ohr an den Reflektor zu halten, um die übermittelten Signale vernehmen zu können. Vorteilhaft ist bei einer solchen Nachrichtenverbindung, daß sich praktisch die gesamte Apparatur einschließlich Speisungsaggregat auf der Erde befinden. An Bord des Raumschiffes würde sich nur ein Winkelreflektor befinden. Dieser Vorteil eines Minimums an Gewicht und Abmessung bedeutet Energieökonomie und hohe Funktionstüchtigkeit.

Verschiedenes (von der Botanik zur Bionik)

Kaltes Wasser ist wärmer als heißes

A. Vor uns steht in einem Gefäß ein Liter heißes Wasser mit der Temperatur t_1 und ein Liter kaltes Wasser mit der Temperatur t_2. Das kalte Wasser soll durch das heiße erwärmt werden. Ist es möglich, daß die Endtemperatur des zu erwärmenden Liter Wassers größer ist als die Endtemperatur des wärmenden Wassers?

B. Gewöhnlich wird diese Frage sofort und kategorisch verneint. Die Antwort wird damit begründet, daß die Wärmeübertragung aufhört, wenn die Temperaturen beider Wassermengen gleich sind. Um den Prozeß weiterführen zu können, müßte vom kalten Körper dem wärmeren Körper Wärme zugeführt werden. Aber das ist ein Widerspruch zum zweiten Hauptsatz der Thermodynamik. Wenn ein solcher Wärmeaustausch möglich wäre, könnte auch ein Perpetuum mobile 2. Art gebaut werden.
Selbstverständlich hat Clausius recht, und wir möchten auch keinesfalls dieses Gesetz anzweifeln. Trotz alledem sollte versucht werden, eine Methode zur Lösung dieser Aufgabe zu finden. Vielleicht erwärmen wir gleich große Teile des zu erwärmenden Wassers nacheinander?

C. Nehmen wir an, in einem Thermosbehälter *A* (Abb. 94) befindet sich heißes Wasser und im Thermosbehälter *B* kaltes. Wir gießen nun einen Teil des kalten Wassers in ein Gefäß *C* mit dünnen wärmeleitenden Wänden und versenken dieses in das heiße Wasser (Thermosbehälter A). Nach einer bestimmten Zeit gleichen sich die Temperaturen des Wassers in A und C

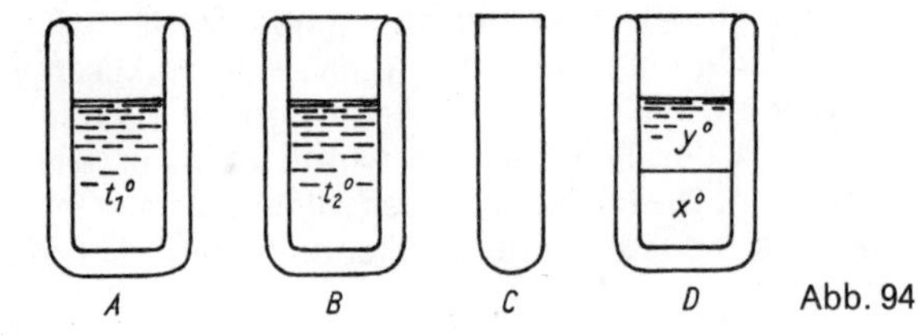

Abb. 94

aus, es stellt sich eine mittlere Temperatur x ein, die der Ungleichung

$$t_1 > x > t_2$$

entspricht. Wir gießen nun das bis auf die Temperatur x erwärmte Wasser aus C in den Thermosbehälter D. Danach schütten wir das restliche kalte Wasser (mit der Temperatur t_2) in das Gefäß C und versenken es wiederum in A. Die Temperaturen in A und C gleichen sich wieder aus, und es stellt sich wieder eine mittlere Temperatur y ein, die der Ungleichung

$$x > y > t_2$$

entspricht. Wir schütten nun das Wasser aus C in D. Infolge der Durchmischung der beiden zu erwärmenden Teile Wasser mit den Temperaturen x und y stellt sich eine mittlere Temperatur z ein:

$$x > z > y.$$

Im ehemals heißen Wasser aber stellt sich eine Temperatur y ein, die niedriger ist als z. Eben das wurde in der Aufgabenstellung gefordert.
Ein Beispiel: Beträgt $t_1 = 95\,°C$ und $t_2 = 5\,°C$, erhalten wir nach dem oben beschriebenen Versuchsablauf

$$x = \frac{2t_1 + t_2}{3} = \frac{2 \cdot 95 + 5}{3} = 65\,°C;$$

$$y = \frac{2x + t_2}{3} = \frac{2 \cdot 65 + 5}{3} = 45\,°C.$$

Das ist gleichzeitig auch die Endtemperatur des „heißen" Wassers. Die Temperatur des „kalten" Wassers beträgt

$$z = \frac{x + y}{2} = \left(\frac{65 + 45}{2}\right) °C = 55\,°C > 45\,°C.$$

Infolge der unterschiedlichen Wärmeverluste bei der Erwärmung des Gefäßes ist diese Differenz tatsächlich etwas geringer. Aber das Zeichen der Ungleichheit bleibt auf jeden Fall erhalten.

Dasselbe würde geschehen, wenn wir nicht das kalte, sondern das heiße Wasser teilten. In diesem Fall ergibt sich für

$$x = \frac{t_1 + 2t_2}{3} = \left(\frac{95 + 2 \cdot 5}{3}\right) °C = 35\,°C.$$

Die Endtemperatur des „kalten" Wassers beträgt

$$z = \frac{t_1 + 2x}{3} = \left(\frac{95 + 2 \cdot 35}{3}\right) °C = 55\,°C$$

und die des „heißen" Wassers

$$y = \frac{x + z}{2} = \left(\frac{35 + 55}{2}\right) °C = 45\,°C < 55\,°C.$$

Man kann aber eine noch höhere Endtemperatur des zu erwärmenden Wassers erreichen, wenn das kalte Wasser in mehrere Teile geteilt wird. Bei einer unendlich kleinen Teilung der „kalten" Wassermenge beträgt die Endtemperatur der „heißen" Wassermenge

$$y = \frac{t_1 - t_2}{e} + t_2,$$

wobei $e = 2{,}71828\ldots$ die Basis des natürlichen Logarithmus ist. Diese Möglichkeit wird in vollendetem Maße in der Technik der Wärmeübertragung zwischen flüssigen oder gasförmigen Medien genutzt. Werden die zu erwärmenden und die wärmenden Flüssigkeiten gleichzeitig durch ein inneres (*B*) und ein äußeres

(A) Rohr geleitet (Abb. 95a), ist am Ende der Leitung die Temperatur beider Flüssigkeiten ungefähr gleich. Durchfließen aber beide Flüssigkeiten die Rohre in entgegengesetzten Richtungen (Abb. 95b), so erfolgt bei genügend großer Länge und entsprechendem Querschnitt der Rohrleitungen und entsprechenden

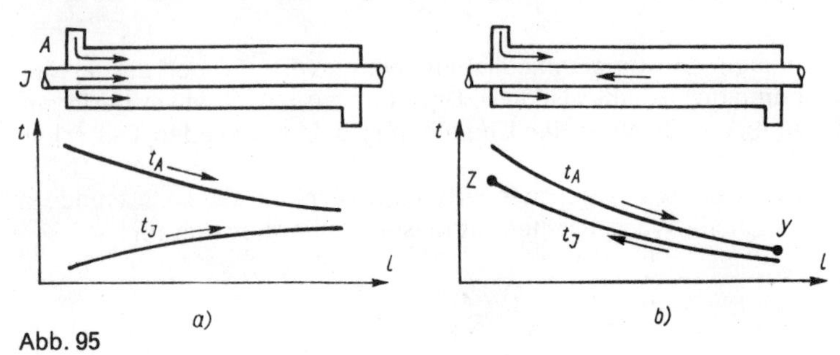

Abb. 95

Fließgeschwindigkeiten ein fast vollständiger Wärmeaustausch. (In unendlich langen Rohren würde ein vollständiger Wärmeaustausch stattfinden.) In den Zeichnungen ist auf der Abszisse die Rohrlänge und auf der Ordinate die Temperatur abgetragen. Die Pfeilrichtung in den Rohren zeigt die Fließrichtung der Flüssigkeiten an, die Pfeilrichtung an den Kurven den Temperaturverlauf. Aus Abb. 95b ist ersichtlich, daß

$z \gg y,$

d. h. die Endtemperatur der zu erwärmenden Flüssigkeit ist bedeutend höher als die der wärmenden Flüssigkeit.

Die Wasserlinie

A. In Leningrad geht ein Dampfer über Gibraltar nach Odessa auf große Fahrt. Im Hinblick auf die im Golf von Biskaya zu erwartenden Stürme ist es strengstens verboten, das Schiff zu überladen. Der Kapitän ließ trotzdem weiter beladen, obwohl die Wasserlinie (Linie am Schiffskörper, die die zulässige Eintauchtiefe markiert) schon unter dem Wasserspiegel lag. Ist das Wagehalsigkeit oder genaue Berechnung?

B. Wer nun denkt, daß der Kapitän den während der Fahrt zu verbrauchenden Treibstoff und die Lebensmittel in seine Berechnungen einschließt, irrt sich. Das Gewicht dieser aufgebrauchten Stoffe kann durchaus vernachlässigt werden.

Wer zur Erklärung die Zentrifugalkraft (infolge der Erdrotation) hinzuziehen will, die ja im Golf von Biskaya größer ist als in Leningrad, sollte berücksichtigen, daß diese gleichmäßig sowohl auf das Schiff als auch auf das Wasser und somit nicht auf die Lage der Wasserlinie einwirkt.

C. Leningrad ist ein Süßwasserhafen (der Einfluß der Newa macht sich hier deutlich bemerkbar). Die Dichte von Süßwasser kann man praktisch gleich Eins setzen. Im Golf von Biskaya haben wir nur Salzwasser, dessen Dichte ungefähr 1,03 g/cm³ beträgt. In Übereinstimmung mit dem Prinzip von Archimedes kann im Golf von Biskaya ein Schiff mit gleichen Abmessungen bei gleichem Tiefgang um 3% schwerer sein als im Hafen von Leningrad. Wenn die Nutzlast nur die Hälfte der Masse des Schiffes beträgt, so entsprechen 3% der Masse des Schiffes 6% der Nutzlast. Nachdem also das Schiff in Leningrad bis zur Wasserlinie beladen worden ist. können noch zusätzlich 6% der Last geladen werden (die verladene Last wird dabei mit 100% in Rechnung gestellt).

Zur Erleichterung der Berechnung bei der Beladung werden am Schiffskörper gewöhnlich zwei Wasserlinien angebracht, deren eine dem Süßwasser und die andere dem Salzwasser entspricht.

Die Zahnradübertragung

A. In Abb. 96 sehen wir eine Zahnradübertragung. Das größte Zahnrad ist gleichzeitig das Treibrad. Das dreht das zweite kleinere Rad, dieses wiederum das dritte noch kleinere usf. Das letzte Zahnrad greift wieder in das erste ein. Wird eine solche Zahnradübertragung funktionieren?

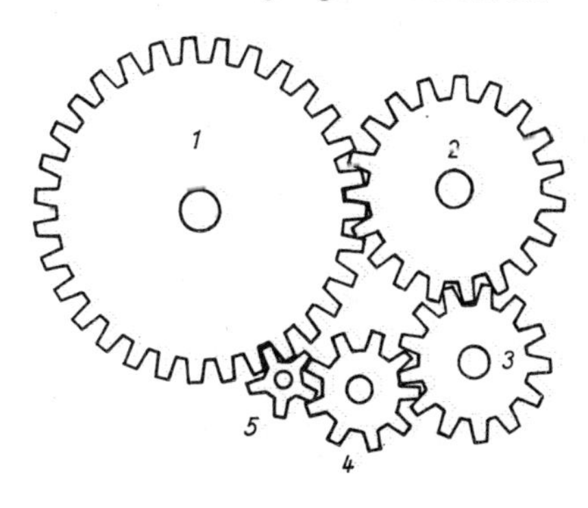

Abb. 96

B. Alle werden einstimmig antworten, daß diese Zahnradübertragung nicht funktionieren wird. Aber der Autor ist nicht mit der zumeist gegebenen Erklärung der Funktionsuntüchtigkeit eines solchen Zahnradsystems einverstanden. Hier ist eine solche Antwort:
– Angenommen, das große Zahnrad dreht sich langsam. Die Anzahl der Zähne des zweiten Zahnrades ist geringer als die des ersten. Folglich ist die Umdrehungszahl des zweiten Zahnrades größer. Die Umdrehungszahl des dritten Zahnrades ist noch größer usw. Am Ende dreht sich das letzte kleinste Zahnrad selbst und muß außerdem noch das erste mit einer hohen Geschwindigkeit antreiben. Aber in der Bedingung der Aufgabe heißt es ja, daß sich das erste Zahnrad langsam drehen soll. Es ist aber nun unmöglich, daß sich das erste Zahnrad gleichzeitig langsam und schnell dreht! –
Warum diese Erklärung falsch ist, soll durch eine einfache Berechnung begründet werden. Die Übersetzungszahl eines jeden Zahnradpaares ist gleich dem Verhältnis ihrer Zahnanzahl z oder gleich dem Verhältnis ihrer Halbmesser. Für die Zahnradpaare $1+2,\ 2+3,\ 3+4,\ 4+5,\ 5+1$ betragen die Übersetzungsverhältnisse entsprechend

$$\frac{z_1}{z_2}, \frac{z_2}{z_3}, \frac{z_3}{z_4}, \frac{z_4}{z_5}, \frac{z_5}{z_1},$$

und ihr Produkt

$$\frac{z_1 z_2 z_3 z_4 z_5}{z_2 z_3 z_4 z_5 z_1} = 1,$$

weil sich alle Multiplikatoren im Zähler gegen die entsprechenden Multiplikatoren im Nenner wegkürzen. Also ist die vom fünften auf das erste Zahnrad zu übertragende Umdrehungszahl gleich der Eigenumdrehungszahl des ersten Zahnrades. Folglich wird sich das erste Zahnrad niemals gleichzeitig mit zwei verschiedenen Geschwindigkeiten drehen.
Noch einfacher wird das damit bewiesen, daß eine Verdrehung des ersten Zahnrades um einen Zahn eine Verdrehung der übrigen Zahnräder (auch des fünften und folglich wiederum des ersten) ebenfalls um einen Zahn hervorrufen muß, da ja alle Räder ineinandergreifen.
Und trotzdem wird dieses Zahnradgetriebe niemals funktionieren! Aber das hat eine andere Ursache.

C. Dieses Zahnradsystem wird deshalb nicht funktionieren, weil das letzte Rad bestrebt ist, das erste in entgegengesetzte Richtung zu drehen.
Versetzen wir das erste Zahnrad in Uhrzeigerrichtung in Drehung, dreht sich das zweite gegen den Uhrzeigersinn, das dritte wieder in Uhrzeigerrichtung, das vierte entgegengesetzt, das fünfte wieder in Uhrzeigerrichtung und ist somit bestrebt, das erste gegen den Uhrzeigersinn zu drehen. Es überträgt dabei dieselbe Kraft, mit der es im Uhrzeigersinn gedreht wird. So groß auch unsere aufgewendeten Kräfte sein mögen, immer wird die gleich große, aber in entgegengesetzter Richtung wirkende Kraft des fünften Zahnrades einer Drehung entgegenwirken.
Derartige Zahnradübertragungen funktionieren nur bei einer geraden Zahnradanzahl.

Der Flug eines Nachtfalters

A. Die Nachtfalter orientieren sich nach dem Mond. Beabsichtigt ein Nachtfalter, z. B. von Punkt A nach Punkt F zu fliegen, „mißt" er den Winkel φ zwischen der Mondrichtung AL (Abb. 97) und

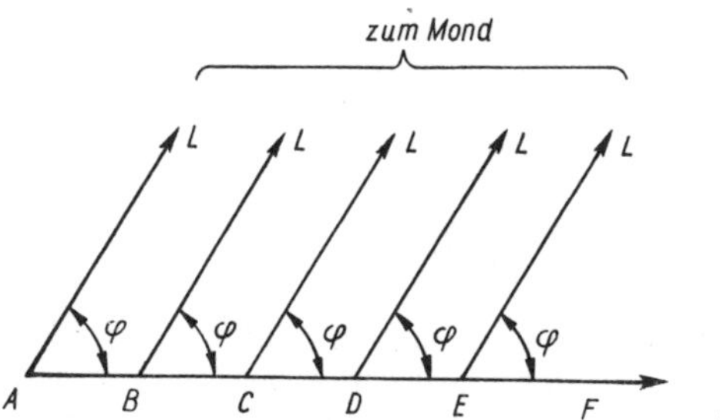

Abb. 97

der Zielrichtung AF. Um nun auf einer Geraden zu seinem Ziel zu gelangen, hält er ganz einfach den Winkel ein, d. h., er fliegt so, daß er den Mond in einer ganz bestimmten Stellung in seinem Blickfeld behält.
Wie sieht nun aber die Fluglinie eines Nachtfalters aus, der anstelle des Mondes irrtümlicherweise eine Straßenlaterne als Orientierungspunkt benutzt?
B. In dieser Aufgabe kann man den Mond als unendlich weit entfernte Lichtquelle betrachten. Die Richtungen zum Mond von allen Punkten der Fluglinie des Falters (AL, BL, CL, ...) sind einan-

der parallel. Infolgedessen gewährleistet die strenge Einhaltung des Winkels φ die Geradlinigkeit des Fluges. Die Laterne aber befindet sich in einer endlichen Entfernung. Demzufolge ändert sich die Richtung zur Laterne ständig (und bei Einhaltung des Winkels φ auch die Flugrichtung). Es ist nun die Fluglinie des Falters um die Laterne zu konstruieren.

C. Die Richtungen zur Laterne O (Abb. 98) von den Punkten A,

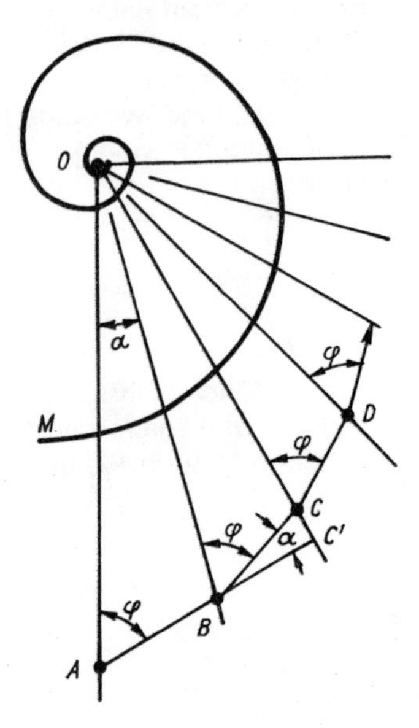

Abb. 98

B, C, ... aus sind nicht parallel. In Punkt A orientiert sich der Falter unter dem Winkel φ zur Richtung auf die Laterne und fliegt nach Punkt B. Da sich aber in Punkt B die Richtung auf die Laterne um den Winkel φ ($\sphericalangle\, AOB$) geändert hat, der Winkel φ aber konstant gehalten wird, muß der Falter seine ursprüngliche Flugrichtung gleichfalls um den Winkel φ ($\sphericalangle\, CBC'$) ändern. Das gleiche geschieht in allen übrigen Punkten C, D, ... Würde der Falter seine Fluglinie nun nur in den Punkten B, C, ... ändern, so entstünde eine gebrochene Linie ABC ... In Wirklichkeit aber verändert sich die Richtung auf die Laterne ständig, wodurch der Falter gezwungen wird, seine Flugrichtung ebenfalls ständig zu korrigieren. Somit ergibt sich für die Fluglinie eine stetige Kurve (z. B. M). Eine solche Kurve, die alle von einem Punkt ausgehenden Radien unter einem konstanten Winkel schneidet,

wird als logarithmische Spirale bezeichnet. Wir haben schon in der ersten Aufgabe mit ihr Bekanntschaft geschlossen.
Der sich auf einer logarithmischen Kurve bewegende Falter wird sich entweder unaufhaltsam der Laterne nähern, wenn $\varphi < 90°$ ist, oder aber sich ständig von dieser entfernen (auf einer abwickelnden Spirale, wenn $\varphi > 90°$ ist. Orientiert er sich um den Winkel $\varphi = 90°$, so wird er einen Kreis um die Laterne beschreiben. Je näher der Winkel φ bei 90° liegt, um so enger werden die vom Falter beschriebenen Spiralwindungen sein.
Ein jeder von uns wird das und die Reaktion des Falters schon einmal gesehen haben. Früher oder später wird der Falter bemerken, daß der „Mond" recht seltsam ist: Seine Ausmaße nehmen ständig zu, er beginnt heller zu scheinen und sogar zu wärmen. Das erscheint ihm verdächtig, und er entschließt sich, seinen Orientierungswinkel zu ändern, und gelangt infolgedessen auf eine andere steilere oder flachere Spirale. Orientiert er sich auf $\varphi > 90°$, so entfernt er sich von der Laterne. Aber schon beim ersten Versuch, wieder mit einem Winkel $\varphi < 90°$ zu fliegen, nähert sich der Falter wieder der Laterne.
Noch eine andere Ursache läßt den Falter von einer idealen logarithmischen Kurve abweichen – die Trägheitskraft. Unter Benutzung des richtigen Mondes fliegt der Falter auf einer Geraden, auf der sich die Trägheitskraft nicht bemerkbar macht. Aber beim Flug auf einer logarithmischen Spirale wirkt auf den Falter die Trägheitskraft ein, die ihn von der Spirale, besonders auf deren engen Windungen, abdrängt.
Wir können ein lustiges und zugleich lehrreiches Experiment durchführen. Dafür benötigen wir zwei schaltbare Lichtquellen. Fliegt nun ein Nachtfalter in das Zimmer und beginnt um die eine Lampe zu schwirren, schalten wir diese aus. Die zweite bleibt eingeschaltet. Im Moment des Umschaltens wechselt der Falter vom Spiralflug zum geraden Flug auf der Tangente zur Spiralwindung und schwirrt gewöhnlich im vollen Flug gegen die Wand. Durch das Geschehene völlig verwirrt, bemüht er sich, dieses Ereignis zu begreifen. Aber nicht lange, da entdeckt er das Licht der zweiten Lampe und schließt daraus, daß eigentlich gar nichts geschehen ist, und beginnt nun um die zweite Lampe zu schwirren.
Außer dem Spaß bei diesem Experiment empfinden wir Bewunderung für das außerordentlich gut funktionierende Orientierungssystem dieses Falters. Es wiegt nur einige Bruchteile eines Milligramms, und zu seiner Funktion, die außerordentlich zuverlässig ist, benötigt es nur ein winziges Nektartröpfchen. Die vom

Menschen geschaffenen Orientierungssysteme zur Lösung ähnlicher Aufgaben dagegen wiegen einige zehn Kilogramm, haben einen hohen Energiebedarf und sind sehr stoßempfindlich. Möglicherweise ist das Orientierungsprinzip eines Nachtfalters ein gänzlich unbekanntes? Hoffen wir, daß die Bionik bald hinter diese Geheimnisse kommt. Erst dann können wir diese Prinzipien, die sich in vielen Millionen Jahren der natürlichen Auslese herausgebildet haben, auch bei unseren Orientierungssystemen anwenden.

Das Bild im Fenster

A. Wir befinden uns in einem Zimmer und beobachten das Spiegelbild des Lampenschirms (oder eines anderen größeren Gegenstandes) im Fenster. Warum verkleinert bzw. vergrößert sich beim Schließen bzw. beim Öffnen der Zimmertür das Spiegelbild für einen Augenblick (in manchen Zimmern umgekehrt)?
B. Wir führen das Experiment in Zimmern mit nach außen und nach innen öffnenden Türen durch. Dabei ist zu beobachten, in welchem Zimmer sich das Spiegelbild vergrößert und in welchem es sich verkleinert. Nicht verzweifeln, wenn das Experiment nicht gelingen sollte. Mit etwas Einbildungskraft und Nachdenken können wir die Erscheinung nicht nur erklären, sondern sie auch voraussagen, wie das Zimmer beschaffen sein muß, damit das Experiment den größten Effekt zeigt.
C. Beim Öffnen der Tür nach außen wird im Zimmer ein Unterdruck erzeugt. Der Luftdruck von außen auf das Fenster ist somit etwas größer als der Innendruck. Infolgedessen biegt sich die Fensterscheibe nach innen durch und bildet somit einen Konvexspiegel, wodurch die Abmessungen des Spiegelbildes verkleinert werden. Nach einer kurzen Zeit erfolgt der Druckausgleich, und das Spiegelbild nimmt seine ursprünglichen Abmessungen ein. Beim Schließen der Tür wird ein Teil der auf dem Korridor befindlichen Luft in das Zimmer gedrängt, der Druck wächst hier an, und die Fensterscheibe bildet einen Konkavspiegel, wodurch das Spiegelbild vergrößert wird. Dieser Zustand ist jedoch nur einen kurzen Moment zu beobachten, denn durch die Fenster- und Türritzen kann die unter Überdruck stehende Luft aus dem Zimmer entweichen, bis sich der Druckausgleich wieder eingestellt hat.
In Zimmern, in denen die Türen nicht nach außen, sondern nach innen öffnen, ist eine umgekehrte Erscheinung zu beobachten:

Beim Öffnen der Tür vergrößert sich das Spiegelbild, und beim Schließen verkleinert es sich.
Die oben geschilderte Erscheinung ist um so effektvoller, je geringer die Glasstärke, je größer die Fläche der Fensterscheibe und je besser abgeschlossen und kleiner das Zimmer ist.

Bodenfrost

A. Manchmal setzt sogar schon im Oktober Schneefall ein, und die Temperatur beträgt bis −2 °C. Trotzdem sind nach einer erneuten Erwärmung die Pflanzen nicht erfroren, sind noch grün und blühen sogar noch. Wie vermögen sie diesem Frost zu widerstehen? Denn immerhin bestehen sie aus nicht weniger als 80% Wasser, das bei 0 °C gefriert. Zwei Tage Frost reichen in der Regel, daß die Pflanzen durchfrieren. Und die Eiskristalle, die ein größeres Volumen haben als das Wasser, müßten das Pflanzengewebe von innen zerreißen.
B. Für die Erklärung dieser Tatsache sollen keine Einzelheiten genannt werden, sondern es langt vollkommen zu, die physikalischen Ursachen aufzuzählen, die der Pflanze helfen, langandauernde, aber geringe Fröste auszuhalten.
C. Die erste und natürlichste Ursache ist die, daß Pflanzen nicht reines Wasser enthalten, sondern bestimmte physiologische Lösungen. Eine beliebige wäßrige Lösung gefriert bei einer tieferen Temperatur als das Wasser. So z. B. gefriert eine 3%ige Oxalatsäurelösung bei −0,8 °C, eine 13%ige Zuckerlösung bei −0,9 °C usw., die Gemische verschiedener Lösungen aber bei noch tieferen Temperaturen.
Es können aber auch noch einige rein physikalische Ursachen genannt werden. Bis zum Gefrieren der Pflanze steigen die Lösungen noch in den Kapillaren (obwohl auch sehr langsam infolge des geringen Verdampfens nahe des Gefrierpunktes). Die Temperatur der aus dem Wurzelteil der Pflanze nach oben steigenden Säfte ist größer als Null. Außerdem sind viele Pflanzen mit Härchen bedeckt, zwischen denen die Luft nicht zirkulieren kann. Dadurch wird eine unbeweglich, als Isolator wirkende Lufthülle gebildet.
Alle diese Ursachen kombiniert, lassen viele Pflanzen die ersten Fröste überdauern.

Das olympische System

A. Die Fußballpokalspiele werden nach dem olympischen System ausgetragen: Unentschiedene Spiele werden nicht gewertet, nur der Sieger rückt eine Runde weiter, der Verlierer scheidet aus. Um den Pokal gewinnen zu können, muß eine Mannschaft aus allen Runden als Sieger hervorgegangen sein.
In den Pokalwettbewerben haben insgesamt 16 389 Mannschaften ihre Teilnahme gemeldet. Wieviel Spiele müssen ausgetragen werden, bis der Pokalsieger ermittelt ist? (Nicht die Anzahl der Spiele mit den Runden verwechseln!)
B. Gewöhnlich beginnen die Fußballenthusiasten unter uns sofort eine Austragungsgraphik (Abb. 99) aufzustellen. Die Spiele

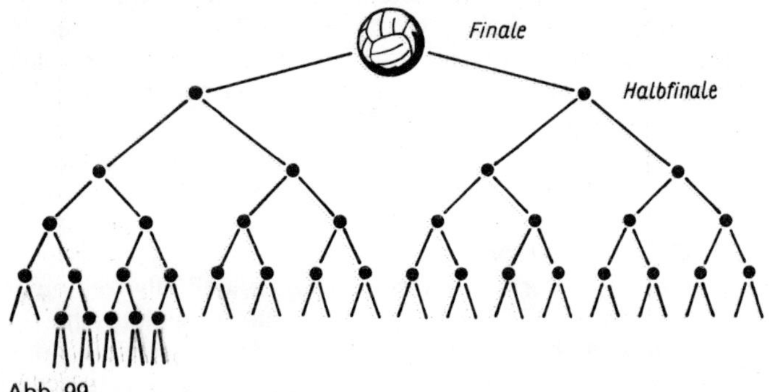

Abb. 99

sind durch Punkte gekennzeichnet. Die von unten zu ihnen geführten Linien stellen die Teilnehmermannschaften dar und die von ihnen nach oben wegführenden Linien die Siegermannschaften einer jeden Runde. Wenn also eine Mannschaft Sieger sein soll, müssen demzufolge im Endspiel zwei Mannschaften spielen (ein Spiel), im Halbfinale vier Mannschaften (zwei Spiele), im Viertelfinale acht Mannschaften (vier Spiele) usw. Man überzeugt sich nun bald, daß es unmöglich ist, die Graphik weiter fortzusetzen, und wählt eine Tabellenform. Die Zahlen verdoppeln sich, füllen die Spalten, und man stellt endlich fest, wenn die Anzahl der Teilnehmermeldungen um fünf weniger betragen würde (16 384), wäre die Tabelle recht gut gelungen. Aber wohin mit den fünf „überflüssigen“ Mannschaften? Denn keine Mannschaft will überflüssig sein. Man muß also zu einer Notlösung greifen, irgendwelche zehn Mannschaften auszuwählen, die noch eine Runde austragen müssen. Durch die Austragung der Spiele untereinander wird die Anzahl der verbleibenden Mannschaften um fünf reduziert. Nun fügt man der Tabelle die unterste Zeile bei.

Nummer der Runde	Bezeichnung der Runde	Anzahl der Mannschaften	Anzahl der Spiele
0	Pokalsieger	1	0
1	Finale	2	1
2	Halbfinale	4	2
3	Viertelfinale	8	4
4	Achtelfinale	16	8
5	Sechzehntelfinale	32	16
6	usw.	64	32
7		128	64
8		256	128
9		512	256
10		1024	512
11		2048	1024
12		4096	2048
13		8192	4096
14		16385	8192
15		10	5

Nun ist das Schwierigste bewältigt. Jetzt müssen nur noch die Zeilen unter der Spalte „Anzahl der Spiele" addiert werden, und die Antwort ist fertig.
Die Antwort ist selbstverständlich richtig. Aber der Lösungsweg ist viel zu kompliziert. Ist die Antwort nicht ohne Tabelle und langwierige Berechnungen in einem Zuge möglich?
C. Die Antwort ist einfach: Die Anzahl der Spiele ist gleich der Anzahl der Teilnehmermeldungen minus eins! Es sind nicht die Siegermannschaften, sondern die Verlierermannschaften zu zählen. Mit jedem Spiel scheidet eine Mannschaft aus. Folglich müssen $16389 - 1 = 16388$ Spiele ausgetragen werden, um den Pokalsieger zu ermitteln. Das war die ganze Rechnung!
Selbstverständlich soll die Bedeutung der Graphik und der Tabelle nicht herabgewürdigt werden. Mit deren Hilfe können viele andere interessante Fragen beantwortet werden. So ist z. B. aus der Tabelle zu ersehen, daß zum Erhalt des Pokals eine Mannschaft 15mal spielen muß. (Das betrifft nur die durch das Los bestimmten zehn Mannschaften; die übrigen brauchen nur 14mal zu spielen.) Aus der Graphik ist sogar ersichtlich, wer gegen wen in jeder Runde spielen muß. Das alles ist zwar recht nützlich, übersteigt aber den Rahmen der gestellten Aufgabe.

Zwei Gitarren

A. Die nichtgespannten Saiten werden gewöhnlich nach einem als Vergleichsmaß genommenen anderen Instrument gestimmt (z. B. nach den entsprechenden Saiten einer anderen Gitarre). Wir stimmen nun die erste (dünnste) Saite so, daß ihr Ton mit dem Eichton übereinstimmt. Nun spannen wir auf die gleiche Weise die siebente Saite. Warum erweist sich nach dem Stimmen der siebenten Saite die erste als verstimmt (ihr Ton ist tiefer)?

B. Nein, das ist keine bleibende Verformung! Beweisen läßt sich das, indem wir die siebente Saite wieder entspannen. Wir hören nämlich dann die erste Saite wieder richtig eingestimmt. Also keine plastische, sondern eine elastische Verformung.

C. Die Schwingungsfrequenz einer Saite (und somit deren Ton) ist um so höher, je straffer sie gespannt ist. Beim Stimmen der siebenten Saite straffen wir diese und, nach dem dritten Newtonschen Axiom, drücken gleichzeitig das Griffbrett zusammen, wodurch es sich verkürzt (und durchbiegt, da die es zusammendrückende Kraft der Saite seitlich der Griffbrettachse angreift). Mit dieser Verkürzung des Griffbrettes schwächen wir die Spannung der vorher gestimmten ersten Saite ab, und ihr Ton sinkt ab. Wir brauchen aber nur die siebente Saite wieder zu entspannen, wodurch sich das Griffbrett wieder streckt, die erste Saite wird von neuem gespannt und der Ton wieder erhöht. Die Verkürzung des Griffbrettes und die Verstimmung sind selbstverständlich sehr gering. Unser Ohr ist jedoch für Tonhöhenänderungen sehr empfindlich, und es nimmt bereits geringste Verstimmungen wahr.

Nach der Verstimmung kann umgekehrt das Zusammendrücken des Griffbrettes, die Druckkraft und die Spannung im Griffbrettmaterial bestimmt werden. Dieses Prinzip wird in der Technik zur Messung der Spannungen in verschiedenen Materialien verwendet. Auf dieser Grundlage sind sog. Saitentensometer (Spannungsmesser) geschaffen worden. Ihre wichtigsten Vorteile sind hohe Genauigkeit und einfache Übertragung der Meßwerte über große Entfernungen. Damit ist es möglich, diese Geräte an den Menschen unzugänglichen Stellen einzubringen. So wurden z. B. beim Bau des Wasserkraftwerkes Dueprogez (Saporoshje) Hunderte von Spannungsmessern in den Beton der Sperrmauer eingebaut, die Angaben über die Spannungen im Beton während seines Abbindeprozesses und während deren Inbetriebnahme an eine Kontrollzentrale übermittelt.

Nachfolgend sei kurz eine Methode der Fernübertragung der Meßwerte eines Spannungsmessers beschrieben. Der Spannungsmeßdraht befindet sich zwischen den Polen eines Elektromagneten, der mit Wechselstrom gespeist wird. Die Frequenz des Wechselstroms kann stufenlos geregelt werden. Unter Einwirkung des wechselnden Magnetfeldes beginnt der Stahldraht zu schwingen. Die Schwingungsamplitude des Drahtes erreicht ihren Maximalwert dann, wenn die Frequenz des den Elektromagneten speisenden Stroms mit der Frequenz der Eigenschwingung des Drahtes zusammenfällt (aber letztere hängt ab von der Spannung an der Stelle im Beton, in dem das Tensometer untergebracht ist). Außer einem Schwingmagneten wird nun noch neben dem Spannungsmeßdraht ein zweiter registrierender Magnet eingebracht. Der schwingende Draht erregt in dessen Wicklung eine elektromotorische Kraft, die durch Drähte über große Entfernungen übertragen und dort in einen Frequenzmesser eingegeben werden kann.

Sterne auf einem Foto

A. Auf Abb. 3 ist der Sternenhimmel dargestellt. Infolge der Erdrotation ist die Abbildung der Sterne bogenförmig. Mit einem Hohlkreis ist der ε-Stern Aliot des Großen Bären gekennzeichnet. Er ist ein Stern der Größe 1,68. Mit einem Kreuz ist der β-Stern Kochab des Kleinen Bären gekennzeichnet, ein Stern der Größe 2,24. Der Kochab ist somit um $2{,}24 - 1{,}68 = 0{,}56$ Größen oder 1,67mal schwächer als der Aliot. (Ein Stern der 1. Größe ist 100mal heller als ein Stern 6. Ordnung, d. h., die Differenz zwischen zwei Größen entspricht deren Helligkeitsverhältnis $\sqrt[5]{100} \approx 2{,}51$, aber eine Differenz von 0,56 Größen ergibt das Helligkeitsverhältnis $2{,}51^{0{,}56} \approx 1{,}67$.) Und trotzdem ist auf der Aufnahme der Bogen des Sternes Kochab etwas heller (stärker) als der Bogen des Sternes Aliot. Wie ist das zu erklären?

B. Wahrscheinlich unterscheiden sich die Sterne in der Farbe. Die Empfindlichkeit eines Films für Strahlen verschiedener Wellenlängen ist ja unterschiedlich. Gewöhnlich ist ein Film gegenüber blauen Farben empfindlicher als gegenüber gelben und roten. Ist nun die Sternfarbe des Kochab blauer als die des Aliot, hätten wir eine recht plausible Erklärung. Sie könnte durchaus befriedigen, wenn nicht im Sternatlas nachzulesen wäre, daß der Aliot blauer als der Kochab ist. Die Oberflächentemperatur des Aliot beträgt 10000 °C und ist somit der Spektralklasse A2 (blauweiße Sternfarbe) zuzuordnen; die des Kochab beträgt 3600 °C und wird somit der Spektralklasse K5 (orange Sternfarbe) zugeordnet. Dieser Umstand mußte somit zu einer Verstärkung der Helligkeit des Bogens des Sterns Aliot beitragen. Man muß also nach einer anderen Ursache suchen. Wir setzen dabei voraus, daß keine Farbfilter verwendet worden sind und die Filmempfindlichkeit nicht von der Farbe der Strahlen abhängt. Die richtige Antwort ist ganz einfach und ist bei aufmerksamer Betrachtung der Abbildung zu finden.

C. Der Kochab (Kreuz) befindet sich näher am Himmelspol als der Aliot (Kreis). Deshalb sind bei gleichen Winkelabmessungen (15° bei einstündiger Belichtungsdauer) die linearen Abmessungen des vom Kochab auf dem Film gebildeten Bogens geringer. Somit steht fest, daß sich die Abbildung des Kochab entlang des Bogens langsamer bewegte und jedes Bogenelement längere Zeit belichtet worden ist. Wie bekannt, ist die Filmschwärzung nicht einfach proportional der Beleuchtungsstärke, sondern dem Produkt aus Beleuchtungsstärke und -dauer. Für den Kochab ist der erste Faktor etwas geringer als für den Aliot. Dafür ist aber der zweite Faktor bedeutend größer. Die linearen Verschiebungsgeschwindigkeiten der Abbildungen des Kochab und Aliot auf dem Film sind proportional ihren Entfernungen vom Himmelspol (dessen Lage wir in der Aufgabe „Und sie bewegt sich doch" bestimmt haben). Nach der Abb. 3 zu schließen, unterscheiden sich diese ungefähr um das 2,1fache. Die Leuchtkraft des Kochab ist um 1,67mal schwächer, aber jedes Element seines Bogens wird um 2,1mal länger belichtet. Deshalb muß die Helligkeit seines Bogens auf der Aufnahme um $2{,}1/1{,}67 \approx 1{,}3$mal größer sein als die des Aliot.

Die größere Helligkeit bewirkt auf der Fotografie eine Verdichtung der den Weg des Sternes abbildenden Linie. Das läßt sich leicht anhand der Abb. 100 erklären. Infolge der Unvollkommenheit des Objektives des Fotoapparates wird der Stern nicht als Punkt, sondern als Fleck auf den Film projiziert. Die Beleuchtung E ist im Zentrum des Fleckes am größten und nimmt nach allen Seiten auf seiner glockenförmigen Kurve ab. Die Kurve *2* stellt die Verteilung der Beleuchtungsstärke quer zum Bogen eines Sterns doppelter Helligkeit dar. (Alle Ordinaten der Kurve *2* sind doppelt so groß wie die entsprechenden Ordinaten der Kurve 1.) Angenommen, die Filmempfindlichkeit ist so gewählt worden, daß beide Sterne die Sättigungsschwelle der lichtempfindlichen Filmschicht *AB* (d. h. die Schwelle ihrer vollständigen Schwärzung) überschritten haben. In diesem Fall wird der Stern *1* auf dem Negativ als vollständig schwarzer Bogen mit der Breite h_1 abgebildet und der Stern *2* als Bogen mit einer Breite $h_2 > h_1$ (über die Grenzen h_1 und h_2 hinaus wird die Schwärzung allmählich abfallen). Die Helligkeitsvergrößerung wird somit in eine

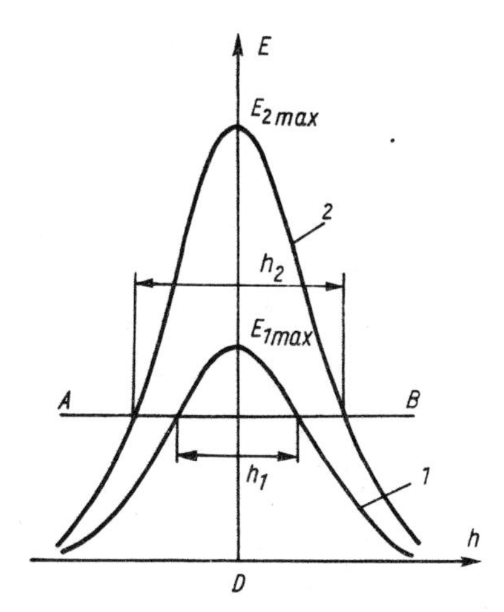

Abb. 100

Vergrößerung der „Spurbreite" der Sterne umgewandelt. Es sei noch erwähnt, daß eine Verstärkung des Bogens vor allem bei helleren Sternen auch ohne Sättigung der lichtempfindlichen Filmschicht zu bemerken ist. Denn nicht nur auf dem Niveau *AB*, sondern auch auf jedem anderen beliebigen Niveau ist die Kurve *2* breiter als die Kurve *1*, obwohl die Brennpunkteinstellung für beide Sterne (die Breite beider Kurven auf einundderselben Höhe, z. B. 50% von E_{max}) gleich ist.

Vertrauen ist gut, Kontrolle ist besser!

A. Es ist zu beweisen, daß die Abb. 3 keine echte Fotografie des Sternhimmels ist, sondern eine grobe Fälschung.

B. Die Punkte, Kreis, Kreuz und Pfeile beweisen noch keine Fälschung. Sie können ja nachträglich mit Tusche auf das echte Negativ aufgetragen worden sein. Das wird übrigens sehr oft aus Gründen einer besseren Anschaulichkeit gemacht. Zur Enthüllung der Fälschung sollte besonders die Aufmerksamkeit auf die mit Pfeilen gekennzeichneten Sternabbildungen (χ und λ des Drachen) gerichtet werden.

C. Wie wir aus der Aufgabe „Und sie bewegt sich doch" herausgefunden haben, wurde die „Aufnahme" mit einer Belichtungsdauer von 1 h ausgelöst. Genausoviel Zeit ist erforderlich, damit sich die Abbildung eines Sterns zu einem Bogen mit einer Länge von 15° streckt. Aber der mit dem langen Pfeil bezeichnete Bogen hat eine Länge von ungefähr 20°, der mit dem kurzen Pfeil 10°. Theoretisch müßte somit die Blende für den χ-Stern des Drachen 0 h 40 min, für den λ-Stern 1 h 20 min und für alle übrigen Sterne 1 h 00 min geöffnet sein. Eine solche Einzelbelichtung während einer Aufnahme ist aber nicht möglich. Selbstverständlich könnte man 409 min nach Aufnahmebeginn einen der Sterne und nach weiteren 20 min alle übrigen Sterne (außer dem λ-Stern des Drachen) mit einem Schirm verdecken. Theoretisch ist auch der Fall zu erwägen, wobei sich die entsprechenden Schirme durch einen glücklichen Umstand gebildet haben, z. B. infolge von Wolkenfetzen, die plötzlich an der erforderlichen Stelle aufgetaucht sind und sich zusammen mit den Sternen drehen. Aber ein solcher Zufall ist äußerst unwahrscheinlich, und die Anfertigung einer Vielzahl spezieller Schirme wäre auch nicht gerechtfertigt. Dadurch wird die Echtheit der Fotografie sehr stark angezweifelt werden. Aller Wahrscheinlichkeit nach haben wir eine Fälschung vor uns, und der Autor erklärt, daß in ihr ein offensichtlicher Fehler enthalten ist, anhand dessen die Fälschung leicht nachzuweisen ist.

Angenommen, der Autor behauptet, daß der lange Bogen auf natürliche Weise entstanden ist, indem sich zwei kürzere Bogen zweier Sterne mit gleicher Helligkeit und gleicher Entfernung vom Himmelspol überlagern. Dieses Betrugsmanöver ist leicht zu durchschauen: In diesem Falle müßten sich die Bogen auf einer Ausdehnung von 10° überlagern, und in diesem Gebiet müßte die Helligkeit des gemeinsamen Bogens doppelt so groß sein. Außerdem sagt der Sternatlas aus, daß in diesem Gebiet des Himmels kein solches Sternenpaar existiert, das eine solche Überlagerung ergeben könnte.

Auch andere Abweichungen von der Glaubwürdigkeit sind augenscheinlich: Nur große und mittlere Sterne sind abgebildet, von der Vielzahl der kleineren Sterne ist keine Spur zu sehen. Weiterhin ist die Helligkeit quer zur Sternenspur konstant, aber an deren Grenzen sinkt sie sprungartig auf Null ab, d. h., sie entspricht ganz und gar nicht der Helligkeit auf einem echten Foto, wo sie allmählich abnehmen muß (Abb. 100).

Mit genauen Instrumenten könnte man noch eine Vielzahl anderer kleiner Mängel entdecken: Fehler in den relativen Helligkeiten der einzelnen Bogen, in der Anordnung der Sterne zueinander usw. Der Autor bittet den Leser, diese Fälschung zu entschuldigen, und hofft, daß dadurch den anderen Aufgaben kein Abbruch getan wird.

A. S. KOMPANEJEZ, Moskau

Statistische Gesetze in der Physik

Kleine Naturwissenschaftliche Bibliothek, Band 17

Übersetzung aus dem Russischen: M. Unger, Leipzig
Redaktion: Prof. Dr. K. Unger, Leipzig

160 Seiten mit 31 Abbildungen. 12,0 cm × 19,0 cm.
Kartoniert 7,80 M
Bestell-Nr. 665 626 7 Bestellwort: Kompanejez, Gesetze

Eine große Zahl physikalischer Gesetze sind in Wahrheit Aussagen über statistische Mittelwerte sehr vieler Teilchen, und die Werte physikalischer Messungen sind stets statistischen Schwankungen unterworfen. Deshalb werden in diesem populärwissenschaftlichen Bändchen die wichtigsten Grundlagen der statistischen Physik vermittelt.
Über die Bildung von Mittelwerten in der Mechanik kommt der Autor zu den Gesetzen der statistischen Thermodynamik. Weiterhin werden die Stoßprozesse bei chemischen Reaktionen und Kernreaktionen sowie die Gesetze der Temperaturstrahlung behandelt. Schließlich werden die Zustände in der Quantenstatistik sowie die Bose- und die Fermiverteilung beschrieben.

BSB B. G. TEUBNER VERLAGSGESELLSCHAFT, LEIPZIG